中国电子教育学会高教分会推荐
普通高等教育计算机类课改系列教材

离散数学及其应用

主　编　张剑妹

参　编　杜丽美　李艳玲　郭咏梅

　　　　钟新成　赵秀梅　刘　凯

U0178191

西安电子科技大学出版社

内 容 简 介

"离散数学"是计算机及其相关专业的专业基础课。全书共分四篇：第一篇是数理逻辑，包括命题逻辑和一阶逻辑；第二篇是集合论，包括集合、二元关系和函数；第三篇是图论基础，包括图的基本概念、特殊图和树；第四篇是代数系统，包括代数系统的基本概念和典型代数系统简介。

本书用大量的实例将理论知识和计算机应用相结合，可作为应用型高校计算机科学与技术、网络工程、软件工程、电子与计算机工程等相关专业"离散数学"课程的教材，也可作为计算机及相关领域研究和应用开发人员的参考书。

图书在版编目(CIP)数据

离散数学及其应用／张剑妹主编. —西安：西安电子科技大学出版社，2020.8
ISBN 978 - 7 - 5606 - 5760 - 8

Ⅰ. ① 离… Ⅱ. ① 张… Ⅲ. ① 离散数学—高等学校—教材 Ⅳ. ① O158

中国版本图书馆 CIP 数据核字(2020)第 115084 号

策划编辑 万晶晶
责任编辑 邵汉平
出版发行 西安电子科技大学出版社(西安市太白南路 2 号)
电 话 (029)88242885 88201467 邮 编 710071
网 址 www.xduph.com 电子邮箱 xdupfxb001@163.com
经 销 新华书店
印刷单位 咸阳华盛印务有限责任公司
版 次 2020 年 8 月第 1 版 2020 年 8 月第 1 次印刷
开 本 787 毫米×1092 毫米 1/16 印张 15
字 数 353 千字
印 数 1~3000 册
定 价 39.00 元
ISBN 978 - 7 - 5606 - 5760 - 8 / O

XDUP 6062001 - 1

＊＊＊如有印装问题可调换＊＊＊

前　　言

"离散数学"是研究离散量的结构及其相互关系的数学学科,是随着计算机科学的发展而逐步建立的。计算机硬件结构和软件设计都离不开离散数学,随着信息技术的飞速发展,离散数学的研究越来越重要。

为了适应计算机应用型人才的培养需求,近年来,一些带有应用实例的离散数学教材应运而生,但实例的描述方法和难度远远超出了应用型高校学生的接受能力。本书在适度的基础知识和理论体系的框架下,用大量切实可行的实例将理论知识和计算机应用相结合,比如数理逻辑在逻辑电路、程序设计、系统规范说明等中的应用,数理逻辑与逻辑程序设计语言 Prolog 的结合,集合在关系数据库方面的应用,图论在各种应用场景下的算法设计,开关代数和代数系统在信息编码中的应用等。通过这些应用实例或算法的讲解,将离散数学的理论学习与计算机相关课程的学习结合起来,从而培养学生的抽象思维能力、逻辑推理能力及利用数学方法分析问题、解决问题的能力,激发学生的探索和创新精神,提高学生的数学素养,为后续计算机课程的学习和日后工作打下坚实的基础。

离散数学具有"内容广泛,抽象理论多"的特点,在本书的编写过程中,作者充分考虑到这一特点,有层次地精选例题,通过例题逐步剖析概念、深化概念,从而引导学生进一步思考。本书由长治学院和吕梁学院多名教师共同编写,其中第 1 章由杜丽美编写,第 2 章由张剑妹编写,第 3 章由郭咏梅编写,第 4 章由李艳玲编写,第 5、6 章由钟新成编写,第 7 章由赵秀梅编写,第 8、9 章由刘凯编写。

在本书的编写过程中,作者参阅了大量国内外离散数学教材及相关参考文献,从中借鉴了很多好的思想,在此向相关作者表示衷心的感谢。同时,对在本书编写过程中提供过帮助的赵青衫、王三虎、王宝丽等老师表示衷心的感谢。

由于编者水平有限,书中难免存在疏漏和不妥之处,恳请读者指正。

编　者

2020 年 1 月

目　　录

第一篇　数　理　逻　辑

第1章　命题逻辑 ················· 2
1.1　命题逻辑的基本概念 ········· 2
1.1.1　命题的概念 ··········· 2
1.1.2　命题的表示 ··········· 3
1.1.3　命题联结词 ··········· 4
1.1.4　联结词完备集 ········· 8
1.2　命题公式及其赋值 ··········· 9
1.2.1　命题公式的概念 ········· 9
1.2.2　命题公式的解释 ········ 10
1.2.3　命题公式的类型 ········ 11
1.2.4　真值表 ··············· 11
1.3　命题公式的等值演算 ········ 13
1.3.1　等值式 ··············· 13
1.3.2　等值演算法 ··········· 14
1.4　命题公式的范式 ············ 16
1.4.1　析取范式与合取范式 ···· 16
1.4.2　主析取范式与主合取范式 ·· 18
1.4.3　主范式的应用 ········· 22
1.5　命题逻辑推理理论 ·········· 24
1.5.1　推理的基本概念 ········ 24
1.5.2　推理定律和推理规则 ···· 26
1.5.3　命题逻辑推理方法 ······ 27
1.6　命题逻辑在计算机学科中的应用 ·· 34
1.6.1　命题逻辑公式在计算机中的表示 ·· 34
1.6.2　命题逻辑在计算机硬件电路设计中
　　　的应用 ··············· 35
1.6.3　命题逻辑在程序设计中的应用 ·· 38

1.6.4　命题逻辑在系统规范说明中的应用
　　　 ···················· 39
1.6.5　命题逻辑在布尔检索中的应用 ·· 39
习题1 ························· 40

第2章　一阶逻辑 ················· 46
2.1　一阶逻辑的基本概念 ········ 46
2.1.1　个体和谓词 ··········· 46
2.1.2　量词 ················· 47
2.1.3　一阶逻辑的翻译(符号化) ·· 48
2.2　一阶逻辑公式与解释 ········ 50
2.2.1　一阶逻辑合式公式 ······ 50
2.2.2　自由变元与约束变元 ···· 51
2.2.3　一阶逻辑公式的解释 ···· 52
2.3　一阶逻辑等值演算 ·········· 54
2.3.1　一阶逻辑等值式 ········ 54
2.3.2　一阶逻辑等值演算 ······ 55
2.4　一阶逻辑公式范式 ·········· 57
2.4.1　前束范式 ············· 57
2.4.2　斯科伦范式 ··········· 58
2.5　一阶逻辑推理理论 ·········· 59
2.5.1　一阶逻辑推理的基本概念 ·· 59
2.5.2　一阶逻辑的推理规则 ···· 60
2.5.3　一阶逻辑的推理方法 ···· 61
2.6　数理逻辑与专家系统 ········ 64
2.6.1　数理逻辑在专家系统中的应用 ·· 64
2.6.2　逻辑编程语言Prolog ···· 65
习题2 ························· 67

第二篇　集　合　论

第3章　集合 ····················· 72
3.1　集合的基本概念与表示 ······ 72
3.1.1　集合的概念与表示 ······ 72
3.1.2　集合之间的关系 ········ 74

3.1.3　幂集的概念 ··········· 77
3.2　集合的运算与性质 ·········· 78
3.2.1　集合间的运算 ········· 78
3.2.2　集合运算定律 ········· 81

3.2.3 集合的证明方法 ·············· 84
3.3 集合中元素的计数 ·············· 89
3.3.1 文氏图法 ·············· 89
3.3.2 包含排斥原理 ·············· 91
3.4 集合在计算机中的表示 ·········· 93
3.4.1 数组法 ·············· 93
3.4.2 链表法 ·············· 94
3.4.3 位串法 ·············· 95
习题 3 ·············· 96

第4章 二元关系和函数 ·············· 98
4.1 关系及其表示 ·············· 98
4.1.1 二元关系概念 ·············· 98
4.1.2 几种特殊的二元关系 ········· 98
4.1.3 关系的表示方法 ·········· 99
4.2 关系的运算 ·············· 100
4.2.1 关系的运算 ·············· 100
4.2.2 关系运算的性质 ·········· 102
4.3 关系的性质 ·············· 104
4.3.1 性质的定义 ·············· 104
4.3.2 性质的判定 ·············· 105

4.4 关系的闭包 ·············· 107
4.4.1 闭包的概念 ·············· 107
4.4.2 闭包的求解方法 ·········· 107
4.4.3 沃舍尔(Warshall)算法 ······· 110
4.4.4 闭包的性质 ·············· 111
4.5 等价关系与划分 ·············· 112
4.5.1 等价关系的概念 ·········· 112
4.5.2 等价类的概念与性质 ········ 112
4.5.3 商集与划分的概念 ········· 113
4.6 偏序关系 ·············· 115
4.6.1 概念 ·············· 115
4.6.2 哈斯图 ·············· 116
4.6.3 几种特殊元素 ·············· 117
4.7 函数 ·············· 118
4.7.1 函数的定义和性质 ········· 118
4.7.2 函数的复合和反函数 ········ 120
4.8 关系的应用 ·············· 121
4.8.1 拓扑排序 ·············· 121
4.8.2 数据库和关系 ·········· 122
习题 4 ·············· 126

第三篇 图 论 基 础

第5章 图的基本概念 ·············· 130
5.1 无向图及有向图 ·············· 130
5.1.1 无向图 ·············· 130
5.1.2 有向图 ·············· 130
5.1.3 相关概念 ·············· 131
5.1.4 平行边、重数、多重图、简单图
·············· 132
5.1.5 基本定理(握手定理) ········ 133
5.1.6 无向完全图、有向完全图 ····· 134
5.1.7 子图 ·············· 134
5.1.8 补图 ·············· 135
5.1.9 图的同构 ·············· 135
5.2 通路、回路、图的连通性 ········ 136
5.2.1 通路和回路 ·············· 136
5.2.2 图的连通性 ·············· 138
5.2.3 割集 ·············· 139
5.3 图的矩阵表示 ·············· 139
5.3.1 无向图的关联矩阵 ········· 139

5.3.2 有向图的关联矩阵 ········· 140
5.3.3 有向图的邻接矩阵 ········· 141
5.3.4 有向图的可达矩阵 ········· 142
5.4 图的运算 ·············· 142
5.5 图的应用 ·············· 144
5.5.1 无向图的加权矩阵 ········· 144
5.5.2 最短路径算法 ·········· 144
习题 5 ·············· 148

第6章 特殊图 ·············· 152
6.1 二部图 ·············· 152
6.1.1 二部图的定义 ·············· 152
6.1.2 二部图的判断定理 ········· 152
6.1.3 匹配 ·············· 154
6.1.4 Hall 定理 ·············· 155
6.2 欧拉图 ·············· 160
6.2.1 无向图的欧拉图及其判断 ····· 161
6.2.2 有向图的欧拉回路判定定理 ····· 162
6.2.3 中国邮递员问题 ·········· 163

6.3　哈密尔顿图 ·············· 165
　　6.3.1　概念 ·············· 166
　　6.3.2　无向图的哈密尔顿图 ····· 167
　　6.3.3　货郎担(旅行商)问题 ···· 167
6.4　平面图 ················ 171
　　6.4.1　平面图的基本概念 ······ 171
　　6.4.2　欧拉公式 ··········· 173
　　6.4.3　平面图的判断 ········· 174
　　6.4.4　对偶图 ············ 176
　　6.4.5　图的着色 ··········· 176
习题 6 ··················· 179

第7章　树 ················· 184
7.1　无向树及生成树 ·········· 184
　　7.1.1　无向树 ············ 184
　　7.1.2　生成树的概念与性质 ····· 186
　　7.1.3　最小生成树 ·········· 188
7.2　根树及其应用 ··········· 191
　　7.2.1　根树的概念 ·········· 191
　　7.2.2　二叉树 ············ 192
　　7.2.3　最优二叉树及其应用 ····· 196
习题 7 ··················· 199

第四篇　代数系统

第8章　代数系统的基本概念 ······ 204
8.1　二元运算及其性质 ········· 204
　　8.1.1　二元运算的基本概念 ····· 204
　　8.1.2　二元运算的性质 ······· 205
　　8.1.3　二元运算的特异元素 ····· 207
8.2　代数系统 ·············· 210
　　8.2.1　代数系统的概念 ······· 210
　　8.2.2　代数系统的同态与同构 ··· 211
习题 8 ··················· 212

第9章　典型代数系统简介 ······· 215
9.1　半群与群 ·············· 215
　　9.1.1　半群与独异点 ········· 215
　　9.1.2　群和子群 ··········· 216

9.2　环与域 ················ 219
　　9.2.1　环的概念 ··········· 219
　　9.2.2　域的概念 ··········· 221
9.3　格与布尔代数 ··········· 222
　　9.3.1　格的概念与性质 ······· 222
　　9.3.2　布尔代数的概念与性质 ··· 225
9.4　代数系统应用简介 ········· 226
　　9.4.1　加密算法中的代数系统 ··· 226
　　9.4.2　群论在信息编码中的应用 ·· 226
　　9.4.3　布尔代数在逻辑线路中的应用

　　　　　 ·················· 229
　　9.4.4　代数系统在计算机中的表示 ··· 229
习题 9 ··················· 229

参考文献 ···················· 231

第一篇　数理逻辑

　　逻辑学是一门研究思维形式及思维规律的科学。逻辑规律就是客观事物在人的主观意识中的反映。逻辑学分为辩证逻辑和形式逻辑两种。以辩证法认识论进行研究的逻辑学称为辩证逻辑；以思维的形式结构及规律进行研究的逻辑学称为形式逻辑。思维的形式结构包括了概念、判断和推理之间的结构和联系。其中：概念是思维的基本单位；通过概念对事物是否具有某种属性进行肯定或否定的回答，就是判断；由若干个判断推出另一个判断的思维形式就是推理。用数学方法来研究推理的规律和形式的科学称为数理逻辑（又称符号逻辑或数学逻辑）。从亚里士多德的三段论起，数理逻辑已有 2000 多年的历史。数理逻辑的提出是为了解决人们在日常生活中使用的自然语言含糊不清的问题，从而避免歧义的发生甚至是争论的发生。自 20 世纪 50 年代，随着计算机科学的发展，数理逻辑与计算机科学建立了密切的关系，由于计算机用电子元件模拟人脑思维，这就使得数理逻辑成为研究计算机科学的重要工具与方法。著名计算机科学家、图灵奖获得者 Dijkstra 说过一段名言：“假如我早年在数理逻辑上下点功夫，就不会出那么多错误，不少东西在数理逻辑上早就讲过了。如果我年轻 20 岁，一定会去学数理逻辑。”从中可以看出数理逻辑与计算机学科的关系是非常密切的。本篇共介绍两章内容，其中第 1 章为命题逻辑，第 2 章为一阶逻辑。

第 1 章　命 题 逻 辑

1.1　命题逻辑的基本概念

1.1.1　命题的概念

定义 1.1　能够判断真假的陈述句称作**命题**。

由命题的定义，可得到如下结论：

(1) 判断一个句子是否为命题，要满足两个条件：首先，这个句子必须为陈述句；其次，这个句子必须有唯一的真值。也就是说，如果一个句子是疑问句、感叹句、祈使句等，或者这个句子的真假值不确定，那么这个句子肯定不是命题。

(2) 对于一个命题，如果表达的意思为真，则称其为真命题；如果表达的意思为假，则称其为假命题。在日常生活中，约定用 1 表示真命题，用 0 表示假命题。

例 1.1　判断下列句子是否为命题。若是命题，判断是真命题还是假命题。

(1) 北京是中华人民共和国的首都。

(2) 雪是黑的。

(3) 今天天气真好啊！

(4) 昨天张丽爬长城去了。

(5) $1+1=0$。

(6) 我正在说谎。

(7) 请进！

(8) 宇宙中有外星人的存在。

(9) 你好吗？

(10) x 大于 y，其中 x 和 y 是任意的两个数。

解　(1) 是命题，而且是真命题。

(2) 是命题，而且是假命题。

(3) 是感叹句，所以不是命题。

(4) 是命题，真假由实际情况确定。

(5) 是命题，而且是假命题。

(6) 不是命题。原因：如果"我正在说谎"为真，则说明我说的是真话，因而(6)的真值应为假，这样就产生了矛盾；反之，如果"我正在说谎"为假，则说明我说的是假话，因而(6)的真值应为真，同样也产生了矛盾。因此，(6)既不能为真，也不能为假，故不是命题。类似(6)这样由真推出假，由假又能推出真，从而既不能为真又不能为假的句子称为悖论。

悖论不是命题。

（7）是祈使句，所以不是命题。

（8）是命题，虽然由人类现有的知识无法判断此句话是真还是假，但这句话的真假是客观存在的，所以是命题。

（9）是疑问句，所以不是命题。

（10）不是命题，因为当 $x=2$，$y=3$ 时，"x 大于 y"是错误的；当 $x=3$，$y=2$ 时，"x 大于 y"是正确的。真值不唯一，所以不是命题。

定义 1.2　仅由一个主语和一个谓语组成的肯定句，称为**简单命题**或**原子命题**。

定义 1.3　由简单命题通过联结词复合而成的新命题，称为**复合命题**。

1.1.2　命题的表示

一个简单命题可以用任何字母或带下标的字母来表示。本书约定用小写字母 p，q，r，…或带下标的小写字母 p_i，q_i，r_i，…表示简单命题，并且用 1 表示真命题，用 0 表示假命题。例如：

p：我是一名大学生。

q：我是一名中学生。

r_1：我是一名小学生。

例 1.2　下面句子哪些是命题，哪些是简单命题或复合命题。如果是复合命题，说出是由哪些简单命题组成的。

（1）我是党员。

（2）我不但喜欢唐诗，而且喜欢宋词。

（3）如果你去，我则不去。

（4）赵东不喜欢唱歌。

（5）$x+y>5$。

解　（1）是简单命题，即只有一个主语和一个谓语，不能再进行分解。

（2）是复合命题，由两个简单命题 p 和 q 组成，其中 p：我喜欢唐诗，q：我喜欢宋词。

（3）是复合命题，由两个简单命题 p 和 q 组成，其中 p：你去，q：我去。

（4）是复合命题，由一个简单命题 p 组成，其中 p：赵东喜欢唱歌。

（5）不是命题，因为当 x、y 取不同值时，真值不同。

定义 1.4　简单命题是命题逻辑中最基本的研究单位，其真值是确定的，又称其为**命题常项**或**命题常元**。

如例 1.2 中的(1)为简单命题。

定义 1.5　将真值可以变化的陈述句称为**命题变项**或**命题变元**。

如例 1.2 中的(5)虽然不是命题，但当给定 x、y 的值后，其真值也就确定了。

注意　命题变项不是命题，命题常项和命题变项就如同是初等数学中的常量和变量一样。

例 1.3　将下列命题符号化。

（1）3 不是偶数。

（2）2 是素数和偶数。

（3）李芳学过英语和日语。

（4）如果角 A 和角 B 是对顶角，则角 A 等于角 B。

解　先找到每个命题中的简单命题，并将其符号化，然后加上联结词。

（1）设 p：3 是偶数，则原命题可符号化为"非 p"。

（2）设 p：2 是素数，q：2 是偶数，则原命题可符号化为"p 和 q"。

（3）设 p：李芳学过英语，q：李芳学过日语，则原命题可符号化为"p 和 q"。

（4）设 p：角 A 和角 B 是对顶角，q：角 A 等于角 B，则原命题可符号化为"如果 p，则 q"。

例 1.3 中涉及的联结词有"非""和""如果……，则……"，下面我们介绍这些联结词的表示方法。

1.1.3　命题联结词

1. 否定联结词"¬"

定义 1.6　设 p 为命题，则由联结词"¬"和"命题 p"组成的复合命题称作 p 的否定式，记为"$\neg p$"。读作"非 p"。其中，"¬"是**否定联结词**。

$\neg p$ 的真值定义为：$\neg p$ 为真当且仅当 p 为假。$\neg p$ 的真值表如表 1-1 所示。

表 1-1　$\neg p$ 的真值表

p	$\neg p$
0	1
1	0

2. 合取联结词"∧"

定义 1.7　设有两个命题 p 和 q，则由"p 和 q"组成的复合命题称作 p 和 q 的合取式，记为"$p \wedge q$"，读作"p 合取 q"。其中，"∧"是**合取联结词**。

$p \wedge q$ 的真值定义为：$p \wedge q$ 为真当且仅当 p 和 q 同时为真，或者 $p \wedge q$ 为假当且仅当 p 和 q 同时为假。$p \wedge q$ 的真值表如表 1-2 所示。

表 1-2　$p \wedge q$ 的真值表

p	q	$p \wedge q$
0	0	0
0	1	0
1	0	0
1	1	1

例 1.4　将下列命题符号化。

（1）吴颖既用功又聪明。

（2）吴颖不仅用功而且聪明。

（3）吴颖虽然聪明，但不用功。

（4）张辉与王丽都是三好生。

（5）张辉与王丽是同学。

解　（1）设 p：吴颖用功，q：吴颖聪明，则原命题可符号化为 $p \wedge q$。

（2）设 p：吴颖用功，q：吴颖聪明，则原命题可符号化为 $p \wedge q$。

（3）设 p：吴颖用功，q：吴颖聪明，则原命题可符号化为 $\neg p \wedge q$。

（4）设 p：张辉是三好生，q：王丽是三好生，则原命题可符号化为 $p \wedge q$。

（5）因为原命题就是简单命题，所以只要设 p：张辉和王丽是同学，即原命题可符号化

为 p。

3. 析取联结词"∨"

定义 1.8 设有两个命题 p 和 q，则由"p 或 q"组成的复合命题称作 p 和 q 的析取式，记为"$p \vee q$"，读作"p 析取 q"。其中，"∨"是**析取联结词**。

$p \vee q$ 的真值定义为：$p \vee q$ 为真当且仅当 p 和 q 至少有一个为真，或者 $p \vee q$ 为假当且仅当 p 和 q 同时为假。$p \vee q$ 的真值表如表 1-3 所示。

表 1-3 $p \vee q$ 的真值表

p	q	$p \vee q$
0	0	0
0	1	1
1	0	1
1	1	1

析取联结词"∨"可以表达两种含义："相容或"和"排斥或"。"相容或"表示"∨"两边的命题可以同时取真，而"排斥或"表示"∨"两边的命题不能同时取真。当使用析取联结词时，首先应判断是"相容或"还是"排斥或"，然后对命题进行符号化。

例 1.5 将下列命题符号化。

(1) 王晓芳爱唱歌或爱听音乐。

(2) 2 或 3 是素数。

(3) 这趟火车 4 点半开或 5 点半开。

(4) 小元元只能拿苹果或梨中的一个。

(5) 王小红生于 2012 年或 2013 年。

(6) 今晚九点，中央电视一台播放电视剧《雍正王朝》或转播足球比赛。

解 此题要注意"相容或"和"排斥或"的使用。

(1) 设 p：王晓芳爱唱歌，q：王晓芳爱听音乐，则原命题可符号化为"相容或"的形式：

$$p \vee q$$

(2) 设 p：2 是素数，q：3 是素数，则原命题可符号化为"相容或"的形式：

$$p \vee q$$

(3) 设 p：火车 4 点半开，q：火车 5 点半开，则原命题可符号化为"排斥或"的形式：

$$(p \wedge \neg q) \vee (\neg p \wedge q)$$

实际上这趟火车 4 点半开和 5 点半开不可能同时发生，因为一列火车的发车时间是唯一的，所以该命题还可符号化为"相容或"的形式：

$$p \vee q$$

(4) 设 p：小元元拿苹果，q：小元元拿梨，则原命题只能符号化为"排斥或"的形式：

$$(p \wedge \neg q) \vee (\neg p \wedge q)$$

(5) 设 p：王小红生于 2012 年，q：王小红生于 2013 年，则原命题可符号化为"相容或"和"排斥或"两种形式：

$$(p \wedge \neg q) \vee (\neg p \wedge q) \quad 或 \quad p \vee q$$

(6) 设 p：今晚九点中央电视一台播放电视剧《雍正王朝》，q：今晚九点中央电视一台转播足球比赛，则原命题可符号化为"相容或"和"排斥或"两种形式：

$$(p \wedge \neg q) \vee (\neg p \wedge q) \quad 或 \quad p \vee q$$

注意 由例 1.5 可知，当是"排斥或"时：若两边的命题根据实际情况不能同时为真，则还可符号化为"相容或"的形式；若两边的命题根据实际情况能够同时为真，则不可符号化为"相容或"的形式。

4. 蕴涵联结词"→"

定义 1.9　设有两个命题 p 和 q，则由"若 p，则 q"组成的复合命题称作 p 和 q 的蕴涵式，记为"$p \rightarrow q$"，读作"p 蕴涵 q"。其中，"→"是**蕴涵联结词**，p 为蕴涵式的前件，q 为蕴涵式的后件。

表 1-4　$p \rightarrow q$ 的真值表

p	q	$p \rightarrow q$
0	0	1
0	1	1
1	0	0
1	1	1

$p \rightarrow q$ 的真值定义为：$p \rightarrow q$ 为假当且仅当 p 为真 q 为假时。$p \rightarrow q$ 的真值表如表 1-4 所示。由真值表可知，当前件为假时，无论后件如何取值，$p \rightarrow q$ 都为真，称之为善意的真值。也就是说，当前件为假时，结果就不重要了。

$p \rightarrow q$ 所表达的关系为：p 是 q 的充分条件，或者 q 是 p 的必要条件。汉语中表示"$p \rightarrow q$"的是因果关系，具体的表述方法有"如果 p，则 q""只要 p，就 q""若 p，就 q""p 仅当 q""只有 q，才 p""除非 q，才 p""除非 q，否则非 p"等。

在使用联结词"→"时，要特别注意以下几点：

(1) "只有 q，才 p""除非 q，才 p""除非 q，否则非 p"是三种"逆向蕴涵"，表达的意思还是"$p \rightarrow q$"，这里一定要注意 q 是 p 的必要条件。

(2) 蕴涵联结词有两种表示意思：第一种为内容联结，即两个命题之间有条件关系或因果关系；第二种为形式联结，即两个命题之间没有条件关系或因果关系，只是通过条件联结词将两个命题联结在一起，没有考虑内容上的联结，如"如果太阳从东方升起，则 $4+2=6$"，从其形式上只是表示条件联结，就其内容而言，无实质性关系。

例 1.6　将下列命题符号化。

(1) 只要天冷，小王就穿羽绒服。

(2) 如果 $4+4=8$，则雪是黑色的。

(3) 只有 $2<1$，才有 $3>2$。

(4) 除非 a 能被 2 整除，a 才能被 4 整除。

(5) 如果天气持续干旱，植物就会死亡。

(6) 除非天下大雨，否则他不乘班车上班。

解　(1) 设 p：天冷，q：小王穿羽绒服，则原命题可符号化为 $p \rightarrow q$。

(2) 设 p：$4+4=8$，q：雪是黑色的，则原命题可符号化为 $p \rightarrow q$。

(3) 设 p：$2<1$，q：$3>2$，则原命题可符号化为 $q \rightarrow p$。

(4) 设 p：a 能被 2 整除，q：a 能被 4 整除，则原命题可符号化为 $q \rightarrow p$。

(5) 设 p：天气持续干旱，q：植物死亡，则原命题可符号化为 $p \rightarrow q$。

(6) 设 p：天下大雨，q：他乘班车上班，则原命题可符号化为 $q \rightarrow p$。

5. 等价联结词"↔"

定义 1.10　设有两个命题 p 和 q，则由"p 当且仅当 q"组成的复合命题称作 p 和 q 的等价式，记为"$p \leftrightarrow q$"，读作"p 当且仅当 q"。其中，"↔"是**等价联结词**，又称**双条件联结词**。

$p \leftrightarrow q$ 的真值定义为：$p \leftrightarrow q$ 为真当且仅当命题 p 和 q 的真值相同时，或者 $p \leftrightarrow q$ 为假当且仅当 p 和 q 的真值不相同时。$p \leftrightarrow q$ 的真值表如表 1-5 所示。

表 1-5　$p \leftrightarrow q$ 的真值表		
p	q	$p \leftrightarrow q$
0	0	1
0	1	0
1	0	0
1	1	1

汉语中表述"$p \leftrightarrow q$"的方法很多，比如"充分必要""相同""等同""当且仅当""等价于"等。

例 1.7　将下列命题符号化。

(1) 你可以坐飞机当且仅当你买机票了。

(2) 四边形是平行四边形当且仅当它的对边平行。

(3) x 能够被 2 整除等价于 x 是偶数。

(4) 如果天不下雨，则我去看足球比赛；否则我不去看足球比赛。

解　(1) 设 p：你坐飞机，q：你买机票，则原命题可符号化为 $p \leftrightarrow q$。

(2) 设 p：四边形是平行四边形，q：四边形的对边平行，则原命题可符号化为 $p \leftrightarrow q$。

(3) 设 p：x 能够被 2 整除，q：x 是偶数，则原命题可符号化为 $p \leftrightarrow q$。

(4) 设 p：天下雨，q：我看足球比赛，则原命题可符号化为 $\neg p \leftrightarrow q$。

前面介绍了 5 种联结词，它们之间运算的优先级由以下方式确定：

(1) 5 种联结词运算的优先级从高到低依次为 $\neg$、$\wedge$、$\vee$、$\rightarrow$，$\leftrightarrow$。

(2) 没有括号时按上述先后顺序执行。

(3) 相同运算符按从左至右顺序执行。

例 1.8　设 p：$\sqrt{2}$ 是无理数，q：3 是奇数，r：苹果是方的，s：太阳绕地球转，判断复合命题 $p \rightarrow q \leftrightarrow r \wedge \neg s \vee \neg p$ 是真命题还是假命题。

解　先确定命题 p、q、r、s 的真值，即真值分别为 1、1、0、0；再由联结词优先级顺序可得 $p \rightarrow q \leftrightarrow r \wedge \neg s \vee \neg p$ 的最终取值为 0。

例 1.9　试将下列命题符号化。

(1) 如果 Halen 学习离散数学，那么她会找到好工作。

(2) 小沈和小王是夫妻俩，他们都很自私。

(3) 天黑了，前面山中有狼，因此他决定留下来。

(4) 当且仅当整数 a 能被 2 整除时，a 才是偶数。

(5) 如果今天没有课外作业，那么我去看望小张或小李。

(6) 如果没有老王和老李帮助我，我是完不成这个任务的。

解　(1) 设 p：Halen 学习离散数学，q：Halen 找到好工作，则原命题可符号化为 $p \rightarrow q$。

(2) 设 p：小沈和小王是夫妻俩，q：小沈自私，r：小王自私，则原命题可符号化为 $p \wedge q \wedge r$。

(3) 设 p：天黑了，q：前面山中有狼，r：他决定留下来，则原命题可符号化为 $(p \wedge q) \rightarrow r$。

(4) 设 p：整数 a 能被 2 整除，q：a 是偶数，则原命题可符号化为 $p \leftrightarrow q$。

(5) 设 p：今天有课外作业，q：我去看小张，r：我去看小李，则原命题可符号化为 $\neg p \rightarrow (q \vee r)$。

(6) 设 p：老王帮助我，q：老李帮助我，r：我完成这个任务，则原命题可符号化为 $\neg(p \wedge q) \rightarrow \neg r$。

6. 异或联结词"⊕"

定义 1.11　设有两个命题 p 和 q，则由"p 和 q 中恰有一个成立"组成的复合命题称作 p 和 q 的异或（又称"排斥或"），记为"$p \oplus q$"，读作"p 异或 q"。其中，"⊕"是**异或联结词**。

$p \oplus q$ 的真值定义为：$p \oplus q$ 为真当且仅当 p 和 q 恰有一个为真时。$p \oplus q$ 的真值表如表 1-6 所示，并且有 $p \oplus q$ 等价于 $(p \wedge \neg q) \vee (\neg p \wedge q)$。

表 1-6　$p \oplus q$ 的真值表

p	q	$p \oplus q$
0	0	0
0	1	1
1	0	1
1	1	0

7. 与非联结词"↑"

定义 1.12　设有两个命题 p 和 q，则由"p 与 q 的否定"组成的复合命题称作 p 和 q 的与非式，记为"$p \uparrow q$"，读作"p 与非 q"。其中，"↑"是**与非联结词**。

$p \uparrow q$ 的真值定义为：$p \uparrow q$ 为真当且仅当 p 和 q 不同时为真时。$p \uparrow q$ 的真值表如表 1-7 所示，并且有 $p \uparrow q$ 等价于 $\neg(p \wedge q)$。

表 1-7　$p \uparrow q$ 的真值表

p	q	$p \uparrow q$
0	0	1
0	1	1
1	0	1
1	1	0

8. 或非联结词"↓"

定义 1.13　设有两个命题 p 和 q，则由"p 或 q 的否定"组成的复合命题称作 p 和 q 的或非式，记为"$p \downarrow q$"，读作"p 或非 q"。其中，"↓"是**或非联结词**。

$p \downarrow q$ 的真值定义为：$p \downarrow q$ 为真当且仅当 p 和 q 同时为假时。$p \downarrow q$ 的真值表如表 1-8 所示，并且有 $p \downarrow q$ 等价于 $\neg(p \vee q)$。

表 1-8　$p \downarrow q$ 的真值表

p	q	$p \downarrow q$
0	0	1
0	1	0
1	0	0
1	1	0

1.1.4　联结词完备集

定义 1.14　令 S 是一个联结词集合，若对于任何一个公式均可以用 S 中的联结词来表示，就称集合 S 为**联结词完备集**。

1.1.3 节介绍了 8 种联结词，分别是 $\neg$、$\wedge$、$\vee$、$\rightarrow$、$\leftrightarrow$、$\oplus$、$\uparrow$、$\downarrow$。这 8 种联结词组成的集合 $S = \{\neg, \wedge, \vee, \rightarrow, \leftrightarrow, \oplus, \uparrow, \downarrow\}$ 必定是一个联结词完备集，但却不是最小完备集，因为集合 S 中存在**冗余联结词**，即某一个联结词可由集合中的其他联结词所表示。比如，"↑"联结词根据定义 1.12 可由"$\neg$、$\wedge$"两个联结词代替，因此"↑"是冗余联结词。而"$\neg$"联结词却不能由其他联结词来代替，因此类似"$\neg$"这样的联结词称为**独立联结词**。

定义 1.15　若 S 是一个联结词完备集，且 S 中不含冗余联结词，则称这样的集合 S 为**最小完备集**。

1.2 命题公式及其赋值

1.2.1 命题公式的概念

命题公式由命题常项、命题变项、联结词、括号等组成。通常称命题公式为合式公式或公式，具体见定义 1.16。

定义 1.16 当使用联结词集 $\{\neg, \wedge, \vee, \rightarrow, \leftrightarrow\}$ 时，其递归定义如下：

(1) 单个命题常项或变项是**公式**；

(2) 如果 P 是公式，则 $\neg P$ 是**公式**；

(3) 如果 P、Q 是公式，则 $P \wedge Q$、$P \vee Q$、$P \rightarrow Q$、$P \leftrightarrow Q$ 都是**公式**；

(4) 当且仅当有限次地应用 (1)~(3) 所得到的符号串是**合式公式**（或公式）。

注意 定义 1.16 为合式公式的递归定义。形如 $pq \rightarrow r$、$\neg p \rightarrow (q \wedge r$、$p \wedge$ 等都不是正确的合式公式，形如 $p \rightarrow r$、$\neg p \rightarrow (q \wedge r)$、$p \wedge \neg q$ 等都是正确的合式公式。在定义 1.16 中，用到了大写字母 P、Q 等符号，称由大写字母代表的公式为元语言，而称一个具体的合式公式为对象语言。比如 $A = p \rightarrow r$，其中 A 为元语言，$p \rightarrow r$ 为对象语言。

定义 1.17 对于一个合式公式，可以用下面的方法定义它的层：

(1) 若公式 A 是单个的命题变项，则称 A 为 **0 层公式**。

(2) 若存在以下情况，则称 A 是 $n+1(n \geq 0)$ **层公式**：

① $A = \neg B$，B 是 n 层公式；

② $A = B \wedge C$，其中 B、C 分别为 i 层和 j 层公式，且 $n = \max(i, j)$；

③ $A = B \vee C$，其中 B、C 的层次及 n 同②；

④ $A = B \rightarrow C$，其中 B、C 的层次及 n 同②；

⑤ $A = B \leftrightarrow C$，其中 B、C 的层次及 n 同②。

例 1.10 判断下列公式是几层公式。

(1) $p \rightarrow (p \vee q)$

(2) $(p \wedge (p \rightarrow q)) \rightarrow q$

(3) $((p \rightarrow q) \wedge (r \rightarrow s)) \rightarrow ((p \wedge r) \rightarrow (q \wedge s))$

解 判断一个公式的层数，可以根据对应联结词的优先级情况，按照优先级从高到低逐层计算，最终得到原公式是几层公式。根据这种思想可知 (1) 为 2 层公式，(2) 为 3 层公式，(3) 为 3 层公式。

定义 1.18 把用自然语言描述的命题转变成命题逻辑中的符号形式，称为命题的**翻译**。

将一个命题翻译成一个合式公式，要先找到命题中所有的简单命题，然后将简单命题符号化为 $p, q, r, \cdots$ 或者带下标的 $p_i, q_i, r_i, \cdots$，最后使用联结词和必要的括号将这些简单命题联结起来。

例 1.11 假如上午不下雨，我就去看电影，否则就在家里读书或看报。

解 通过分析，可知原命题中的简单命题有

p：上午下雨

q：我去看电影

r：我在家里读书

s：我在家里看报

则该命题被翻译为公式：

$$(\neg p \rightarrow q) \wedge (p \rightarrow (r \vee s))$$

例 1.12　居里夫人是波兰人，她是一个伟大的科学家，由于她对科学事业作出了巨大的贡献，因此她被授予诺贝尔奖。

解　通过分析，可知原命题中的简单命题有

p：居里夫人是波兰人

q：居里夫人是一个伟大的科学家

r：居里夫人对科学事业作出了巨大的贡献

s：居里夫人被授予诺贝尔奖

则该命题被翻译为公式：

$$p \wedge q \wedge (r \rightarrow s)$$

例 1.13　如果明天上午不是雨夹雪，那么我必去学校。

解　通过分析，可知原命题中的简单命题有

p：明天上午下雨

q：明天上午下雪

r：我去学校

则该命题被翻译为公式：

$$\neg (p \wedge q) \rightarrow r$$

1.2.2　命题公式的解释

对于一个给定的合式公式 $(p \wedge q) \rightarrow r$，将 0 赋给 p，1 赋给 q，0 赋给 r，则称 010 为公式 $(p \wedge q) \rightarrow r$ 的一个解释，具体见定义 1.19。

定义 1.19　设 p_1，p_2，$\cdots$，p_n 是出现在公式 A 中的全部命题变项，如果指定 p_1，p_2，$\cdots$，p_n 的一组真值，则称这组真值为公式 A 的一个**解释**或**赋值**或**指派**，记作 I。

注意　将一个合式公式解释成自然语言，其实就是给公式中出现的命题变项 p_1，p_2，$\cdots$，p_n 赋予一种具体的解释，这样原公式就会有无数的解释，但是这些解释无非只有两种真值：0 或 1，为了列举出一个公式的所有解释，只需要将公式中出现的 p_1，p_2，$\cdots$，p_n 全部解释成 0 或 1。比如，一个公式中有两个命题变项 p 和 q，则这个公式的全部解释有 4 种，分别为 00、01、10 和 11。对于一个含有 n 个命题变项的公式，共有 2^n 种解释或赋值或指派。

定义 1.20　若指定的一组赋值使公式 A 的真值为 1，则称这组赋值是 A 的**成真赋值**；若指定的一组赋值使公式 A 的真值为 0，则称这组赋值是 A 的**成假赋值**。

例 1.14　设有公式 $A = (\neg p \wedge q) \rightarrow r$，判断公式 A 共有几种赋值情况，分别是什么，哪些是成真赋值，哪些是成假赋值。

解　由于公式 A 中有 3 个命题变项：p、q 和 r，因此共有 8 种赋值情况，分别为 000、001、010、011、100、101、110 和 111，其中成真赋值有 000、001、011、100、101、110 和 111，成假赋值有 010。

1.2.3　命题公式的类型

定义 1.21　设 A 为任一命题公式，如果 A 在所有赋值下取值均为真，则称 A 是**永真式**或**重言式**；如果 A 在所有赋值下取值均为假，则称 A 是**永假式**或**矛盾式**；如果至少存在一种赋值使公式 A 取值为真，则称 A 是**可满足式**。

注意　(1) 重言式一定是可满足式，反之不真。

(2) 若公式 A 是可满足式，且它至少存在一个成假赋值，则称 A 为**非永真式**（**重言式**）的可满足式。

(3) 判断公式类型的方法有两种：真值表法和等值演算法（详见 1.2.4 节和 1.3.2 节）。

定理 1.1　任何两个重言式的合取或析取，仍然是一个重言式。

证明　设 A 和 B 为两个重言式，则给 A 和 B 任意赋值，总有 A 为 1 且 B 为 1，所以 $A \wedge B$ 和 $A \vee B$ 也都为重言式。

定理 1.2　一个重言式，对同一分量用任何合式公式置换，其结果仍为一个重言式。

证明　由于重言式的真值与分量的取值无关，因此对同一分量以任何合式公式置换后，重言式的真值仍为 1。例如，公式 $((p \vee s) \wedge r) \vee \neg((p \vee s) \wedge r)$ 为重言式，对其分量 $(p \vee s) \wedge r$ 用任何的合式公式置换后，最终形成的公式仍然为重言式。

1.2.4　真值表

定义 1.22　将公式 A 在其所有赋值下所取得的真值列成一个表，称为 A 的**真值表**。

构造真值表的方法如下：

(1) 找出公式 A 中的全部命题变项，并按一定的顺序排列成 p_1，p_2，$\cdots$，p_n（若无下标，则按字典序排列）。

(2) 列出 A 的 2^n 个赋值，赋值从 $00\cdots0$ 开始，按二进制递加顺序依次写出各赋值，直到 $11\cdots1$ 为止（或从 $11\cdots1$ 开始，按二进制递减顺序写出各赋值，直到 $00\cdots0$ 为止）。

(3) 按照优先级从高到低依次写出公式的各个层次。

(4) 根据赋值依次计算各层次公式的真值并最终计算出 A 的真值。

例 1.15　求 $\neg(p \rightarrow q) \wedge q$ 的真值表。

解　由真值表的构造方法，可写出真值表，如表 1-9 所示。

表 1-9　$\neg(p \rightarrow q) \wedge q$ 的真值表

p	q	$p \rightarrow q$	$\neg(p \rightarrow q)$	$\neg(p \rightarrow q) \wedge q$
0	0	1	0	0
0	1	1	0	0
1	0	0	1	0
1	1	1	0	0

例 1.16　利用真值表，判断下列公式的类型，并求出哪些赋值是成真赋值，哪些赋值是成假赋值。

(1) $\neg p \rightarrow q$

(2) $\neg(p \wedge q) \rightarrow r$

(3) $\neg q \vee (p \rightarrow q)$

解　(1) $\neg p \rightarrow q$ 的真值表如表 1-10 所示。

表 1-10　$\neg p \rightarrow q$ 的真值表

p	q	$\neg p$	$\neg p \rightarrow q$
0	0	1	0
0	1	1	1
1	0	0	1
1	1	0	1

由表 1-10 可知：公式 $\neg p \rightarrow q$ 为非重言式的可满足式，其中 01、10、11 为公式的成真赋值，00 为公式的成假赋值。

(2) $\neg(p \wedge q) \rightarrow r$ 的真值表如表 1-11 所示。

表 1-11　$\neg(p \wedge q) \rightarrow r$ 的真值表

p	q	r	$p \wedge q$	$\neg(p \wedge q)$	$\neg(p \wedge q) \rightarrow r$
0	0	0	0	1	0
0	0	1	0	1	1
0	1	0	0	1	0
0	1	1	0	1	1
1	0	0	0	1	0
1	0	1	0	1	1
1	1	0	1	0	1
1	1	1	1	0	1

由表 1-11 可知：公式 $\neg(p \wedge q) \rightarrow r$ 为非重言式的可满足式，其中 001、011、101、110、111 为公式的成真赋值，000、010、100 为公式的成假赋值。

(3) $\neg q \vee (p \rightarrow q)$ 的真值表如表 1-12 所示。

表 1-12　$\neg q \vee (p \rightarrow q)$ 的真值表

p	q	$\neg q$	$p \rightarrow q$	$\neg q \vee (p \rightarrow q)$
0	0	1	1	1
0	1	0	1	1
1	0	1	0	1
1	1	0	1	1

由表 1 - 12 可知：公式 $\neg q \vee (p \rightarrow q)$ 为重言式，其中 00、01、10、11 为公式的成真赋值，无成假赋值。

1.3 命题公式的等值演算

1.3.1 等值式

定义 1.23 设 A 和 B 是两个合式公式，若 $A \leftrightarrow B$ 是永真式，则称 A 和 B 是等值的，记为 $A \Leftrightarrow B$。

定理 1.3 设 A、B、C 是任意的合式公式，则有

(1) $A \Leftrightarrow A$。

(2) 若 $A \Leftrightarrow B$，则 $B \Leftrightarrow A$。

(3) 若 $A \Leftrightarrow B$ 且 $B \Leftrightarrow C$，则 $A \Leftrightarrow C$。

定理 1.4 设 A、B、C 是公式，则下述等值式成立：

(1) 双重否定律：

$$\neg \neg A \Leftrightarrow A$$

(2) 幂等律：

$$A \wedge A \Leftrightarrow A, \quad A \vee A \Leftrightarrow A$$

(3) 交换律：

$$A \wedge B \Leftrightarrow B \wedge A, \quad A \vee B \Leftrightarrow B \vee A$$

(4) 结合律：

$$(A \wedge B) \wedge C \Leftrightarrow A \wedge (B \wedge C)$$
$$(A \vee B) \vee C \Leftrightarrow A \vee (B \vee C)$$

(5) 分配律：

$$(A \wedge B) \vee C \Leftrightarrow (A \vee C) \wedge (B \vee C)$$
$$(A \vee B) \wedge C \Leftrightarrow (A \wedge C) \vee (B \wedge C)$$

(6) 德·摩根律：

$$\neg (A \vee B) \Leftrightarrow \neg A \wedge \neg B$$
$$\neg (A \wedge B) \Leftrightarrow \neg A \vee \neg B$$

(7) 吸收律：

$$A \vee (A \wedge B) \Leftrightarrow A, \quad A \wedge (A \vee B) \Leftrightarrow A$$

(8) 零律：

$$A \vee 1 \Leftrightarrow 1, \quad A \wedge 0 \Leftrightarrow 0$$

(9) 同一律：

$$A \wedge 1 \Leftrightarrow A, \quad A \vee 0 \Leftrightarrow A$$

(10) 排中律：

$$A \vee \neg A \Leftrightarrow 1$$

（11）矛盾律：

$$A \wedge \neg A \Leftrightarrow 0$$

（12）蕴涵等值式：

$$A \rightarrow B \Leftrightarrow \neg A \vee B$$

（13）假言易位：

$$A \rightarrow B \Leftrightarrow \neg B \rightarrow \neg A$$

（14）等价等值式：

$$A \leftrightarrow B \Leftrightarrow (A \rightarrow B) \wedge (B \rightarrow A)$$

（15）等价否定等值式：

$$A \leftrightarrow B \Leftrightarrow \neg A \leftrightarrow \neg B \Leftrightarrow \neg B \leftrightarrow \neg A$$

（16）归缪式：

$$(A \rightarrow B) \wedge (A \rightarrow \neg B) \Leftrightarrow \neg A$$

注意　以上等值式中的 A、B 代表任意的合式公式，比如蕴涵等值式 $A \rightarrow B \Leftrightarrow \neg A \vee B$ 中的 A 和 B 可以换成一个具体的合式公式 p 和 q，这样就形成了一个具体的等值式：$p \rightarrow q \Leftrightarrow \neg p \vee q$；或者 A 和 B 也可以换成合式公式 $p \wedge q$ 和 $q \rightarrow r$，则又形成了另外一个具体的等值式：$(p \wedge q) \rightarrow (q \rightarrow r) \Leftrightarrow \neg (p \wedge q) \vee (q \rightarrow r)$。还需要注意的是："等值"的意思是，两个公式在任意赋值下真值都是一样的，而不是说两个公式完全"相等"。

例 1.17　证明 $\neg (p \wedge q) \Leftrightarrow \neg p \vee \neg q$ 成立。

证明　由定义 1.23 可知，只需证明 $\neg (p \wedge q) \leftrightarrow (\neg p \vee \neg q)$ 为永真式即可。

1.3.2　等值演算法

1. 等值演算法

定理 1.5　设 $f(A)$ 是一个含有子公式 A 的命题公式，$f(B)$ 是用公式 B 置换了 $f(A)$ 中的子公式 A 后得到的公式，如果 $A \Leftrightarrow B$，那么 $f(A) \Leftrightarrow f(B)$。

注意　以上置换规则是一种等值演算的方法，即等值演算的每一步都是用与原公式中的子公式（可以是公式本身）等值的公式来置换该子公式，从而保证置换前后的公式是等值的。

例 1.18　试用等值演算法证明下列公式等值。

（1）$p \rightarrow q \Leftrightarrow \neg q \rightarrow \neg p$

（2）$p \vee (p \wedge q) \Leftrightarrow p$

证明　（1）　$p \rightarrow q$

$\qquad\qquad \Leftrightarrow \neg p \vee q$　　　　　　　　　（蕴涵等值式，置换规则）

$\qquad\qquad \Leftrightarrow \neg p \vee \neg (\neg q)$　　　　　　　（双重否定律，置换规则）

$\qquad\qquad \Leftrightarrow \neg q \rightarrow \neg p$　　　　　　　　（蕴涵等值式，置换规则）

$\qquad$（2）　$p \vee (p \wedge q)$

$\qquad\qquad \Leftrightarrow (p \wedge 1) \vee (p \wedge q)$　　　　　（同一律，置换规则）

$\qquad\qquad \Leftrightarrow (p \wedge (q \vee \neg q)) \vee (p \wedge q)$　　（排中律，置换规则）

$\qquad\qquad \Leftrightarrow ((p \wedge q) \vee (p \wedge \neg q)) \vee (p \wedge q)$　（分配律，置换规则）

$$\Leftrightarrow (p \wedge q) \vee (p \wedge \neg q) \qquad \text{(幂等律,置换规则)}$$
$$\Leftrightarrow p \wedge (q \vee \neg q) \qquad \text{(分配律,置换规则)}$$
$$\Leftrightarrow p \wedge 1 \qquad \text{(排中律,置换规则)}$$
$$\Leftrightarrow p \qquad \text{(同一律,置换规则)}$$

2. 等值演算法应用举例

1) 证明两个公式等值

此应用见例 1.18。

2) 判断命题公式的类型

给定一个命题公式,先利用等值演算法对命题公式进行简化,若最终能简化为 1,说明该公式与 1 等值,则该公式为重言式;同理,若最终简化为 0,说明该公式与 0 等值,则该公式为矛盾式;若简化的结果为另一个命题公式,则该公式为非重言式的可满足式。

例 1.19 判断下列公式的类型。

(1) $q \vee \neg ((\neg p \vee q) \wedge p)$

(2) $\neg (p \rightarrow q) \wedge q$

(3) $((p \wedge q) \vee (p \wedge \neg q)) \wedge r$

解 (1) 由于

$$q \vee \neg ((\neg p \vee q) \wedge p)$$
$$\Leftrightarrow q \vee \neg ((\neg p \wedge p) \vee (q \wedge p))$$
$$\Leftrightarrow q \vee \neg (0 \vee (q \wedge p))$$
$$\Leftrightarrow q \vee \neg (q \wedge p)$$
$$\Leftrightarrow q \vee \neg q \vee \neg p$$
$$\Leftrightarrow 1$$

原式最终等值成 1,因此原式为永真式。

(2) 由于

$$\neg (p \rightarrow q) \wedge q$$
$$\Leftrightarrow \neg (\neg p \vee q) \wedge q$$
$$\Leftrightarrow p \wedge \neg q \wedge q$$
$$\Leftrightarrow 0$$

原式最终等值成 0,因此原式为矛盾式。

(3) 由于

$$((p \wedge q) \vee (p \wedge \neg q)) \wedge r$$
$$\Leftrightarrow p \wedge (q \vee \neg q) \wedge r$$
$$\Leftrightarrow p \wedge r$$

原式最终等值成另外一个公式,因此原式为非重言式的可满足式。

注意 对于非重言式的可满足式来说,由于 $((p \wedge q) \vee (p \wedge \neg q)) \wedge r$ 与 $p \wedge r$ 等值,而等值的定义就是在所有赋值下两个公式的真值一模一样,因此可以通过对 $p \wedge r$ 赋值,得到原式 $((p \wedge q) \vee (p \wedge \neg q)) \wedge r$ 的成真赋值和成假赋值。由于 $p \wedge r$ 的成真赋值只有一个:11,因此可以得到原式 $((p \wedge q) \vee (p \wedge \neg q)) \wedge r$ 的成真赋值有两个:101 和 111,其余赋值都为

成假赋值。

3）联结词完备集证明

定理 1.6　{¬，∧，∨，→，↔}是联结词完备集。

（证明略，根据定义就可证得）

定理 1.7　{¬，∧，∨}是联结词完备集。

证明　如果{¬，∧，∨}是联结词完备集，则根据完备集的定义，任何公式应该都可以使用{¬，∧，∨}中的联结词来表示，而对于任意的命题公式 A、B，我们有

$$A \rightarrow B \Leftrightarrow \neg A \vee B$$
$$A \leftrightarrow B \Leftrightarrow (A \rightarrow B) \wedge (B \rightarrow A) \Leftrightarrow (\neg A \vee B) \wedge (\neg B \vee A)$$

所以{¬，∧，∨}是联结词完备集，但不是最小完备集，因为

$$A \vee B \Leftrightarrow \neg\neg(A \vee B) \Leftrightarrow \neg(\neg A \wedge \neg B)$$
$$A \wedge B \Leftrightarrow \neg\neg(A \wedge B) \Leftrightarrow \neg(\neg A \vee \neg B)$$

定理 1.8　{¬，∧}，{¬，∨}，{¬，→}是联结词的最小完备集。

证明　由定理 1.7 可知，{¬，∧}，{¬，∨}是最小完备集。

由于 $P \vee Q \Leftrightarrow \neg P \rightarrow Q$，因此{¬，→}也是最小完备集。

定理 1.9　{↑}，{↓}是联结词的最小完备集。

证明　我们已证{¬，∨}是联结词的最小完备集，因而只需证明联结词¬和∨可由联结词↑表示，即证明了{↑}是联结词最小完备集。见以下公式：

$$\neg P \Leftrightarrow P \uparrow P \qquad\qquad ①$$
$$P \vee Q \Leftrightarrow (P \uparrow P) \uparrow (Q \uparrow Q) \qquad\qquad ②$$
$$\neg P \Leftrightarrow P \downarrow P \qquad\qquad ③$$
$$P \vee Q \Leftrightarrow (P \downarrow Q) \downarrow (P \downarrow Q) \qquad\qquad ④$$

由公式①和② 可知，{↑}是联结词最小完备集；由公式③和④可知，{↓}是联结词最小完备集。

1.4　命题公式的范式

1.4.1　析取范式与合取范式

1. 对偶式

定义 1.24　在仅含有联结词¬、∧、∨ 的命题公式 A 中，将联结词∧换成∨，将∨换成∧，如果 A 中含有真值1或0，就将1换成0，0换成1，所得的命题公式 A^* 称为 A 的**对偶式**。

例 1.20　写出以下公式的对偶式。

(1) $(\neg p \vee q) \wedge (p \vee \neg q)$

(2) $p \uparrow q$

(3) $p \downarrow q$

解　(1) $(\neg p \vee q) \wedge (p \vee \neg q)$的对偶式为$(\neg p \wedge q) \vee (p \wedge \neg q)$。

（2）因为 $p \uparrow q \Leftrightarrow \neg(p \wedge q)$，而 $\neg(p \wedge q)$ 的对偶式为 $\neg(p \vee q)$，故 $p \uparrow q$ 的对偶式为 $p \downarrow q$。

（3）因为 $p \downarrow q \Leftrightarrow \neg(p \vee q)$，而 $\neg(p \vee q)$ 的对偶式为 $\neg(p \wedge q)$，故 $p \downarrow q$ 的对偶式为 $p \uparrow q$。

定理 1.10　设 A 和 A^* 互为对偶式，$p_1, p_2, \cdots, p_n$ 是出现在 A 和 A^* 中的所有命题变项，若将 A 和 A^* 写成 n 元函数形式，则有

（1）$\neg A(p_1, p_2, \cdots, p_n) \Leftrightarrow A^*(\neg p_1, \neg p_2, \cdots, \neg p_n)$

（2）$A(\neg p_1, \neg p_2, \cdots, \neg p_n) \Leftrightarrow \neg A^*(p_1, p_2, \cdots, p_n)$

证明　该定理的证明使用德·摩根定律即可，证明过程略。

2. 简单析取式与简单合取式

定义 1.25　由任意多个单个命题变项或其否定组成的析取式（合取式），称为**简单析取式**（**简单合取式**）。简单析取式（简单合取式）又称**基本和**（**基本积**）。

例如，p、$p \vee q$、$p \vee \neg q$、$p \vee \neg q \vee \neg r$ 等公式是简单析取式，p、$p \wedge q$、$p \wedge \neg q$、$p \wedge \neg q \wedge r \wedge \neg r$ 等公式是简单合取式。需要注意的是，单个命题变项（如 p）既是简单析取式，又是简单合取式。

定理 1.11　简单析取式和简单合取式有如下性质：

（1）简单析取式为重言式，当且仅当它同时含有某个命题变项及其否定。

（2）简单合取式为矛盾式，当且仅当它同时含有某个命题变项及其否定。

3. 范式

定义 1.26　由有限个简单合取式构成的析取式，称为**析取范式**；由有限个简单析取式构成的合取式，称为**合取范式**。

例如，p、$p \vee q$、$p \wedge q$、$(\neg p \wedge q) \vee (q \wedge r)$、$\neg p \vee (p \wedge q) \vee (q \wedge r)$ 等为析取范式，p、$p \vee q$、$p \wedge q$、$(\neg p \vee q) \wedge (p \vee r)$、$(\neg p \vee q) \wedge (q \vee r) \wedge r$ 等为合取范式。需要注意的是，类似 p、$p \vee q$、$p \wedge q$ 这样的公式，既是析取范式，又是合取范式。

定理 1.12　析取范式和合取范式有如下性质：

（1）一个析取范式为矛盾式当且仅当它的每个简单合取式为矛盾式。

（2）一个合取范式为重言式当且仅当它的每个简单析取式为重言式。

定理 1.13　对于任何命题公式 A 都存在与其等值的析取范式和合取范式。

证明　对于任一命题公式 A，首先使用基本等值式消去 A 中除 $\neg$、$\wedge$、$\vee$ 外的其他联结词，然后将公式中的 $\neg$ 都消去或移到命题变项之前，最后使用结合律或者分配律等将公式化为与之等值的析取范式或合取范式。（注意：这也是求给定公式的析取范式与合取范式的方法。）

例 1.21　求下列命题公式的范式。

（1）$(p \rightarrow q) \wedge r$

（2）$p \wedge (q \leftrightarrow r)$

解　（1）　$(p \rightarrow q) \wedge r$

$\Leftrightarrow (\neg p \vee q) \wedge r$　　　　　　　　（合取范式）

$\Leftrightarrow (\neg p \wedge r) \vee (q \wedge r)$　　　　　（析取范式）

　　（2）　$p \wedge (q \leftrightarrow r)$

$$\Leftrightarrow p \wedge (\neg q \vee r) \wedge (\neg r \vee q) \qquad \text{(合取范式)}$$
$$\Leftrightarrow ((p \wedge \neg q) \vee (p \wedge r)) \wedge (\neg r \vee q)$$
$$\Leftrightarrow (p \wedge \neg q \wedge \neg r) \vee (p \wedge \neg q \wedge q) \vee (p \wedge r \wedge \neg r) \vee (p \wedge r \wedge q)$$
$$\Leftrightarrow (p \wedge \neg q \wedge \neg r) \vee 0 \vee 0 \vee (p \wedge q \wedge r)$$
$$\Leftrightarrow (p \wedge \neg q \wedge \neg r) \vee (p \wedge q \wedge r) \qquad \text{(析取范式)}$$

1.4.2　主析取范式与主合取范式

1. 主析取范式

定义 1.27　若 n 个命题变项组成的简单合取式中，每个命题变项及其否定恰好出现一个且仅出现一次，而且命题变项或其否定按字母顺序或下标排序，则称这样的合取式为**极小项**。

例如：两个命题变项 p、q，其全部极小项有 $p \wedge q$、$p \wedge \neg q$、$\neg p \wedge q$、$\neg p \wedge \neg q$；三个命题变项 p、q、r，其全部极小项有 $p \wedge q \wedge r$、$p \wedge q \wedge \neg r$、$p \wedge \neg q \wedge r$、$p \wedge \neg q \wedge \neg r$、$\neg p \wedge q \wedge r$、$\neg p \wedge q \wedge \neg r$、$\neg p \wedge \neg q \wedge r$、$\neg p \wedge \neg q \wedge \neg r$。

一般地，n 个命题变项共有 2^n 个极小项。

为了便于书写和记忆，我们通常将极小项用符号表示出来。一个极小项一般用 m_i 表示，下标 i 的确定方法为找到这个极小项唯一的一组成真赋值，则这组成真赋值的十进制数即为此极小项的下标。

例如：对于极小项 $p \wedge q \wedge \neg r$ 来说，唯一的成真赋值为 110，而 110 对应的十进制数为 6，即极小项 $p \wedge q \wedge \neg r$ 可以表示为 m_6。表 1-13 和表 1-14 中列出了两个命题变项和三个命题变项对应极小项的记法。

表 1-13　p、q 所对的极小项

极小项	成真赋值	记法
$p \wedge q$	11	m_3
$p \wedge \neg q$	10	m_2
$\neg p \wedge q$	01	m_1
$\neg p \wedge \neg q$	00	m_0

表 1-14　p、q、r 所对的极小项

极小项	成真赋值	记法
$p \wedge q \wedge r$	111	m_7
$p \wedge q \wedge \neg r$	110	m_6
$p \wedge \neg q \wedge r$	101	m_5
$p \wedge \neg q \wedge \neg r$	100	m_4
$\neg p \wedge q \wedge r$	011	m_3
$\neg p \wedge q \wedge \neg r$	010	m_2
$\neg p \wedge \neg q \wedge r$	001	m_1
$\neg p \wedge \neg q \wedge \neg r$	000	m_0

极小项具有如下性质：

（1）每一个极小项当其成真赋值与记法下标所对二进制相同时，其真值为 1，在其余 $2^n - 1$ 种赋值下其真值均为 0。

（2）任意两个不同的极小项的合取式永假。

（3）全体极小项的析取式永为真。

定义 1.28 对于给定的命题公式，如果可以等值为仅由若干个极小项的析取组成的式子，则该等值式称为原公式的**主析取范式**，记为 $\sum(r_1, r_2, \cdots)$，其中 $r_1, r_2, \cdots$ 为极小项对应的下标。

2. 主合取范式

定义 1.29 若 n 个命题变项组成的简单析取式中，每个命题变项及其否定恰好出现一个且仅出现一次，而且命题变项或其否定按字母顺序或下标排序，则称这样的析取式为**极大项**。

例如：两个命题变项 p、q，其全部极大项有 $p \vee q$、$p \vee \neg q$、$\neg p \vee q$、$\neg p \vee \neg q$；三个命题变项 p、q、r，其全部极大项有 $p \vee q \vee r$、$p \vee q \vee \neg r$、$p \vee \neg q \vee r$、$p \vee \neg q \vee \neg r$、$\neg p \vee q \vee r$、$\neg p \vee q \vee \neg r$、$\neg p \vee \neg q \vee r$、$\neg p \vee \neg q \vee \neg r$。

一般地，n 个命题变项共有 2^n 个极大项。

为了便于书写和记忆，我们通常将极大项用符号表示出来。一个极大项一般用 M_i 表示，下标 i 的确定方法为找到这个极大项唯一的一组成假赋值，则这组成假赋值的十进制数即为此极大项的下标。

例如：对于极大项 $p \vee \neg q \vee \neg r$ 来说，唯一的成假赋值为 011，而 011 对应的十进制数为 3，即极大项 $p \vee \neg q \vee \neg r$ 可以表示为 M_3。表 1-15 和表 1-16 中列出了两个命题变项和三个命题变项对应极大项的记法。

<table>
<tr><td colspan="3">**表 1-15 p、q 所对的极大项**</td><td colspan="3">**表 1-16 p、q、r 所对的极大项**</td></tr>
<tr><td>极大项</td><td>成假赋值</td><td>记法</td><td>极大项</td><td>成假赋值</td><td>记法</td></tr>
<tr><td>$p \vee q$</td><td>00</td><td>M_0</td><td>$p \vee q \vee r$</td><td>000</td><td>M_0</td></tr>
<tr><td>$p \vee \neg q$</td><td>01</td><td>M_1</td><td>$p \vee q \vee \neg r$</td><td>001</td><td>M_1</td></tr>
<tr><td>$\neg p \vee q$</td><td>10</td><td>M_2</td><td>$p \vee \neg q \vee r$</td><td>010</td><td>M_2</td></tr>
<tr><td>$\neg p \vee \neg q$</td><td>11</td><td>M_3</td><td>$p \vee \neg q \vee \neg r$</td><td>011</td><td>$M_3$</td></tr>
<tr><td></td><td></td><td></td><td>$\neg p \vee q \vee r$</td><td>100</td><td>M_4</td></tr>
<tr><td></td><td></td><td></td><td>$\neg p \vee q \vee \neg r$</td><td>101</td><td>$M_5$</td></tr>
<tr><td></td><td></td><td></td><td>$\neg p \vee \neg q \vee r$</td><td>110</td><td>$M_6$</td></tr>
<tr><td></td><td></td><td></td><td>$\neg p \vee \neg q \vee \neg r$</td><td>111</td><td>$M_7$</td></tr>
</table>

极大项具有如下性质：

(1) 每一个极大项当其成假赋值与记法下标所对二进制相同时，其真值为 0，在其余 $2^n - 1$ 种赋值下其真值均为 1。

(2) 任意两个不同的极大项的析取式永真。

(3) 全体极大项的合取式永为假。

定义 1.30 对于给定的命题公式，如果可以等值为仅由若干个极大项的合取组成的式子，则该等值式称为原公式的**主合取范式**，记为 $\prod(r_1, r_2, \cdots)$，其中 $r_1, r_2, \cdots$ 为极大项对应的下标。

3. 主范式的求解方法

1) 真值表法

在真值表中，一个公式的每个成真赋值（成假赋值）都对应于该公式的一个极小项（极大项），在真值表中找出所有的成真赋值（成假赋值），以这些成真赋值（成假赋值）所对的十进制数作为下标的极小项（极大项）的析取（合取）形成的式子即为原公式的主析取范式（主合取范式）。

例 1.22　利用真值表法求下列公式的主析取范式与主合取范式。

(1) $\neg(p \rightarrow q)$

(2) $(p \wedge q) \vee (\neg p \wedge r)$

解　(1) 公式 $\neg(p \rightarrow q)$ 对应的真值表如表 1-17 所示。

表 1-17　$\neg(p \rightarrow q)$ 的真值表

p	q	$p \rightarrow q$	$\neg(p \rightarrow q)$
0	0	1	0
0	1	1	0
1	0	0	1
1	1	1	0

由表 1-17 可知，公式 $\neg(p \rightarrow q)$ 的成真赋值有 10，对应的极小项为 m_2；成假赋值有 00、01、10，对应的极大项为 M_0、M_1、M_3。因此，原公式的主析取范式为 m_2 或 $\sum(2)$，主合取范式为 $M_0 \wedge M_1 \wedge M_3$ 或 $\prod(0,1,3)$。

(2) 公式 $(p \wedge q) \vee (\neg p \wedge r)$ 对应的真值表如表 1-18 所示。

表 1-18　$(p \wedge q) \vee (\neg p \wedge r)$ 的真值表

p	q	r	$p \wedge q$	$\neg p$	$\neg p \wedge r$	$(p \wedge q) \vee (\neg p \wedge r)$
0	0	0	0	1	0	0
0	0	1	0	1	1	1
0	1	0	0	1	0	0
0	1	1	0	1	1	1
1	0	0	0	0	0	0
1	0	1	0	0	0	0
1	1	0	1	0	0	1
1	1	1	1	0	0	1

由表 1-18 可知，公式 $(p \wedge q) \vee (\neg p \wedge r)$ 的成真赋值有 001、011、110、111，对应的极小项为 m_1、m_3、m_6、m_7；成假赋值有 000、010、100、101，对应的极大项为 M_0、M_2、M_4、M_5。因此，原公式的主析取范式为 $m_1 \vee m_3 \vee m_6 \vee m_7$ 或 $\sum(1,3,6,7)$，主合取范式为 $M_0 \wedge M_2 \wedge M_4 \wedge M_5$ 或 $\prod(0,2,4,5)$。

2）等值演算法

第一步，将给定命题公式化成析取范式（合取范式）。

第二步，若析取范式（合取范式）中某个简单合取式（简单析取式）中不含命题变项 p_i，则用排中律（矛盾律）补进该变项，从而使得该简单合取式（简单析取式）中含有全部的命题变项，然后使用分配律使该简单合取式（简单析取式）与补进的变项结合，最终形成的式子均为极小项（极大项）。

第三步，用幂等律将重复出现的项化简为一次出现。

第四步，按极小项（极大项）的下标从小到大排列，并用$\sum$（$\prod$）表示。

具体参见下面的例子。

例 1.23 利用等值演算法求例 1.22 的主析取范式与主合取范式。

解 （1）　$\neg(p \rightarrow q)$

$\Leftrightarrow \neg(\neg p \lor q)$

$\Leftrightarrow p \land \neg q$ 　　　　　　　　（析取范式）

$\Leftrightarrow m_2$

$\Leftrightarrow \sum(2)$ 　　　　　　　　（主析取范式）

　$\neg(p \rightarrow q)$

$\Leftrightarrow \neg(\neg p \lor q)$

$\Leftrightarrow p \land \neg q$ 　　　　　　　　（合取范式）

$\Leftrightarrow (p \lor (q \land \neg q)) \land ((p \land \neg p) \lor \neg q)$

$\Leftrightarrow (p \lor q) \land (p \lor \neg q) \land (p \lor \neg q) \land (\neg p \lor \neg q)$

$\Leftrightarrow (p \lor q) \land (p \lor \neg q) \land (\neg p \lor \neg q)$

$\Leftrightarrow M_0 \land M_1 \land M_3$

$\Leftrightarrow \prod(0, 1, 3)$ 　　　　　　　　（主合取范式）

　（2）　$(p \land q) \lor (\neg p \land r)$ 　　　　　　（本身就是析取范式）

$\Leftrightarrow (p \land q \land (r \lor \neg r)) \lor (\neg p \land (q \lor \neg q) \land r)$

$\Leftrightarrow (p \land q \land r) \lor (p \land q \land \neg r) \lor (\neg p \land q \land r) \lor (\neg p \land \neg q \land r)$

$\Leftrightarrow m_1 \lor m_3 \lor m_6 \lor m_7$

$\Leftrightarrow \sum(1, 3, 6, 7)$ 　　　　　　（主析取范式）

　$(p \land q) \lor (\neg p \land r)$

$\Leftrightarrow (p \lor \neg p) \land (p \lor r) \land (q \lor \neg p) \land (q \lor r)$

$\Leftrightarrow (p \lor r) \land (\neg p \lor q) \land (q \lor r)$ 　　（合取范式）

$\Leftrightarrow (p \lor (q \land \neg q) \lor r) \land (\neg p \lor q \lor (r \land \neg r)) \land ((p \land \neg p) \lor q \lor r)$

$\Leftrightarrow (p \lor q \lor r) \land (p \land \neg q \lor r) \land (\neg p \lor q \lor r) \land (\neg p \lor q \lor \neg r) \land$

$\quad (p \lor q \lor r) \land (\neg p \lor q \lor r)$

$\Leftrightarrow (p \lor q \lor r) \land (p \land \neg q \lor r) \land (\neg p \lor q \lor r) \land (\neg p \lor q \lor \neg r)$

$\Leftrightarrow M_0 \land M_2 \land M_4 \land M_5$

$\Leftrightarrow \prod(0, 2, 4, 5)$ 　　　　　　（主合取范式）

注意 在使用真值表法或等值演算法求主范式时，根据例 1.23 发现最终求出的主析取范式与主合取范式对应的极小项和极大项的个数之和正好等于 2^n（n 为公式中含有的命题变项的个数），而且极大项与极小项的下标是互补的（从 0 开始到 2^n-1 结束），为此今后在求主范式时，只要先求出公式的主析取范式，那么主合取范式可以直接得到，或是先求出公式的主合取范式，那么主析取范式也可以直接得到。

1.4.3　主范式的应用

1. 求命题公式的成真赋值和成假赋值

若公式 A 含有 n 个命题变项，对应的主析取范式有 n_1 个极小项，主合取范式有 n_2 个极大项，其中 $n_1+n_2=2^n$，则这 n_1 个极小项的下标对应的二进制即为公式 A 的成真赋值，这 n_2 个极大项的下标对应的二进制即为公式 A 的成假赋值。

例如，例 1.23 中公式(1)的成真赋值为 m_2，对应下标的二进制为 10，成假赋值为 M_0、M_1、M_3，对应下标的二进制为 00、01、11；公式(2)的成真赋值为 m_1、m_3、m_6、m_7，对应下标的二进制为 001、011、110、111，成假赋值为 M_0、M_2、M_4、M_5，对应下标的二进制为 000、010、100、101。

2. 判断命题公式的类型

公式的类型分为永真式(重言式)、永假式(矛盾式)和非永真式(重言式)的可满足式三种。当公式的主范式给定后，通过主范式就可以确定公式的类型。

若公式 A 有 n 个命题变项，其主析取范式由全部的极小项(2^n 个)组成，则公式 A 必为永真式；若 A 的主合取范式由全部的极大项(2^n 个)组成，则公式 A 必为永假式；若 A 的主析取范式中存在极小项，并且主合取范式中存在极大项，则 A 必为非永真式的可满足式。

例 1.24 使用主范式法判断下列公式的类型。

(1) $p \rightarrow (p \vee q)$

(2) $\neg(p \rightarrow r) \wedge r$

(3) $(p \rightarrow q) \rightarrow (q \wedge r)$

解 (1)　　$p \rightarrow (p \vee q)$

　　　　$\Leftrightarrow \neg p \vee p \vee q$　　　　　　　(析取范式)

　　　　$\Leftrightarrow (\neg p \wedge (q \vee \neg q)) \vee (p \wedge (q \vee \neg q)) \vee ((p \vee \neg p) \wedge q)$

　　　　$\Leftrightarrow (\neg p \wedge q) \vee (\neg p \wedge \neg q) \vee (p \wedge q) \vee (p \wedge \neg q) \vee (p \wedge q) \vee (\neg p \wedge q)$

　　　　$\Leftrightarrow (\neg p \wedge q) \vee (\neg p \wedge \neg q) \vee (p \wedge q) \vee (p \wedge \neg q)$

　　　　$\Leftrightarrow m_0 \vee m_1 \vee m_2 \vee m_3$

　　　　$\Leftrightarrow \sum(0, 1, 2, 3)$　　　　　(永真式)

　　(2)　$\neg(p \rightarrow r) \wedge r$

　　　　$\Leftrightarrow \neg(\neg p \vee r) \wedge r$

　　　　$\Leftrightarrow p \wedge \neg r \wedge r$　　　　　(合取范式)

　　　　$\Leftrightarrow (p \vee (r \wedge \neg r)) \wedge ((p \wedge \neg p) \vee \neg r) \wedge ((p \wedge \neg p) \vee r)$

$\Leftrightarrow (p \lor r) \land (p \lor \neg r) \land (p \lor \neg r) \land (\neg p \lor \neg r) \land (p \lor r) \land (\neg p \lor r)$

$\Leftrightarrow (p \lor r) \land (p \lor \neg r) \land (\neg p \lor \neg r) \land (\neg p \lor r)$

$\Leftrightarrow M_0 \land M_1 \land M_2 \land M_3$

$\Leftrightarrow \prod(0, 1, 2, 3)$ 　　　　　（永假式）

注意　对于一个给定的公式，是使用等值演算法还是主范式法来判断类型，要根据实际情况而定。例如，以上(1)(2)两题是使用主范式法来判断公式类型的，其实对于(1)(2)两题直接使用等值演算法来判断类型更加简单，过程如下：

　　　　$p \rightarrow (p \lor q)$

$\Leftrightarrow \neg p \lor p \lor q$

$\Leftrightarrow 1$ 　　　　　（永真式）

　　　　$\neg(p \rightarrow r) \land r$

$\Leftrightarrow \neg(\neg p \lor r) \land r$

$\Leftrightarrow p \land \neg r \land r$

$\Leftrightarrow 0$ 　　　　　（永假式）

(3) 　$(p \rightarrow q) \rightarrow (q \land r)$

$\Leftrightarrow \neg(\neg p \lor q) \lor (q \land r)$

$\Leftrightarrow (p \land \neg q) \lor (q \land r)$

$\Leftrightarrow (p \land \neg q \land (r \lor \neg r)) \lor ((p \lor \neg p) \land q \land r)$

$\Leftrightarrow (p \land \neg q \land r) \lor (p \land \neg q \land \neg r) \lor (p \land q \land r) \lor (\neg p \land q \land r)$

$\Leftrightarrow m_3 \lor m_4 \lor m_5 \lor m_7$

$\Leftrightarrow \sum(3, 4, 5, 7)$

$\Leftrightarrow \prod(0, 1, 2, 6)$ 　　　　　（非永真式的可满足式）

3. 判断两命题是否等值

根据等值的定义可知，如果两个公式 A 和 B 等值，那么 A 和 B 必定存在相同的成真赋值和成假赋值。因此，如果 A 和 B 对应的主析取范式和主合取范式完全一样，那么 A 和 B 必定等值。相反，如果 A 和 B 对应的主范式不一样，则 A 和 B 必定不等值。

例 1.25　使用主范式的方法判断以下公式哪些等值。

(1) $\neg p \rightarrow (q \rightarrow r)$　　　　(2) $q \rightarrow (p \lor r)$　　　　(3) $(p \land q) \rightarrow r$

(4) $(p \rightarrow r) \lor (q \rightarrow r)$　　　　(5) $p \rightarrow (q \lor r)$

解　先求出以上 5 个公式的主范式，即

(1) $\neg p \rightarrow (q \rightarrow r) \Leftrightarrow p \lor \neg q \lor r \Leftrightarrow M_2 \Leftrightarrow m_0 \lor m_1 \lor m_3 \lor m_4 \lor m_5 \lor m_6 \lor m_7$

(2) $q \rightarrow (p \lor r) \Leftrightarrow p \lor \neg q \lor r \Leftrightarrow M_2 \Leftrightarrow m_0 \lor m_1 \lor m_3 \lor m_4 \lor m_5 \lor m_6 \lor m_7$

(3) $(p \land q) \rightarrow r \Leftrightarrow \neg(p \land q) \lor r \Leftrightarrow \neg p \lor \neg q \lor r \Leftrightarrow M_6$

$\Leftrightarrow m_0 \lor m_1 \lor m_2 \lor m_3 \lor m_4 \lor m_5 \lor m_7$

(4) $(p \rightarrow r) \lor (q \rightarrow r) \Leftrightarrow (\neg p \lor r) \lor (\neg q \lor r) \Leftrightarrow \neg p \lor \neg q \lor r \Leftrightarrow M_6$

$\Leftrightarrow m_0 \lor m_1 \lor m_2 \lor m_3 \lor m_4 \lor m_5 \lor m_7$

(5) $p \rightarrow (q \lor r) \Leftrightarrow \neg p \lor q \lor r \Leftrightarrow M_4 \Leftrightarrow m_0 \lor m_1 \lor m_2 \lor m_3 \lor m_5 \lor m_6 \lor m_7$

由上面的主范式可知，公式(1)(2)等值，公式(3)(4)等值。

4. 逻辑推理

利用主范式还可以进行一些逻辑判断，比如下面的例子。

例 1.26　张三说李四说谎，李四说王五说谎，王五说张三、李四都在说谎。判断张三、李四、王五三人谁说真话、谁说假话。

解　首先找到问题中的简单命题，设

p：张三说真话

q：李四说真话

r：王五说真话

分析命题中"张三说李四说谎"这句话，可知，若张三说真话则李四说谎话，若李四说真话则张三说假话，张三与李四之间是矛盾的，因此可以符号化为 $p \leftrightarrow \neg q$；同理，"李四说王五说谎"可符号化为 $q \leftrightarrow \neg r$，"王五说张三、李四都在说谎"可符号化为 $r \leftrightarrow (\neg p \wedge \neg q)$。

$$(p \leftrightarrow \neg q) \wedge (q \leftrightarrow \neg r) \wedge (r \leftrightarrow (\neg p \wedge \neg q)) \tag{①}$$

$$\Leftrightarrow (p \rightarrow \neg q) \wedge (\neg q \rightarrow p) \wedge (q \rightarrow \neg r) \wedge (\neg r \rightarrow q) \wedge (r \rightarrow (\neg p \wedge \neg q)) \wedge ((\neg p \wedge \neg q) \rightarrow r)$$

$$\Leftrightarrow (\neg p \vee \neg q) \wedge (p \vee q) \wedge (\neg q \vee \neg r) \wedge (q \vee r) \wedge ((\neg p \wedge \neg q) \vee \neg r) \wedge (p \vee q \vee r)$$

$$\Leftrightarrow (\neg p \vee \neg q) \wedge (p \vee q) \wedge (\neg q \vee \neg r) \wedge (q \vee r) \wedge (\neg p \vee \neg r) \wedge (\neg q \vee \neg r) \wedge (p \vee q \vee r)$$

$$\Leftrightarrow (\neg p \vee \neg q \vee (r \wedge \neg r)) \wedge (p \vee q \vee (r \wedge \neg r)) \wedge ((p \wedge \neg p) \vee \neg q \vee \neg r) \wedge ((p \wedge \neg q) \vee q \vee r) \wedge$$
$$(\neg p \vee (q \wedge \neg q) \vee \neg r) \wedge ((p \wedge \neg p) \vee \neg q \vee \neg r) \wedge (p \vee q \vee r)$$

$$\Leftrightarrow (\neg p \vee \neg q \vee r) \wedge (\neg p \vee \neg q \vee \neg r) \wedge (p \vee q \vee r) \wedge (p \vee q \vee \neg r) \wedge (p \vee \neg q \vee \neg r) \wedge$$
$$(\neg p \vee \neg q \vee \neg r) \wedge (p \vee q \vee r) \wedge (\neg p \vee q \vee r) \wedge (\neg p \vee q \vee \neg r) \wedge (\neg p \vee \neg q \vee \neg r) \wedge$$
$$(p \vee \neg q \vee \neg r) \wedge (\neg p \vee \neg q \vee \neg r) \wedge (p \vee q \vee r)$$

$$\Leftrightarrow (\neg p \vee \neg q \vee r) \wedge (\neg p \vee \neg q \vee \neg r) \wedge (p \vee q \vee r) \wedge (p \vee q \vee \neg r) \wedge (p \vee \neg q \vee \neg r) \wedge$$
$$(\neg p \vee q \vee r) \wedge (\neg p \vee q \vee \neg r)$$

$$\Leftrightarrow M_0 \wedge M_1 \wedge M_3 \wedge M_4 \wedge M_5 \wedge M_6 \wedge M_7$$

$$\Leftrightarrow \prod(0, 1, 3, 4, 5, 6, 7)$$

$$\Leftrightarrow \sum(2)$$

$$\Leftrightarrow \neg p \wedge q \wedge \neg r$$

通过以上步骤，得到公式①对应的主析取范式为 $\neg p \wedge q \wedge \neg r$，也就是可以得到题目中的逻辑推理的结论为：张三说假话，李四说真话，王五说假话。

1.5　命题逻辑推理理论

1.5.1　推理的基本概念

1. 永真蕴涵式

定义 1.31　设 A、B 是两个合式公式，若 $A \rightarrow B$ 是永真式，则称 A 永真（或重言）蕴涵 B，记作 $A \Rightarrow B$，$A \Rightarrow B$ 为**永真蕴涵式**。

定理 1.14 设 A、B 为任意两个命题公式，$A \Leftrightarrow B$ 的充要条件是 $A \Rightarrow B$ 且 $B \Rightarrow A$。

证明 （必要性）若 $A \Leftrightarrow B$，则 $A \leftrightarrow B$ 为永真式，因为 $A \leftrightarrow B \Leftrightarrow (A \to B) \wedge (B \to A)$，故 $A \to B$ 为 1 且 $B \to A$ 为 1，即 $A \Rightarrow B$，$B \Rightarrow A$ 成立。

（充分性）若 $A \Rightarrow B$ 且 $B \Rightarrow A$，则 $A \to B$ 为 1 且 $B \to A$ 为 1，因此 $A \leftrightarrow B$ 为 1，$A \leftrightarrow B$ 为永真式，即 $A \Leftrightarrow B$。

性质 1.1 设 A、B、C 为合式公式，若 $A \Rightarrow B$ 且 A 是永真式，则 B 必是永真式。

性质 1.2 若 $A \Rightarrow B$，$B \Rightarrow C$，则 $A \Rightarrow C$。

性质 1.3 若 $A \Rightarrow B$，$A \Rightarrow C$，则 $A \Rightarrow (B \wedge C)$。

性质 1.4 若 $A \Rightarrow B$，$C \Rightarrow B$，则 $(A \vee C) \Rightarrow B$。

定理 1.15 设 A、B、C、D 是任意合式公式，则下述永真蕴涵式成立：

(1) $A \wedge B \Rightarrow A$

    $A \wedge B \Rightarrow B$

(2) $A \Rightarrow A \vee B$

    $B \Rightarrow A \vee B$

(3) $\neg A \Rightarrow (A \to B)$

(4) $B \Rightarrow (A \to B)$

(5) $\neg (A \to B) \Rightarrow A$

(6) $\neg (A \to B) \Rightarrow \neg B$

(7) $A \wedge (A \to B) \Rightarrow B$

(8) $\neg B \wedge (A \to B) \Rightarrow \neg A$

(9) $\neg A \wedge (A \vee B) \Rightarrow B$

(10) $(A \to B) \wedge (B \to C) \Rightarrow A \to C$

(11) $(A \vee B) \wedge (A \to C) \wedge (B \to C) \Rightarrow C$

(12) $(A \to B) \wedge (C \to D) \Rightarrow (A \wedge C) \to (B \wedge D)$

(13) $(A \leftrightarrow B) \wedge (B \leftrightarrow C) \Rightarrow A \leftrightarrow C$

定理 1.15 中的永真蕴涵式都可以使用定义 1.31 来证明其正确性。

2. 前提和结论

逻辑学的重要任务是研究人类的思维规律，能够进行有效的推理是人类智慧的重要体现。推理也称论证，是指由已知的若干命题得到新命题的思维过程，其中已知命题称为推理的前提或假设，推理得出的新命题称为推理的结论。

定义 1.32 给定一组假设 A_1，A_2，$\cdots$，A_n 和一个结论 B，只需考察如下永真蕴涵式是否成立：

$$A_1 \wedge A_2 \wedge \cdots \wedge A_n \Rightarrow B$$

若该永真蕴涵式成立，则称从合式公式 $A_1 \wedge A_2 \wedge \cdots \wedge A_n$ 推出 B 的推理是**正确的**（或**有效的**），称 A_1，A_2，$\cdots$，A_n 为推理的**前提**，B 为由这些前提推出的**有效结论**，也称为**逻辑结论**；若该永真蕴涵式不成立，则推理不正确，称 B 是 A_1，A_2，$\cdots$，A_n 的**谬误结论**。

　　根据永真蕴涵式的定义，判断推理正确，就是判断对应的蕴涵式

$$A_1 \wedge A_2 \wedge \cdots \wedge A_n \rightarrow B$$

为永真式。也就是说，如果 $A_1 \wedge A_2 \wedge \cdots \wedge A_n$ 为真，则 B 也为真；若 B 为假，则

$$A_1 \wedge A_2 \wedge \cdots \wedge A_n \rightarrow B$$

为假。即在所有的赋值下，只要不出现 $A_1 \wedge A_2 \wedge \cdots \wedge A_n$ 为 1，结论 B 为 0 的情况，则由前提 A_1，A_2，$\cdots$，A_n 推结论 B 的推理就是正确的。换句话说，如果存在一组赋值使得 $A_1 \wedge A_2 \wedge \cdots \wedge A_n$ 为 1，结论 B 为 0，则称推理是错误的，如表 1-19 所示。

表 1-19　推理的赋值

$A_1 \wedge A_2 \wedge \cdots \wedge A_n$	B
0	0
0	1
1	0
1	1

　　在有些教材上也将 A_1，A_2，$\cdots$，A_n 推出 B 的推理形式记作 $\{A_1, A_2, \cdots, A_n\} | - B$，推理正确记作 $\{A_1, A_2, \cdots, A_n\} | = B$，分别等同于 $A_1 \wedge A_2 \wedge \cdots \wedge A_n \rightarrow B$ 和 $A_1 \wedge A_2 \wedge \cdots \wedge A_n \Rightarrow B$。

1.5.2　推理定律和推理规则

1. 推理定律

一般将重要的永真蕴涵式称为**推理定律**，常用的推理定律如下：

(1) $A \wedge B \Rightarrow A$　　　　　　　　　　　　　　　　化简律

(2) $A \Rightarrow A \vee B$　　　　　　　　　　　　　　　　　附加律

(3) $A \wedge (A \rightarrow B) \Rightarrow B$　　　　　　　　　　　　假言推理

(4) $\neg B \wedge (A \rightarrow B) \Rightarrow \neg A$　　　　　　　　　拒取式

(5) $\neg A \wedge (A \vee B) \Rightarrow B$　　　　　　　　　　　析取三段论

(6) $(A \rightarrow B) \wedge (B \rightarrow C) \Rightarrow A \rightarrow C$　　　　　假言三段论

(7) $(A \vee C) \wedge (A \rightarrow B) \wedge (C \rightarrow D) \Rightarrow (B \vee D)$　　构造性二难

(8) $(\neg B \vee \neg D) \wedge (A \rightarrow B) \wedge (C \rightarrow D) \Rightarrow (\neg A \vee \neg C)$　　破坏性二难

除此之外，根据定理 1.14，每个基本等值式都可以看成两条推理定律，如蕴涵等值式 $A \rightarrow B \Leftrightarrow \neg A \vee B$ 可以看作两条推理定律 $A \rightarrow B \Rightarrow \neg A \vee B$ 和 $\neg A \vee B \Rightarrow A \rightarrow B$。

2. 推理规则

在推理证明的过程中，需要用到的推理规则如下：

(1) 前提引入规则(P 规则)：在证明的任何时候都可以引入前提。

(2) 结论引入规则(T 规则)：在证明的任何时候，已证明的结论都可以作为后续证明的前提。

(3) 置换规则：在证明的任何时候，命题公式中的任何子命题公式都可以用与之等值的命题公式置换。此规则包含了全部等值式产生的推理定律。

(4) 由推理定律导出的推理规则：由以上推理定律导出的推理规则如表 1-20 所示。

表 1 - 20 推 理 规 则

规则名称	推理表达式	规则名称	推理表达式
假言推理规则	A $A \rightarrow B$ $\therefore B$	析取三段论规则	$\neg A$ $A \lor B$ $\therefore B$
附加规则	A $\therefore A \lor B$	化简规则	$A \land B$ $\therefore A$
拒取式规则	$\neg B$ $A \rightarrow B$ $\therefore \neg A$	假言三段论规则	$A \rightarrow B$ $B \rightarrow C$ $\therefore A \rightarrow C$
破坏性二难规则	$\neg B \lor \neg D$ $A \rightarrow B$ $C \rightarrow D$ $\therefore \neg A \lor \neg C$	构造性二难规则	$A \lor C$ $A \rightarrow B$ $C \rightarrow D$ $\therefore B \lor D$
合取引入规则	A B $\therefore A \land B$		

1.5.3 命题逻辑推理方法

1. 真值表法

根据推理正确与否的判断,先找到前提以及结论中所有的命题变项,然后在所有的赋值下,寻找前提的合取以及结论是否出现前真后假的情况,若出现了,则推理是错误的,否则推理正确。

例 1.27 判断如下两个推理是否正确。

(1) $(p \rightarrow q) \land (q \rightarrow r) \land p \Rightarrow r$

(2) $(p \rightarrow q) \land (p \land r) \Rightarrow \neg r$

解 (1)前提与结论中出现的命题变项有 3 个,分别为 p,q 和 r,前提的合取与结论所对的真值表如表 1 - 21 所示。

表 1 - 21 推理(1)对应的真值表

p	q	r	$p \rightarrow q$	$q \rightarrow r$	$(p \rightarrow q) \land (q \rightarrow r) \land p$	r
0	0	0	1	1	0	0
0	0	1	1	1	0	1
0	1	0	1	0	0	0
0	1	1	1	1	0	1
1	0	0	0	1	0	0
1	0	1	0	1	0	1
1	1	0	1	0	0	0
1	1	1	1	1	1	1

由表 1-21 可知,在所有的赋值下,前提的合取$(p{\rightarrow}q){\wedge}(q{\rightarrow}r){\wedge}p$以及结论$r$并没有出现前真后假的情况,所以可以判断原推理是正确的。

(2)前提与结论中出现的命题变项有 3 个,分别为 p,q 和 r,且前提的合取与结论所对的真值表如表 1-22 所示。

表 1-22　推理(2)对应的真值表

p	q	r	$p{\rightarrow}q$	$p{\wedge}r$	$(p{\rightarrow}q){\wedge}(p{\wedge}r)$	$\neg r$
0	0	0	1	0	0	1
0	0	1	1	0	0	0
0	1	0	1	0	0	1
0	1	1	1	0	0	0
1	0	0	0	0	0	1
1	0	1	0	1	0	0
1	1	0	1	0	0	1
1	1	1	1	1	1	0

由表 1-22 可知,当给定赋值 111 时,前提的合取$(p{\rightarrow}q){\wedge}(p{\wedge}r)$以及结论$\neg r$出现了前真后假的情况,所以可以判断原推理是错误的。

2. 公式演算法

根据永真蕴涵式的定义 1.31 和推理的定义 1.32 可知,命题逻辑中的推理问题实质上就是证明永真蕴涵式成立的过程,为此可以使用类似等值演算的方法,通过置换从公式的左边推演到公式的右边。

例 1.28　对下列推理进行符号化,并证明推理的正确性。

只有天热,张红才去游泳。张红去游泳,所以天热。

证明　设 p:天热,q:张红去游泳

由假设可得要证明的推理为:$(q{\rightarrow}p){\wedge}q{\Rightarrow}p$

方法一　采用等值演算法,从前提的合取推演到结论:

$$(q{\rightarrow}p){\wedge}q$$
$${\Leftrightarrow}({\neg}q{\vee}p){\wedge}q$$
$${\Leftrightarrow}({\neg}q{\wedge}q){\vee}(p{\wedge}q)$$
$${\Leftrightarrow}p{\wedge}q$$
$${\Rightarrow}p \qquad\qquad\qquad\text{(化简规则)}$$

方法一采用等值演算法,从前提的合取向右可以推演出结论,所以说明原推理正确。

方法二　利用永真蕴涵式的定义,要证明此推理是否正确,其实就是证明下列蕴涵式为永真式:

$$((q{\rightarrow}p){\wedge}q){\rightarrow}p$$
$${\Leftrightarrow}{\neg}(({\neg}q{\vee}p){\wedge}q){\vee}p$$
$${\Leftrightarrow}({\neg}p{\wedge}q){\vee}{\neg}q{\vee}p$$

$$\Leftrightarrow (\neg p \wedge q) \vee \neg (\neg p \wedge q)$$
$$\Leftrightarrow 1$$

通过方法二，可判断原蕴涵式为永真式，所以原推理正确。

例 1.29　对下列推理进行符号化，并证明推理的正确性。

如果王老师在此，这个难题就能解决；如果张老师在此，这个难题也能解决；现在王老师和张老师都不在，则此问题无法解决了。请问这一推理是否正确？

证明　设 p：王老师在此，q：张老师在此，r：这个难题能解决

由假设可得要证明的推理为：$(p \to r) \wedge (q \to r) \wedge (\neg p \wedge \neg q) \Rightarrow \neg r$

方法一　采用等值演算法，从前提的合取推演到结论：

$$(p \to r) \wedge (q \to r) \wedge (\neg p \wedge \neg q)$$
$$\Leftrightarrow (\neg p \vee r) \wedge (\neg q \vee r) \wedge (\neg p \wedge \neg q)$$
$$\Leftrightarrow ((\neg p \wedge \neg q) \vee r) \wedge (\neg p \wedge \neg q)$$
$$\Leftrightarrow \neg p \wedge \neg q \qquad \text{(吸收律)}$$

方法一采用等值演算法，从前提的合取向右不能推演出结论，所以原推理是错误的。

方法二　要证明此推理是否正确，其实就是证明如下蕴涵式为永真式：

$$(p \to r) \wedge (q \to r) \wedge (\neg p \wedge \neg q) \to \neg r$$
$$\Leftrightarrow \neg ((\neg p \vee r) \wedge (\neg q \vee r) \wedge \neg p \wedge \neg q) \vee \neg r$$
$$\Leftrightarrow (p \wedge \neg r) \vee (q \wedge \neg r) \vee p \vee q \vee \neg r$$
$$\Leftrightarrow p \vee q \vee \neg r \qquad \text{(吸收律)}$$
$$\Leftrightarrow M_1$$

通过方法二，可判断原蕴涵式为非永真式的可满足式，所以原推理错误。

3. 推理规则演绎法

上面介绍的真值表法和永真蕴涵式法虽然能够证明推理的正确性，但是当前提条件比较复杂时，使用这两种方法证明推理就显得较为繁琐了。为此，这里再介绍一种新的推理方法，其理论基础为 1.5.2 节所介绍的前提引入规则、结论引入规则、置换规则以及推理定律。

1) 直接证明法

使用直接证明法证明推理，先判断前提中的公式是否可以使用已知推理定律，若可以，则得到一个新的公式，此新的公式可以作为后续证明的前提（结论引入规则），然后继续引入前提中的公式（前提引入规则），判断已经存在的前提是否可以利用推理定律得到新的公式，…，这样反复进行，只要能推出最后的结论，则说明此推理是正确的，否则推理不正确。

例 1.30　使用直接证明法证明下面的推理。

(1) 前提：$r \to q$, $q \to s$, $\neg s$
　　结论：$\neg r$

(2) 前提：$\neg s$, $\neg r \vee s$, $p \wedge q \to r$
　　结论：$\neg p \vee \neg q$

(3) 前提：$\neg (p \wedge \neg q)$, $\neg q \vee r$, $\neg r$

结论：¬p

证明

(1) ① $q \to s$　　　　　　　　前提引入

　　② ¬s　　　　　　　　　　前提引入

　　③ ¬q　　　　　　　　　　①②拒取式

　　④ $r \to q$　　　　　　　　　前提引入

　　⑤ ¬r　　　　　　　　　　③④拒取式

(2) ① ¬s　　　　　　　　　　前提引入

　　② ¬$r \lor s$　　　　　　　　前提引入

　　③ ¬r　　　　　　　　　　①②析取三段论

　　④ $p \land q \to r$　　　　　　前提引入

　　⑤ ¬($p \land q$)　　　　　　③④拒取式

　　⑥ ¬$p \lor$ ¬q　　　　　　⑤置换规则

(3) ① ¬($p \land$ ¬q)　　　　　前提引入

　　② ¬$p \lor q$　　　　　　　①置换规则

　　③ ¬$q \lor r$　　　　　　　前提引入

　　④ ¬r　　　　　　　　　　前提引入

　　⑤ ¬q　　　　　　　　　　③④析取三段论

　　⑥ ¬p　　　　　　　　　　②⑤析取三段论

注意　例 1.30 的证明都是采用直接证明法证明的。要特别注意，在证明的过程中，如果前提中的公式之间不能直接使用推理定律得到新公式的，需要先将前提中的公式化简或等值成其他新的公式（置换规则），然后再判断新的公式和已有的前提是否可以使用推理定律。比如，例 1.30(3)中就需要先将前提公式¬($p \land$ ¬q)使用置换规则得到¬$p \lor q$，然后再进行推理。

例 1.31　使用直接证明法，先对下面的推理进行符号化，然后证明其正确性。

早饭我吃面包或蛋糕；如果早饭我吃面包，那么我还要喝牛奶；如果早饭我吃蛋糕，那么我还要喝咖啡；但我没有喝咖啡，所以早饭我吃的是牛奶加面包。

解　设p：早饭我吃面包

　　　　q：早饭我吃蛋糕

　　　　r：我喝牛奶

　　　　s：我喝咖啡

由题意可得前提和结论为：

前提：$p \lor q$, $p \to r$, $q \to s$, ¬s

结论：$p \land r$

证明　① $q \to s$　　　　　　前提引入

　　　　② ¬s　　　　　　　　前提引入

　　　　③ ¬q　　　　　　　　①②拒取式

　　　　④ $p \lor q$　　　　　　前提引入

⑤ p　　　　　　　　　③④析取三段论

⑥ $p \rightarrow r$　　　　　　　前提引入

⑦ r　　　　　　　　　⑤⑥假言推理

⑧ $p \land r$　　　　　　　⑤⑦合取引入

有些时候使用直接证明法难以证明的，需要采用间接证明法进行。下面介绍两种间接证明方法：附加前提证明法和归谬法。

2）附加前提证明法

如果要证明的推理为如下形式结构：

前提：H_1，H_2，$\cdots$，H_n

结论：$R \rightarrow C$

若采用永真蕴涵式法证明此推理，其实就是证明蕴涵式①是否为永真式，对①作变形最终得到②，由于公式①和②是等值的，所以公式①和②所对应的推理具有相同的正确性，其中公式②所表示的推理为如下形式：

前提：H_1，H_2，$\cdots$，H_n，R

结论：C

$$(H_1 \land H_2 \land \cdots \land H_n) \rightarrow (R \rightarrow C) \qquad ①$$
$$\Leftrightarrow \neg(H_1 \land H_2 \land \cdots \land H_n) \lor \neg R \lor C$$
$$\Leftrightarrow \neg(H_1 \land H_2 \land \cdots \land H_n \land R) \lor C$$
$$\Leftrightarrow (H_1 \land H_2 \land \cdots \land H_n \land R) \rightarrow C \qquad ②$$

根据以上分析可知，在推理证明过程中，若结论中的公式为形如 $R \rightarrow C$ 的蕴涵式，可以直接将蕴涵式的前件 R 作为前提，最终只要可以证明出 C，则原推理就是正确的。

注意　附加前提引入规则简称 CP 规则。

例 1.32　使用附加前提证明法证明下面的推理。

(1) 前提：$\neg q \lor r$，$\neg p \lor q$，$r \rightarrow s$

　　结论：$p \rightarrow s$

(2) 前提：$p \rightarrow (q \rightarrow r)$，$r \rightarrow s$

　　结论：$p \rightarrow (q \rightarrow s)$

证明

(1) ① p　　　　　　　　　附加前提引入

② $\neg p \lor q$　　　　　　前提引入

③ q　　　　　　　　　①②析取三段论

④ $\neg q \lor r$　　　　　　前提引入

⑤ r　　　　　　　　　③④析取三段论

⑥ $r \rightarrow s$　　　　　　前提引入

⑦ s　　　　　　　　　⑤⑥假言推理

(2) ① p　　　　　　　　　附加前提引入

② $p \rightarrow (q \rightarrow r)$　　前提引入

③ $q \rightarrow r$　　　　　　①②假言推理

　　④ $r \rightarrow s$　　　　　　　　　前提引入

　　⑤ $q \rightarrow s$　　　　　　　　　③④假言三段论

例 1.33　使用附加前提证明法，先对下面的推理进行符号化，然后证明其正确性。

如果王丽有新手机，要么她发了奖金，要么她向别人借了钱。王丽没有向别人借钱。所以，王丽若没有发奖金，则她不会有新手机。

解　设 p：王丽有新手机

　　　　q：王丽发奖金

　　　　r：王丽向别人借钱

由题意可得前提和结论为：

前提：$p \rightarrow (q \vee r)$，$\neg r$

结论：$\neg q \rightarrow \neg p$

证明　① $\neg q$　　　　　　　　　　附加前提引入

　　　　② $p \rightarrow (q \vee r)$　　　　　前提引入

　　　　③ $\neg p \vee q \vee r$　　　　　　②置换规则

　　　　④ $\neg p \vee r$　　　　　　　　①③析取三段论

　　　　⑤ $\neg r$　　　　　　　　　　前提引入

　　　　⑥ $\neg p$　　　　　　　　　　④⑤析取三段论

3）归谬法

如果要证明的推理为如下形式结构：

前提：H_1，H_2，$\cdots$，H_n

结论：C

若采用永真蕴涵式法证明此推理，其实就是证明蕴涵式①是否为永真式，对公式①作变形得到公式②，由于公式①和②是等值的，所以要证明公式①所对的推理是否正确，其实就可以将结论的否定 $\neg C$ 看成前提，在所有的前提中（包含 $\neg C$）只要能证明存在矛盾，则说明公式①所对的推理是正确的。

$$(H_1 \wedge H_2 \wedge \cdots \wedge H_n) \rightarrow C \qquad ①$$
$$\Leftrightarrow \neg(H_1 \wedge H_2 \wedge \cdots \wedge H_n) \vee C$$
$$\Leftrightarrow \neg(H_1 \wedge H_2 \wedge \cdots \wedge H_n \wedge R) \vee \neg(\neg C)$$
$$\Leftrightarrow \neg(H_1 \wedge H_2 \wedge \cdots \wedge H_n \wedge C) \qquad ②$$
$$\Leftrightarrow \neg(0)$$

例 1.34　使用归谬法证明下面的推理。

(1) 前提：$p \rightarrow q$，$\neg q \vee r$，$\neg r$，$p \vee \neg s$

　　结论：$\neg s$

(2) 前提：$p \leftrightarrow q$，$s \rightarrow \neg q$，$s \vee r$，$\neg r$

　　结论：$\neg p$

证明

(1) ① s　　　　　　　　　　　　结论的否定引入

　　② $p \vee \neg s$　　　　　　　　　前提引入

③ p	①②析取三段论
④ $p \rightarrow q$	前提引入
⑤ q	③④假言推理
⑥ $\neg q \vee r$	前提引入
⑦ r	⑤⑥析取三段论
⑧ $\neg r$	前提引入
⑨ $r \wedge \neg r$	⑦⑧合取引入

(2)
① p	结论的否定引入
② $p \leftrightarrow q$	前提引入
③ $(p \rightarrow q) \wedge (q \rightarrow p)$	②置换规则
④ $p \rightarrow q$	③化简律
⑤ q	①④假言推理
⑥ $s \vee r$	前提引入
⑦ $\neg r$	前提引入
⑧ s	⑥⑦析取三段论
⑨ $s \rightarrow \neg q$	前提引入
⑩ $\neg q$	⑧⑨假言推理
⑪ $q \wedge \neg q$	⑤⑩合取引入

例 1.35 使用归谬法，先对下面的推理进行符号化，然后证明其正确性。

如果我考出好成绩，那么我就去厦门旅游；如果我去厦门旅游，那么我就要买新电脑；如果我要买新电脑，我就去银行取钱；但我没去银行取钱，所以我没考出好成绩。

解 设 p：我考出好成绩

    q：我去厦门旅游

    r：我要买新电脑

    s：我去银行取钱

由题意可得前提和结论为：

前提：$p \rightarrow q$, $q \rightarrow r$, $r \rightarrow s$, $\neg s$

结论：$\neg p$

证明
① p	结论的否定引入
② $p \rightarrow q$	前提引入
③ q	①②假言推理
④ $q \rightarrow r$	前提引入
⑤ r	③④假言推理
⑥ $r \rightarrow s$	前提引入
⑦ s	⑤⑥假言推理
⑧ $\neg s$	前提引入
⑨ $s \wedge \neg s$	⑦⑧合取引入

1.6 命题逻辑在计算机学科中的应用

1.6.1 命题逻辑公式在计算机中的表示

一个命题变项只有真、假两个值，在计算机中可以用一个布尔变量来表示，利用布尔变量之间的逻辑运算很容易计算任意命题公式的真值。大部分高级语言中有布尔型的数据类型，如 C++或 JAVA 等编程语言。在 C 语言中不存在布尔型的数据类型，0 即为假，非 0 即为真。但是，在 C 语言的头文件中用来定义一种类似于 C++中的 BOOL 变量。方法如下：

```
# define BOOL int
# define TRUE 1
# define FALSE 0              /*用宏定义布尔类型*/
BOOL p=FALSE, q=TRUE;        /*定义布尔变量*/
```

C 语言中的运算符有很多种，其中的"逻辑运算符"有：&&（与）、‖（或）、!（非），"&&"和"‖"为双目运算符，要求运算符的左右两边都要有操作数，"!"为单目运算符，要求运算符的右边有操作数。优先级从高到低依次为：!、&&、‖，这与命题逻辑中¬、∧、∨的优先级顺序是一样的，而且我们可以将 C 语言中的!、&&、‖等同于命题逻辑中的¬、∧、∨。

在命题逻辑中对于任意的合式公式，当给定了每个命题变项的真值后，那么该合式公式的最终取值都可以使用 C 语言程序代码来实现；相反，若给定了一个复杂的 C 语言逻辑表达式，也可以转换成命题逻辑中的公式来求解。

例 1.36 试求当 p、q、r 分别取不同的值时，合式公式 $(p \land q) \to r$ 的最终取值，使用 C 程序代码来实现。

解 首先将合式公式 $(p \land q) \to r$ 化简为 $\neg(p \land q) \lor r$，即对应着 C 语言中的逻辑表达式为 $!(p \&\& q) \| r$，将 p、q、r 定义为布尔类型的变量，接着使用三重循环为 p、q、r 赋值 0 或 1，具体程序代码如下：

```
# include<stdio. h>
# define BOOL int              /*用宏定义布尔类型*/
void main()
{
  BOOL p, q, r;
  for(p=0; p<=1; p++)
    for(q=0; q<=1; q++)
      for(r=0 ;r<=1; r++)
      {
        printf("p、q、r的值分别为：%d%d%d", p, q, r);
        printf("合式公式的最终取值为：%d", !(p&&q)‖r);
        printf("\n");
      }
}
```

运行结果如图 1-1 所示：

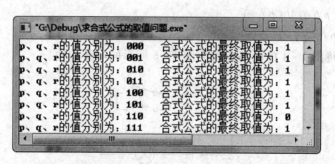

图 1-1 运行结果

例 1.37 C 语言中的复杂逻辑表达式：$p \| q \&\& r \| ! q$，当给定 p、q 和 r 的值分别为 0、0 和 1 时，求原表达式的最终取值。

解 根据 $\&\&$、$\|$ 和 $!$ 的优先级，以及与逻辑联结词 $\land$、$\lor$ 和 $\lnot$ 的对应关系，将原 C 语言表达式转换为逻辑公式为：$p \lor (q \land r) \lor \lnot q$，当 p、q、r 取值为 0、0、1 时，逻辑公式 $p \lor (q \land r) \lor \lnot q$ 的取值为 1，即原 C 语言逻辑表达式 $p \| q \&\& r \| ! q$ 的值为 1。

1.6.2 命题逻辑在计算机硬件电路设计中的应用

逻辑运算又称布尔运算，它是用数学的方法解决或研究逻辑问题的工具，其使用 1 和 0 表示逻辑中的真和假，再加上与之相关的"与"、"或"、"非"等联结词，从而实现从复杂逻辑运算到简单的数值计算的转化。

1. 命题逻辑在开关电路中的应用

在开关电路中，用联结词"合取"表示"串联"电路，如图 1-2 所示。用联结词"析取"表示"并联"电路，如图 1-3 所示。

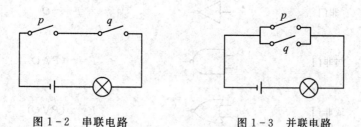

图 1-2 串联电路　　　　　　　　图 1-3 并联电路

例 1.38 试用较少的开关设计一个与图 1-4 有相同功能的电路。

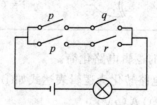

图 1-4 原始电路

解　我们可以将图 1-4 的开关电路利用 $\wedge$ 和 $\vee$ 联结词转换为如下式子：

$$(p \wedge q) \vee (p \wedge r)$$
$$\Leftrightarrow p \wedge (q \vee r) \qquad\qquad ①$$

根据式①可将图 1-4 的电路化简为图 1-5 所示的电路结构。

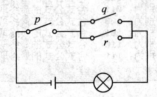

图 1-5　图 1-4 的化简结果

2. 命题逻辑在逻辑电路中的应用

电子计算机系统中用高低电平来表示二进制数 1 和 0，用由与门、或门和非门等门电路组合形成的逻辑电路来实现算术运算和逻辑运算。与、或、非门对应着命题逻辑中的三种基本运算：合取、析取、否定。为了电路设计简单，在数字逻辑系统中还采用了与非门、或非门和异或门。逻辑门电路与命题逻辑中的联结词之间的对应关系如表 1-23 所示。

表 1-23　逻辑门电路与命题逻辑中的联结词之间的对应关系

名　称	门电路图符(IEEE 标准)	逻辑表达式
与门		$F = P \wedge Q$
或门		$F = P \vee Q$
非门		$F = \neg Q$
与非门		$F = \neg(P \wedge Q)$
或非门		$F = \neg(P \vee Q)$
异或门		$F = (\neg P \wedge Q) \vee (P \wedge \neg Q)$

例 1.39　试将图 1-6 所示的逻辑电路化简。

解　将图 1-6 所示的逻辑电路转化为逻辑表达式如①所示：

$$((p \wedge q) \vee (p \wedge r)) \wedge (q \vee r) \qquad ①$$
$$\Leftrightarrow (p \wedge (q \vee r)) \wedge (q \vee r)$$
$$\Leftrightarrow p \wedge (q \vee r) \qquad\qquad\qquad ②$$

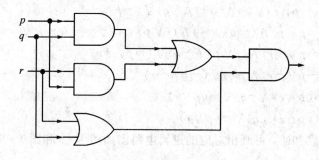

图 1-6　逻辑电路图

式①的化简结果为式②，为此图 1-6 的逻辑电路可以化简为图 1-7 的形式。

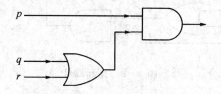

图 1-7　化简后的逻辑电路图

例 1.40　用基本门电路(与门、或门、与非门、或非门)设计一个三人表决器，表决者每人手里有一个按钮，当表决者同意时按下按钮，否则不按下；当表决的最终结果超过半数为同意时，裁决者座位旁边就会亮起红灯，当最终结果不超过半数为不同意时，裁决者座位旁边就会亮起绿灯。试设计满足如上条件的逻辑电路。

解　设表决者旁边的按钮分别为 p、q 和 r，并且 p、q 和 r 的初始值均为 0，当某个表决者同意按下按钮时，对应按钮的真值取为 1。根据题意要求，当裁决者旁边亮起红灯时，对应的逻辑公式可借助主析取范式写为①的形式；当裁决者旁边亮起绿灯时，对应的逻辑公式可借助主析取范式写为②的形式。

$$(\neg p \wedge q \wedge r) \vee (p \wedge \neg q \wedge r) \vee (p \wedge q \wedge \neg r) \vee (p \wedge q \wedge r) \qquad ①$$

$$(\neg p \wedge \neg q \wedge r) \vee (p \wedge \neg q \wedge \neg r) \vee (\neg p \wedge q \wedge \neg r) \vee (\neg p \wedge \neg q \wedge \neg r) \qquad ②$$

下面对①和②分别化简：

$$(\neg p \wedge q \wedge r) \vee (p \wedge \neg q \wedge r) \vee (p \wedge q \wedge \neg r) \vee (p \wedge q \wedge r)$$

$$\Leftrightarrow ((\neg p \wedge q \wedge r) \vee (p \wedge \neg q \wedge r)) \vee ((p \wedge q \wedge \neg r) \vee (p \wedge q \wedge r))$$

$$\Leftrightarrow (((\neg p \wedge q) \vee (p \wedge \neg q)) \wedge r) \vee ((p \wedge q) \wedge (r \vee \neg r))$$

$$\Leftrightarrow ((p \vee \neg p) \wedge (\neg p \vee \neg q) \wedge (q \vee p) \wedge (q \vee \neg q) \wedge r) \vee (p \wedge q)$$

$$\Leftrightarrow ((\neg p \vee \neg q) \wedge (p \vee q) \wedge r) \vee (p \wedge q)$$

$$\Leftrightarrow (\neg (p \wedge q) \wedge (p \vee q) \wedge r) \vee (p \wedge q)$$

$$\Leftrightarrow (\neg (p \wedge q) \vee (p \wedge q)) \wedge (((p \vee q) \wedge r) \vee (p \wedge q))$$

$$\Leftrightarrow ((p \vee q) \wedge r) \vee (p \wedge q) \qquad ③$$

$$(\neg p \wedge \neg q \wedge r) \vee (p \wedge \neg q \wedge \neg r) \vee (\neg p \wedge q \wedge \neg r) \vee (\neg p \wedge \neg q \wedge \neg r)$$

$$\Leftrightarrow ((\neg p \wedge \neg q \wedge r) \vee (p \wedge \neg q \wedge \neg r)) \vee ((\neg p \wedge q \wedge \neg r) \vee (\neg p \wedge \neg q \wedge \neg r))$$

$$\Leftrightarrow (((\neg p \wedge r) \vee (p \wedge \neg r)) \wedge \neg q) \vee ((\neg p \wedge \neg r) \wedge (q \vee \neg q))$$

$$\Leftrightarrow (((\neg p \wedge r) \vee (p \wedge \neg r)) \wedge \neg q) \vee (\neg p \wedge \neg r)$$
$$\Leftrightarrow ((\neg p \vee p) \wedge (\neg p \vee \neg r) \wedge (r \vee p) \wedge (r \vee \neg r) \wedge \neg q) \vee (\neg p \wedge \neg r)$$
$$\Leftrightarrow ((\neg p \vee \neg r) \wedge (r \vee p) \wedge \neg q) \vee (\neg p \wedge \neg r)$$
$$\Leftrightarrow ((\neg p \vee \neg r) \wedge \neg q) \vee (\neg p \wedge \neg r)$$
$$\Leftrightarrow (\neg (p \wedge r) \wedge \neg q) \vee \neg (p \vee r)$$
$$\Leftrightarrow \neg ((p \wedge r) \vee q) \vee \neg (p \vee r) \qquad\qquad ④$$

根据化简结果③和④，可画出对应的逻辑电路图如图 1-8 和图 1-9 所示。

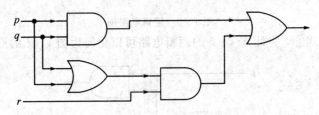

图 1-8　亮起红灯

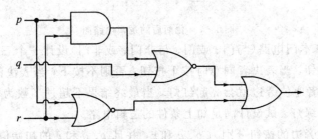

图 1-9　亮起绿灯

1.6.3　命题逻辑在程序设计中的应用

使用命题逻辑中的公式，可以将 C 语言中的复杂语句化简，如下面的例子。

例 1.41　将下面用 C 语言程序写成的语言化简为简单的形式。

　　　　if A then if B then X else Y else if B then X else Y

解　上述用 C 语言表达的程序代码比较复杂，不容易看出 A、B、X 和 Y 之间的关系，因此调整原程序段的结构如①所示：

$$\text{if } A$$
$$\text{if } B \ X$$
$$\text{else } Y$$
$$\text{else if } B \ X$$
$$\text{else } Y \qquad\qquad ①$$

从调整后的结构①可看到：

执行结果 X 的条件为：$(A \wedge B) \vee (\neg A \wedge B)$ 　　②

执行结果 Y 的条件为：$(A \wedge \neg B) \vee (\neg A \wedge \neg B)$ 　　③

分别化简②和③：

$$(A \wedge B) \vee (\neg A \wedge B)$$
$$\Leftrightarrow (A \vee \neg A) \wedge B$$
$$\Leftrightarrow B$$
$$(A \wedge \neg B) \vee (\neg A \wedge \neg B)$$
$$\Leftrightarrow (A \vee \neg A) \wedge \neg B$$
$$\Leftrightarrow \neg B$$

因此题目中的程序段可改写为简单的形式：

$$\text{if } B \text{ then } X \text{ else } Y$$

1.6.4　命题逻辑在系统规范说明中的应用

在说明硬件系统和软件系统中的特定流程时，当用自然语言表述的逻辑比较复杂时，可以将复杂的自然语言语句翻译成逻辑表达式，生成精确、无二义性的规范说明，从而避免冲突现象的发生，进而作为系统开发的基础。

例 1.42　分析下面的系统规范说明一致吗？

(1) 当且仅当系统正常操作时，系统处于多用户状态。

(2) 如果系统正常操作，则它的核心程序正常运行。

(3) 核心程序不能正常运行，或者系统处于中断模式。

(4) 如果系统不处于多用户状态，它就处于中断模式。

(5) 系统不处于中断模式。

解　要判断以上系统说明是否一致，我们首先用逻辑表达式表示它们。设 p：系统正常操作，q：系统处于多用户状态，r：系统的核心程序正常运行，s：系统处于中断模式。因此，以上的规范说明可分别符号化为：(1) $p \leftrightarrow q$，(2) $p \to r$，(3) $\neg r \vee s$，(4) $\neg q \to s$，(5) $\neg s$。要保证 5 条规范说明都正确，则(5)中的 s 必取 0，从而可确定(4)中的 q 取 1，(3)中的 r 取 0，(2)中的 p 取 0，推出(1)为假，所以该系统规范说明不一致。

1.6.5　命题逻辑在布尔检索中的应用

命题逻辑中的联结词广泛应用于大量的信息检索中，例如在网页检索中，由于这些检索使用来自命题逻辑的技术，所以称之为布尔检索。在布尔检索中，使用"AND"表示联结词"$\wedge$"，"OR"表示联结词"$\vee$"，"NOT"表示联结词"$\neg$"，当进行布尔检索时，需要正确使用对应的逻辑联结词来达到检索目的。

例 1.43　使用命题逻辑的方法对下面的问题编写布尔逻辑检索式。

(1) 检索"于皓老师发表在《湖南科技学院学报》上的关于管理学方面的论文"。

(2) 检索"维生素 C 或维生素 E 对糖尿病患者肾脏的保护作用"。

(3) 检索"动物的乙肝病毒(不要人的)"。

解　(1) 检索式为：于皓 AND 管理学 AND 湖南科技学院学报

(2) 检索式为：(维生素 C OR 维生素 E) AND 糖尿病 AND 肾脏

(3) 检索式为：乙肝病毒 NOT 人类

习　题　1

1.1　下列句子中哪些是命题？若是命题，哪些是真命题，哪些是假命题？

(1) 为什么我们要学习数学？

(2) 存在一个整数 x，使得 $x^2=3$。

(3) $7+3=11$。

(4) 请保持安静！

(5) 中国有四大发明。

(6) 波士顿是美国首都。

(7) 请完成这项工作。

(8) 一个整数为偶数当且仅当它能被 2 整除。

(9) 火星上有生命。

1.2　将下列命题符号化。

(1) 赵丽既不怕吃苦，又爱钻研。

(2) 只有不怕敌人，才能战胜敌人。

(3) 小王与小张是亲戚。

(4) 若地球上没有树木，则人类不能生存。

(5) $2+2=4$ 当且仅当 $3+3=6$。

(6) 若 $2+2\neq4$，则 $3+3\neq6$，反之亦然。

(7) 雪是黑色的当且仅当太阳从东方升起。

(8) 如果我有时间，我将进城。

(9) 除非我得到认可，否则我不会告诉你事情的真相。

(10) 如果你想中奖，你就得买彩票；如果你买彩票，你一定是想中奖。

(11) 你可以在校园里访问因特网，仅当你主修计算机科学或者你不是新生。

(12) 如果你身高不足 4 英尺，那么你不能乘坐过山车，除非你已年满 16 岁。

1.3　设 p：他迟到了，q：他错过了面试的机会，r：他找到了工作，试用自然语言翻译下列命题。

(1) $p\to q$

(2) $p\vee q\vee r$

(3) $\neg(p\vee q)\wedge r$

(4) $p\leftrightarrow q$

(5) $(p\wedge q)\to\neg r$

1.4　设 p：$2+3=5$，q：大熊猫产在中国，r：复旦大学在广州，求下列复合命题的真值。

(1) $(p\leftrightarrow q)\to r$

(2) $(r\to(p\wedge q))\leftrightarrow\neg p$

(3) $\neg r\to(\neg p\vee\neg q\vee\neg r)$

(4) $(p \wedge q \wedge \neg r) \leftrightarrow ((\neg p \vee \neg q) \rightarrow r)$

1.5　用真值表判断下列公式的类型，并求出公式的成真赋值和成假赋值。

(1) $p \rightarrow (p \vee q \vee r)$

(2) $(p \rightarrow \neg q) \rightarrow \neg q$

(3) $\neg (q \rightarrow r) \wedge r$

(4) $(p \rightarrow q) \rightarrow (\neg q \rightarrow \neg p)$

(5) $(p \wedge r) \leftrightarrow (\neg p \wedge \neg q)$

(6) $((p \rightarrow q) \wedge (q \rightarrow r)) \rightarrow (p \rightarrow r)$

(7) $(p \rightarrow q) \leftrightarrow (r \leftrightarrow s)$

1.6　用等值演算法证明下列等值式成立。

(1) $p \rightarrow (q \rightarrow r) \Leftrightarrow (p \wedge q) \rightarrow r$

(2) $p \rightarrow q \Leftrightarrow \neg q \rightarrow \neg p$

(3) $(p \rightarrow q) \wedge (r \rightarrow q) \Leftrightarrow (p \vee r) \rightarrow q$

(4) $p \rightarrow (q \vee r) \Leftrightarrow (p \wedge \neg q) \rightarrow r$

(5) $(q \rightarrow p) \wedge (q \leftrightarrow r) \wedge r \Leftrightarrow p \wedge q \wedge r$

1.7　使用等值演算法判断下列公式的类型。

(1) $p \rightarrow (p \vee q \vee r)$

(2) $\neg (q \rightarrow r) \wedge r$

(3) $(p \leftrightarrow \neg r) \rightarrow (q \leftrightarrow r)$

(4) $(p \wedge \neg (q \rightarrow p)) \wedge (r \wedge q)$

1.8　判断下列集合哪些是联结词完备集，哪些是联结词最小完备集。

(1) $\{\neg, \wedge, \vee, \rightarrow\}$

(2) $\{\neg, \rightarrow\}$

(3) $\{\wedge, \vee, \leftrightarrow\}$

(4) $\{\wedge, \uparrow\}$

(5) $\{\neg, \wedge, \vee, \rightarrow, \leftrightarrow\}$

1.9　将下列公式化成与之等值且仅含 $\{\neg, \wedge\}$ 中联结词的公式。

(1) $p \vee \neg q \vee \neg r$

(2) $(p \rightarrow \neg q) \wedge r$

1.10　写出下列命题公式的对偶式。

(1) $(p \vee q) \rightarrow (r \vee s)$

(2) $(p \uparrow q) \downarrow r$

(3) $(\neg p \rightarrow q) \vee r$

(4) $(p \wedge \neg q) \vee (\neg p \wedge r) \vee (q \wedge \neg r)$

1.11　使用真值表法求下列公式的主范式。

(1) $(p \wedge q) \rightarrow q$

(2) $(p \leftrightarrow q) \rightarrow r$

(3) $(p \wedge q) \vee (\neg p \vee r)$

1.12　使用等值演算法求下列公式的主范式。

(1) $(p \rightarrow q) \leftrightarrow \neg r$

(2) $(p \lor q \lor r) \rightarrow p$

(3) $\neg(\neg(p \rightarrow q)) \lor (\neg q \rightarrow \neg p)$

(4) $p \rightarrow ((q \land r) \land (p \lor (\neg q \land \neg r)))$

(5) $(p \land q) \lor (\neg p \land r) \lor (q \land r)$

(6) $(p \rightarrow (p \lor q)) \lor r$

(7) $(p \lor q) \rightarrow (p \land \neg r)$

1.13　使用主范式的方法，解决下列推理问题。

(1) 某村选村委，已知赵、钱、孙被选进了村委，三村民甲、乙、丙预言：

甲预言：赵为村长，钱为村支书。

乙预言：孙为村长，赵为村支书。

丙预言：钱为村长，赵为村妇女主任。

村委公布结果后发现，甲乙丙三人各预测正确一半。问赵、钱和孙各担任什么职务？

(2) 甲、乙、丙、丁四个人有且只有两个人参加围棋比赛。关于谁参加比赛，下列四个判断都是正确的：

① 甲和乙只有一人参加比赛。

② 若丙参加比赛，则丁必参加。

③ 乙或丁至多参加一人。

④ 若丁不参加，则甲也不会参加。

请判断出是哪两个人参加围棋比赛。

(3) 在某次研讨会的中间休息时间，3 名与会者根据王教授的口音对他是哪个省市的人进行了判断：

① 甲说，王教授不是苏州人，是上海人。

② 乙说，王教授不是上海人，是苏州人。

③ 丙说，王教授既不是上海人，也不是杭州人。

听完以上 3 人的判断后，王教授笑着说，他们 3 人中有一人说的全对，有一人说对了一半，另一人说的全不对。试用命题演算法分析王教授到底是哪里人？

1.14　证明下列永真蕴涵式。

(1) $\neg p \Rightarrow p \rightarrow q$

(2) $\neg q \land (p \rightarrow q) \Rightarrow \neg p$

(3) $\neg p \land (p \lor q) \Rightarrow q$

(4) $(p \lor q) \land (p \rightarrow r) \land (q \rightarrow r) \Rightarrow r$

1.15　使用直接证明法证明下列推理。

(1) 前提：$p \rightarrow q, (\neg q \lor r) \land \neg r, \neg(\neg p \land s)$

　　结论：$\neg s$

(2) 前提：$\neg s, \neg r \lor s, p \land q \rightarrow r$

　　结论：$\neg p \lor \neg q$

(3) 前提：$p \lor q$，$p \to r$，$q \to s$，$\neg s$

　　结论：r

(4) 前提：$p \leftrightarrow q$，$s \to \neg q$，$s \lor r$，$\neg r$

　　结论：$\neg p$

(5) 前提：$q \to p$，$q \leftrightarrow s$，$s \leftrightarrow t$，$t \land r$

　　结论：$p \land q \land r \land s$

1.16　使用附加前提证明法证明下列推理。

(1) 前提：$(p \land q) \to r$，$\neg r \lor s$，$\neg s$

　　结论：$p \to \neg q$

(2) 前提：$p \to q$

　　结论：$p \to (p \land q)$

(3) 前提：$\neg(p \land \neg q)$，$\neg q \lor r$，$r \to s$

　　结论：$p \to s$

1.17　使用归谬法证明下列推理。

(1) 前提：$\neg(p \land \neg q)$，$\neg q \lor r$，$\neg r$

　　结论：$\neg p$

(2) 前提：$p \to q$，$s \to \neg q$，$r \lor s$，$r \to \neg q$

　　结论：$\neg p$

(3) 前提：$p \to (q \lor r)$，$\neg s \to \neg q$，$p \land \neg s$

　　结论：r

1.18　构造下面推理的证明。

(1) 如果小王是理科生，他必学好数学；如果小王不是文科生，他必是理科生；小王没学好数学。所以，小王是文科生。

(2) 若张同学与李同学是乐山人，则王同学是雅安人；若王同学是雅安人，则他喜欢吃雅鱼；然而王同学不喜欢吃雅鱼，张同学是乐山人。所以，李同学不是乐山人。

(3) 明天是晴天，或是雨天；若明天是晴天，我就去看电影；若我去看电影，我就不看书。所以，如果我看书，则明天是雨天。

(4) 若 n 是偶数并且大于 5，则 m 是奇数；只有 n 是偶数，m 才大于 6；现有 n 大于 5，所以，若 m 大于 6，则 m 是奇数。

(5) 如果 A 努力工作，那么 B 或 C 感到愉快；如果 B 愉快，那么 A 不努力工作；如果 D 愉快，那么 C 不愉快；所以如果 A 努力工作，则 D 不愉快。

(6) 今晚我去剧场看戏或者去夜大学上课；如果我去剧场看戏，那么我很高兴；如果我去夜大学上课，那么我要吃个鸡蛋；但我没吃鸡蛋，所以我很高兴。

1.19　根据以下事实，推理谁是真正的罪犯？

一次警方接到报警，在某胡同发生严重的刑事案件，当警方及时赶到犯罪现场时有 5 人死亡，仅剩甲、乙二人仍在殊死搏斗。审讯时，甲乙双方都指责对方是罪犯，自己是受害者，搏斗是出于自卫。警方根据证据最终确定以下事实：

(1) 甲乙二人必有一人是罪犯，一人是受害者。

（2）如果甲是出于自卫，则必定有伤。

（3）甲没有受伤。

1.20　分析下列情况，判断结论是否有效？

前提：（1）我报考体育大学或北京工业大学。

　　　（2）如果我报考体育大学，那么我去参加百米赛跑。

　　　（3）如果我去参加百米赛跑，那么我买一双新跑鞋。

结论：如果我没有买新跑鞋，那么我报考北京工业大学。

1.21　公安人员审查一件盗窃案，已知的事实如下：

（1）甲或乙盗窃了名画。

（2）若是甲盗窃了名画，则作案时间不可能在午夜前。

（3）若乙的证词正确，则午夜时屋里灯光未灭。

（4）若乙的证词不正确，则作案时间在午夜前。

（5）午夜时屋里灯光灭了。

将以上各命题符号化，推断是谁盗窃了名画，并证明这一推断。

1.22　试用较少的开关设计一个与图 1-10 中的电路相同的电路。

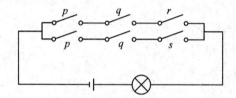

图 1-10　开关电路

1.23　写出图 1-11、图 1-12 中每个逻辑电路的输出（即对应的逻辑公式）。

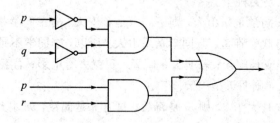

图 1-11　逻辑电路

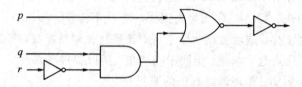

图 1-12　逻辑电路

1.24　有一盏电灯由 A、B、C 三个开关控制，当且仅当 A 和 C 同时闭合且 B 打开或者 B 和 C 同时闭合且 A 打开时灯亮。分别以 1，0 表示开关的闭合和开路状态，以 1，0 表示灯亮和灯灭状态。

（1）写出描述上述控制逻辑的命题公式的主析取范式，并化简后画出对应的逻辑电路图。

（2）写出描述上述控制逻辑的命题公式在联结词完备集｛↑｝中的表达式。

1.25 将例 1.36 中的合式公式，使用 C 语言代码求出对应的真值表。

1.26 试编写 C 语言代码求出公式"$(p \lor r) \lor (p \rightarrow q)$"的真值表，以及对应的主范式。

1.27 下面的系统规范说明一致吗？

路由器能向边缘系统发送分组仅当它支持新的地址空间时。要让路由器支持新的地址空间，就必须安装最新的软件发布。如果最新的软件发布被安装了，则路由器就能向边缘系统发送分组。路由器不支持新的地址空间。

1.28 确定下面的系统规范说明是否一致？

诊断消息存储在缓冲区中或被重传。诊断消息没有存储在缓冲区中。如果诊断消息存储在缓冲区中，那么它被重传。

1.29 试分析语句"不会休息的人不会工作，没有丰富知识的人也不会工作"和语句"工作得好的人一定会休息并且有丰富的知识"是否表达的意思一样？

1.30 请将语句"老王没有上火车站去接他是不对的，而他没有在火车站等老王也是不对的"的确切含义表达出来。

第 2 章　一 阶 逻 辑

　　通过上一章的学习，我们知道命题逻辑可以形式化地表示自然语言中的逻辑思维，也能够对一些逻辑事实进行形式化推理。但命题逻辑研究的最小单位是原子命题，不能够研究原子命题间的内在结构与关系。也就是说，命题逻辑在解决逻辑推理方面是不完备的。譬如，它无法证明苏格拉底三段论的正确性。

　　苏格拉底三段论这样描述：所有人都是要死的，苏格拉底是人，所以苏格拉底也是要死的。

　　在命题逻辑中，分别用 p，q，r 表示上述三个原子命题，则苏格拉底三段论被符号为

$$(p \wedge q) \rightarrow r$$

在命题逻辑中不能证明这是一个重言式，虽然我们知道它是正确的。其主要原因是"苏格拉底"和"所有人"之间存在一种"部分和全体"的内在关系，而命题逻辑中不能反映这种内在的关系。为此，有必要对命题逻辑进行扩充，这就是本章要讲的一阶逻辑，也称为谓词逻辑。

2.1　一阶逻辑的基本概念

2.1.1　个体和谓词

　　任何一个陈述句（原子命题）都是由主语和谓语两部分组成的。主语是被描述的对象，称为**个体**，它可以是一个具体的事物，也可以是一个抽象的概念。例如，鲜花、蜜蜂、小明、整数、好人主义思想、命题等都可以作为个体。谓语部分用于描述对象的属性或对象之间的关系，称为**谓词**。例如，苏格拉底三段论中"苏格拉底是要死的"中的"苏格拉底"是个体，"是要死的"是谓词。又如，在下面三个原子命题中：

　　（1）小花是三好学生。

　　（2）直线 A 和直线 B 是平行线。

　　（3）x 是素数。

"小花""直线 A 和直线 B""x"都是个体，"是三好学生""是平行线""是素数"是谓词。很显然，"是平行线"描述两个对象之间的关系，其他谓词则描述对象的属性。

　　个体又分为**个体常元(项)**和**个体变元(项)**。**个体常元**是指确定的具体的个体，通常用 a，b，c 等小写字母表示。**个体变元**泛指不确定的个体，通常用 x，y，z 等小写字母表示。如上例中的"小花"和"直线 A 和直线 B"是个体常元，而"x"是个体变元。个体变元的取值范围称为**个体域**（或**论域**），个体域可以是有限事物的集合，也可以是无限事物的集合，例如 $\{1, 2, 3\}$、26 个英文字母、自然数，都可以作为个体域。所有非空对象的集合称为**全总个**

体域。

谓词通常用大写字母 F, G, H, …表示。一个单独的谓词是没有意义的,通常用 $F(x)$ 的形式表示某个体变元 x 具有某种属性。如若 x 是个体,P 表示"是素数",则 $P(x)$ 表示 "x 是素数"。又如"小花是三好学生"可表示为 $F(a)$,其中 a 为小花,F 表示"是三好学生"。

谓词中可以有多个个体变元或个体常元,个体之间用",",分割,且它们之间的顺序不能任意颠倒,例如 $M(\text{Alice}, \text{Ann})$ 表示"Alice 是 Ann 的妈妈"。

定义 2.1 含有 n 个有序个体变元 x_1, …, x_n 的谓词 P 称为 **n 元谓词**,表示为 $P(x_1, $ …, $x_n)$。它是以特定个体域为定义域,以 $\{0, 1\}$ 为值域的 n 元函数,称为**命题函数**。

n 元谓词中个体变元的个数称为**元数**,不带个体变元的谓词称为 **0 元谓词**。

命题函数的真假值是不确定的,只有当谓词中的个体变元赋以确定值后,谓词的真值才能确定。考虑谓词 $P(x, y, z)$ 表示"$x - y = z$",若指定 $x = 3$,则 $P(3, y, z)$ 表示"$3 - y = z$",记作 $P_1(y, z)$;若进一步指定 $y = 2$,则 $P(3, 2, z)$ 表示"$3 - 2 = z$",记作 $P_2(z)$;若再进一步指定 $z = 1$,则 $P(3, 2, 1)$ 表示"$3 - 2 = 1$",记作 P_3。很显然,$P(x, y, z)$、$P_1(y, z)$、$P_2(z)$ 分别是 3 元、2 元、1 元谓词,它们的真值都是不确定的;P_3 是 0 元谓词,其真值为 0,即 0 元谓词是命题。

一阶逻辑中,常用函数表示个体之间的关系,用 f, g, h 等小写字母表示。如若 $Q(x, y)$ 表示"x 大于 y",$f(x) = x + 1$,则 $Q(f(x), x)$ 表示"$x + 1$ 大于 x"。

注意 谓词与函数之间的区别是:谓词是从个体域到 $\{0, 1\}$ 的映射,其个体变元用常量代入后是命题,其值为 0 或者 1;函数是从个体域到个体域(即函数的值域)的映射,个体经函数映射后仍然是个体。

在命题逻辑中,原子命题经联结词连接后构成复合命题。同理,由一个或 n 个简单命题函数以及逻辑联结词组成的表达式称为复合命题函数。

例 2.1 用 0 元谓词将下面命题符号化。

(1) 李明既学过英语,也学过日语。

(2) 如果 2 是奇数,3 就是奇数。

(3) 王珊不是学生。

(4) 张强和张虎一样高。

解 (1) 设 $P(x)$:x 学过英语,$Q(x)$:x 学过日语,$a = $ '李明',则命题符号化为: $P(a) \wedge Q(a)$

(2) 设 $P(x)$:x 是奇数,则命题符号化为:$P(2) \rightarrow P(3)$

(3) 设 $S(x)$:x 是学生,$w = $ '王珊',则命题符号化为:$\neg S(w)$

(4) $P(x, y)$:x 和 y 一样高,$a = $ '张强',$b = $ '张虎',则该命题符号化为:$P(a, b)$

例 2.2 令 $L(x, y)$ 表示"$x < y$",讨论 $L(2, 3)$ 和 $L(5, 1)$ 的真值。

解 $L(2, 3)$ 表示"$2 < 3$",所以 $L(2, 3)$ 的真值为 1。

$L(5, 1)$ 表示"$5 < 1$",所以 $L(5, 1)$ 的真值为 0。

2.1.2 量词

在自然语言中,我们经常会用到"所有的"、"有的"、"至少有一个"、"差不多"等这样的词来描述某类个体在多大程度上满足某个性质。在一阶逻辑中，为了刻画个体与谓词的这种关系，需要引入量词的概念。量词有两种：全称量词和存在量词。

1. 全称量词

自然语言中表示"所有的"、"全部的"、"任意的"、"都"、"一切的"、"每一个"等词称为**全称量词**，用"$\forall$"表示。$\forall xP(x)$表示 x 取其论域中所有值都使得谓词 P 为真，并读作"对一切 x，$P(x)$ 是真"，称 x 被**全称量化**。

例如，对任何实数都有 $x<x+1$，可以表示为 $\forall x(x<x+1)$，很显然这个命题为真。

2. 存在量词

自然语言中表示"至少有一个"、"有的"、"差不多"、"有些"等词称为**存在量词**，用"$\exists$"表示。$\exists xP(x)$ 表示在 x 的论域中至少有一个值使得谓词 $P(x)$ 为真，并读作："存在一个 x，使得 $P(x)$ 为真"，称 x **被存在量化**。

例如，存在实数 y，使得 $y=3$，可以表示 $\exists y(y=3)$，很显然这个命题为真，即 $\exists y(y=3)$ 为真。

3. 命题函数变命题的途径

例 2.3 令 $P(x)$ 表示 $x>0$，论域为整数 Z，讨论 $\forall xP(x)$ 和 $\exists xP(x)$ 的真值。

解 根据题意，$\forall xP(x)$ 表示"对任意整数 x，x 都大于 0"，由于除了正整数以外，还存在负整数，所以 $\forall xP(x)$ 为假；$\exists xP(x)$ 表示"在整数集中存在 x，x 大于 0"，同理可知 $\exists xP(x)$ 为真。

在上述例题中，$P(x)$ 的真值是不确定的，它不是命题，只是一个命题函数，但经过量化后的 $\forall xP(x)$ 和 $\exists xP(x)$ 变成了命题。前面我们讨论过，当给一个命题变元 x 取一个确定的值 a 时，命题函数可以变为命题。由此可见，命题函数不是命题，但在给**个体变元指定确定的值**或者**对个体变元进行量化**后，它可以变成命题。

需要注意的是，量化后所得命题的真值与论域有关，即随论域不同真值可能不同。如上例中，如果将论域改为正整数 Z^+，则 $\forall xP(x)$ 为真。

2.1.3 一阶逻辑的翻译（符号化）

把一个自然语言叙述的陈述句或者一个数学命题用一阶逻辑符号表示出来的过程称为**一阶逻辑翻译**或**符号化**。一阶逻辑中把命题逻辑中的每个原子命题分解成了个体和谓词，如果涉及到部分和全体的概念，则需要引入量词。在实际应用中，还需要考虑个体域，个体域的不同不仅仅影响命题的真值，还影响命题的符号化形式。考虑下面两个命题的符号化：

(1) 所有人都是要死的。

(2) 有的人爱吃糖。

令 $D(x)$ 表示"x 是要死的"；$E(x)$ 表示"x 爱吃糖"。

当论域为全人类时，"所有的人都是要死的"符号为 $\forall xD(x)$；"有的人爱吃糖"符号为 $\exists xE(x)$。

当不指定论域时，默认为全总个体域，$\forall xD(x)$ 就不能再解释为"所有的人都是要死的"，只能解释为"所有的事物（或对象）都是要死的"，$\exists xE(x)$ 也会得到同样的解释。为此，需要引入一个新的谓词，将研究的对象（这里指人）从全总个体域中分离出来，这个谓词称为**特性谓词**。

令 $M(x)$ 表示"x 是人"，则上述两个命题分别被符号为

$$\forall x(M(x) \rightarrow D(x))$$

$$\exists x(M(x) \wedge E(x))$$

这样前者被叙述为"在所有的事物中，如果他是人，他就是要死的"；后者被叙述为"存在这样的事物，他是人且他爱吃糖"。同理，苏格拉底三段论可符号化为

$$(\forall x(M(x) \rightarrow D(x)) \wedge M(s)) \rightarrow D(s)$$

其中 s 表示特定的人：苏格拉底。

需要注意的是，在全称量词和存在量词之后引入特性谓词的规则是不同的，在全称量词之后，特性谓词作为蕴含式的前件引入；在存在量词之后，特性谓词作为一个合取项引入。

事实上，只要给定的论域比研究的对象范围大，就需要引入特性谓词。

例如，有理数都能表示成分数。令 $F(x)$ 表示"x 能表示成分数"，当论域为有理数时，符号化为 $\forall x F(x)$；当论域为实数时，需引入特性谓词，若 $G(x)$ 表示"x 是有理数"，则符号化为

$$\forall x(G(x) \rightarrow F(x))$$

一阶逻辑符号化的一般步骤如下：

（1）正确理解给定命题，必要时可适当加以改述，使其中的各原子命题之间的关系更清晰；

（2）把每个原子命题分解成个体和谓词，涉及到部分和全体时，需要找出适当量词，确定论域，当给定的论域大于研究问题的范围时，引入特性谓词，将每个原子命题进行符号化；

（3）用适当的联结词将各原子命题连接起来。

例 2.4 设论域为全人类，对下列命题符号化。

（1）所有人都爱美。

（2）有些人不怕死。

（3）有些人既聪明又漂亮。

（4）在太原居住的人未必都是太原人。

解 （1）令 $B(x)$：x 爱美，该命题符号化为：$\forall x B(x)$

（2）令 $D(x)$：x 怕死，该命题符号化为：$\exists x \neg D(x)$

由于这句话可以等价地表述为"不是所有人都怕死"，因此，也可符号化为：$\neg \forall x D(x)$

（3）令 $P(x)$：x 漂亮，$Q(x)$：x 聪明，该命题符号化为：$\exists x(P(x) \wedge Q(x))$

（4）令 $G(x)$：x 是在太原居住的人，$H(x)$：x 是太原人

由于这句话可以等价地表述为"并不是所有在太原居住的人就一定是太原人"和"有些在太原居住的人不是太原人"，因此，该命题有两种符号化形式，即：

$$\neg \forall x(G(x) \rightarrow H(x))$$

$$\exists x(G(x) \wedge \neg H(x))$$

例 2.5　设论域为全总个体域，对例 2.4 的命题符号化。

解　因为论域为全总个体域，因此，需要引入特性谓词 $F(x)$：x 是人，其他谓词同例 2.4。

(1) 该命题符号化为：$\forall x(F(x) \rightarrow B(x))$

(2) 该命题符号化为：$\exists x(F(x) \wedge \neg D(x))$

(3) 该命题符号化为：$\exists x(F(x) \wedge P(x) \wedge Q(x))$

(4) 不需要引入特性谓词，这是因为 $G(x)$ 表示"x 是在太原居住的人"，已经起到了将所研究对象从全总个体域中分离出来的作用，因此，其符号化形式同例 2.4(4)。

从上面两个例题可以发现，同一命题在不同的论域中可能有不同的符号化形式。

注意　在命题符号化时，没有特别指明个体域的情况下，默认为全总个体域。

例 2.6　设个体域为整数，对下列命题进行符号化。

(1) 所有整数，不是奇数便是偶数。

(2) 所有素数都是奇数。

(3) 有些偶数是素数。

(4) 并不是所有的奇数都是素数。

解　设 $F(x)$：x 是素数

　　　　$P(x)$：x 是偶数

　　　　$Q(x)$：x 是奇数

则上述命题符号化为：

(1) $\forall x(P(x) \vee Q(x))$

(2) $\forall x(F(x) \rightarrow Q(x))$

(3) $\exists x(P(x) \wedge F(x))$

(4) $\neg \forall x(Q(x) \rightarrow F(x))$　或者　$\exists x(Q(x) \wedge \neg F(x))$

例 2.7　对下列命题符号化，并讨论当论域为自然数集 N 和实数集 R 时的真值。

(1) $x + y = y + x$。

(2) 任意 x，存在 y，使得 $x + y = 10$。

解　(1) 令 $P(x, y)$：$x + y = y + x$，该命题被符号化为：$\forall x \forall y P(x, y)$

这是加法交换律，因此，论域为 N 和 R 时，该命题均为真。

(2) 令 $Q(x, y)$：$x + y = 10$，该命题被符号化为：$\forall x \exists y Q(x, y)$

当论域为 N 时，该命题为假；当论域为 R 时，该命题为真。

通过例 2.7 可以发现，不同论域下，同一命题的真值可能不同。另外，注意数学上习惯写法和一阶逻辑表示的差异。例如，本例(1)题中 $x + y = y + x$ 是数学中的加法交换律，一阶逻辑符号化时要根据实际意义加上全称量词，表示为 $\forall x \forall y(x + y = y + x)$，使其成为命题。

2.2　一阶逻辑公式与解释

2.2.1　一阶逻辑合式公式

通过前面的学习可以发现，一个命题通常被分解为个体和谓词两部分，为了解决部分和全体的概念引入了量词。下面我们逐一梳理一下一阶逻辑表达式中的常用符号：

(1) 个体常元符号：a, b, c, $\cdots$, a_i, b_i, c_i, $\cdots$ $(i \geqslant 1)$；

(2) 个体变元符号：x, y, z, $\cdots$, x_i, y_i, z_i, $\cdots$ $(i \geqslant 1)$；

(3) 谓词符号：F, G, H, $\cdots$, F_i, G_i, H_i, $\cdots$ $(i \geqslant 1)$

(4) 量词符号：$\forall$，$\exists$；

(5) 联结词符号：$\neg$，$\wedge$，$\vee$，$\rightarrow$，$\leftrightarrow$；

(6) 括号和逗号：$($，$)$，，；

(7) 函数符号：f, g, h, $\cdots$, f_i, g_i, h_i, $\cdots$ $(i \geqslant 1)$。

定义 2.2　把不含有联结词和量词的 n 元谓词称为原子公式，**一阶逻辑合式公式**的递归定义如下：

(1) 单个原子公式是合式公式；

(2) 若 A 是合式公式，x 是个体，则 $\forall xA$、$\exists xA$ 也是合式公式；

(3) 若 A 和 B 是合式公式，则 $\neg A$、$A \wedge B$、$A \vee B$、$A \rightarrow B$、$A \leftrightarrow B$ 也是合式公式；

(4) 有限次的应用(1)~(3)生成的公式是**一阶逻辑合式公式**，也称为**谓词公式**，简称为**公式**。

例如，例 2.4~例 2.7 中，各命题的符号化形式都是合式公式，但 $\forall x(f(x) \wedge E(x, y))$、$\forall x(\exists x \rightarrow F(x))$ 不是合式公式。

2.2.2　自由变元与约束变元

定义 2.3　如果一个公式有形如 $\forall xA$ 和 $\exists xA$ 的子公式，则 x 为**指导变元**，A 为相应量词的**辖域**，在辖域 A 中 x 的出现称**约束出现**，不是约束出现的变元称为**自由出现**；公式中约束出现的个体变元是**约束变元**，自由出现的个体变元是**自由变元**。

确定一个量词辖域就是要找出位于该量词之后的相邻接的子公式，具体地讲：① 若量词后有括号，则括号内的子公式就是该量词的辖域；② 若量词后无括号，则与量词邻接的子公式为该量词的辖域。

例如公式 $\exists y(P(x, y) \wedge \forall x(F(x) \rightarrow \exists zQ(x, z)))$，在 $\exists zQ(x, z)$ 中，z 是指导变元，$\exists$ 的辖域是 $Q(x, z)$，x 自由出现，z 是约束出现的；$\forall x(F(x) \rightarrow \exists zQ(x, z))$ 中，x 是指导变元，$\forall$ 的辖域是 $F(x) \rightarrow \exists zQ(x, z)$，$x$ 约束出现 2 次；在整个公式中，y 是指导变元，$\exists$ 的辖域是 $P(x, y) \wedge \forall x(F(x) \rightarrow \exists zQ(x, z))$，$x$ 约束出现 2 次，自由出现 1 次，y、z 约束出现，因此，y、z 是约束变元，x 既是约束变元又是自由变元。

在一个公式中，允许一个变元既是自由变元又是约束变元，如上例中的 x。为了避免概念上的混淆，可以通过修改约束变元名或者自由变元名的方法，使得一个变元在一个公式中呈现一种出现方式，即改名规则和代替规则。

改名规则　对公式中的约束变元符号采用如下规则更改：

(1) 对某约束变元改名时，更改该指导变元及其在辖域中的所有约束出现，其余部分不变。

(2) 改名时所选用的个体变元符号必须是公式中未出现过的符号。

代替规则　对公式中的自由变元符号采用如下规则更改：

（1）对某自由变元改名时，更改该自由变元在公式中的所有自由出现，其余部分不变。

（2）代替时所选用的个体变元符号必须是公式中未出现过的符号。

例如，对公式 $\exists y(P(x, y) \wedge \forall x(F(x) \to \exists zQ(x, z)))$，可以采用改名规则和代替规则两种方法消除 x 既自由出现又约束出现的现象。

改名后的公式：$\exists y(P(x, y) \wedge \forall u(F(u) \to \exists zQ(u, z)))$

代替后的公式：$\exists y(P(w, y) \wedge \forall x(F(x) \to \exists zQ(x, z)))$

定义 2.4　设 A 为任意谓词公式，若 A 中无自由出现的个体变元，则称 A 是封闭的合式公式，简称**闭式**。

例如，$\forall x(F(x) \to G(x))$ 和 $\exists x \forall y(F(x) \vee G(x, y))$ 是闭式。但 $\forall x(F(x) \to G(x, y))$ 和 $\exists z \forall yL(x, y, z)$ 不是闭式。

闭式中不存在自由变元，也就是说闭式中所有变元都是被量化的，因此，闭式一定是非真即假的命题。

2.2.3　一阶逻辑公式的解释

一个合式公式包含个体常元、个体变元、函数变项、谓词变项等，由这些符号组成的公式是没有任何意义，即公式的真值不能确定。只有对各种变项指定一个有确定意义的值，才能确定公式的真值。

定义 2.5　给一个合式公式 G 中的一些符号指定的一组有确定意义的常量，包括非空个体域、个体域上的特定个体、特定函数和谓词，称为该公式的**解释**，也称为**指派**或**赋值**，通常用 I 表示。若在解释 I 下公式 G 的真值为真，则称 I 为 G 的**成真解释**或**成真赋值**；若在解释 I 下公式 G 的真值为假，则称 I 为 G 的**成假解释**或**成假赋值**。

使用一个解释 I 解释一个公式时，只要将公式中的个体常元和自由变元用解释中特定个体取代、函数和谓词用解释中的特定函数和谓词取代即可。

例 2.8　给定解释 I：个体域为自然数集 N，$a=0$，$b=1$，$f(x, y)=x \times y$，$g(x, y)=x+y$，$P(x, y)$ 表示 $x=y$，在解释 I 下求下列公式的真值。

（1）$\forall x \forall y(P(f(x, y), a) \to P(x, a) \vee P(y, a))$

（2）$\forall x \forall yP(f(x, y), g(x, y))$

（3）$\forall y(P(y, b) \to \forall xP(f(x, y), x))$

（4）$\forall x \exists yP(f(x, y), b)$

（5）$\forall xP(g(x, y), x)$

解　（1）在解释 I 下，该谓词公式的含义是：对任意自然数 x，y，如果 $x \times y=0$，则 $x=0$ 或 $y=0$。显然这个结论是正确的，所以，解释 I 下该公式的真值为真。

（2）在解释 I 下，该谓词公式的含义是：对任意自然数 x，y，都有 $x \times y=x+y$ 成立。显然这个结论是错误的，所以，解释 I 下该公式真值为假。

（3）在解释 I 下，该谓词公式的含义是：任意自然数 y，如果 $y=1$，则对任意自然数 x，都有 $x \times y=x$ 成立。显然这个结论是正确的，所以，解释 I 下该公式的真值为真。

（4）在解释 I 下，该谓词公式的含义是：任意自然数 x，都存在一个自然数 y，使得

$x \times y = 1$。显然这个结论是错误的，所以，解释 I 下该公式的真值为假。

（5）在解释 I 下，该谓词公式的含义是：任意自然数 x，都有 $x + y = x$。由于 $x + y = x$ 是否成立，取决于 y 的值，如果 y 等于 0，则 $x + y = x$ 成立；否则，$x + y = x$ 不成立。所以，解释 I 下该公式不是命题。

注意　对于非闭式，解释中必须给自由变元指定一个论域中的特定个体，否则，该公式的真值不能确定，如上例（5）。

与命题逻辑类似，一阶逻辑也分为三种不同类型的公式。

定义 2.6　设 A 为一阶逻辑公式，如果 A 在任意解释下均为真，则称 A 为**永真式**，也称**逻辑有效式**；如果 A 在任意解释下均为假，则称 A 为**永假式**，也称为**矛盾式**；如果至少存在一个解释使得 A 为真，则称 A 为**可满足式**。

定义 2.7　设 A^* 是含命题变元 p_1，p_2，$\cdots$，p_n 的命题公式，A_1，A_2，$\cdots$，A_n 是 n 个谓词公式，用 $A_i (1 \leqslant i \leqslant n)$ 替换 A^* 中的所有 p_i，所得公式 A 称为 A^* 的**代换实例**。

例如：$\neg \forall x P(x) \vee \exists x Q(x)$，$\neg P(x, y) \vee Q(x)$，都是 $\neg p \vee q$ 的代换实例。

命题公式中永真式的代换实例在谓词公式中也是永真式。例如，$\forall x P(x) \vee \neg \forall x P(x)$ 是 $p \vee \neg p$ 的代换实例，$p \vee \neg p$ 为永真式，所以 $\forall x P(x) \vee \neg \forall x P(x)$ 也是永真式。同理，命题公式中矛盾式的代换实例在谓词公式中也是矛盾式。

判断一个公式的类型时，首先判断其代换实例的类型，如果其代换实例是永真式或矛盾式，则公式也为永真式（或矛盾式）。如果不能判断其代换实例的类型，则试图给公式寻找合理的解释，如果既能找到一个成真解释，又能找出一个成假解释，则该公式是可满足式；否则，需要通过证明进一步确认公式是永真式还是矛盾式。

例 2.9　判断下列公式的类型。

（1）$\forall x P(f(x, a), x)$

（2）$\forall x \forall y \forall z (Q(x, y) \wedge Q(y, z) \rightarrow Q(x, z))$

（3）$P(x) \rightarrow (\neg P(x) \rightarrow \forall z Q(x, z))$

（4）$\neg (\forall x P(x, y) \rightarrow \exists y Q(y)) \wedge \exists y Q(y)$

（5）$\forall x P(x) \rightarrow P(x)$

（6）$\forall x \exists y P(x, y) \rightarrow \exists y \forall x P(x, y)$

解　（1）设解释 I 为：$P(x, y)$ 表示 $x > y$，$f(x, y) = x \times y$，$a = 0$，则该公式被解释为 $\forall x (x \times 0 = x)$，该命题为假；若修改解释 I 的 $f(x, y) = x + y$，则该公式被解释为 $\forall x (x + 0 = x)$，该命题为真。因此，该公式为非永真式的可满足式。

（2）令 $Q(x, y)$ 表示 $x > y$，则该公式被解释为 $\forall x \forall y \forall z (x > y \wedge y > z \rightarrow x > z)$，命题为真；若 $Q(x, y)$ 表示 x 是 y 父亲，则可以发现该解释下公式为假，所以该公式为非永真式的可满足式。

（3）该公式为 $p \rightarrow (\neg p \rightarrow q)$ 的代换实例，可以验证该命题公式为永真式，所以原谓词公式是永真式。

（4）该公式为 $\neg (p \rightarrow q) \wedge q$ 的代换实例，可以验证该命题公式为矛盾式，所以原谓词公式是矛盾式。

（5）当 $\forall xP(x)$ 为真时，x 无论取论域中的任何值，$P(x)$ 均为真，因此该公式一定为真；当 $\forall xP(x)$ 为假时，该公式也为真，所以该公式为永真式。

（6）若 $\forall x\exists yP(x,y)$ 为真，不妨设 $y=y_0$ 时 $\forall x\exists yP(x,y)$ 成立，即 $\forall xP(x,y_0)$ 为真，显然，$\exists y\forall xP(x,y)$ 也为真，所以该公式为永真式。

2.3 一阶逻辑等值演算

2.3.1 一阶逻辑等值式

类似于命题逻辑，下面给出一阶逻辑等值式的定义。

定义 2.8 任意给定两个谓词公式 A 和 B，如果它们的等价式 $A\leftrightarrow B$ 为重言式，则称谓词公式 A 与 B 是**逻辑等值**的，简称为**等值式**，记作 $A\Leftrightarrow B$。

定理 2.1 设 A、B、C 为任意谓词公式，则有：

（1）$A\Leftrightarrow A$。

（2）若 $A\Leftrightarrow B$ 则 $B\Leftrightarrow A$。

（3）若 $A\Leftrightarrow B$ 且 $B\Leftrightarrow C$ 则 $A\Leftrightarrow C$。

根据上一节内容可知，命题公式中永真式的代换实例在谓词公式中也是永真式，因此，命题逻辑中的 24 个等值式的代换实例在一阶逻辑中仍然是等值式。

例如，$\forall xF(x)\rightarrow G(x)\Leftrightarrow\neg\forall xF(x)\vee G(x)$。

除此之外，一阶逻辑中还有一些关于量词的等值式。

1. 量词消去等值式

若论域为有限集合 $\{a_1,a_2,\cdots,a_n\}$，根据 $\forall xP(x)$ 的语义"对论域中的一切 x，$P(x)$ 均为真"，可得 $P(a_1)$，$P(a_2)$，$\cdots$，$P(a_n)$ 均为真；同理，根据 $\exists xP(x)$ 的语义"在论域中至少有一个值，使得 P 为真"，但不能确定是哪个值，或者是 a_1，或者是 a_2，$\cdots$，或者是 a_n，因此有如下等值式成立：

（1）$\forall xP(x)\Leftrightarrow P(a_1)\wedge P(a_2)\wedge\cdots P(a_n)$

（2）$\exists xP(x)\Leftrightarrow P(a_1)\vee P(a_2)\vee\cdots P(a_n)$

2. 量词否定等值式

（1）$\neg\forall xA(x)\Leftrightarrow\exists x\neg A(x)$

（2）$\neg\exists xA(x)\Leftrightarrow\forall x\neg A(x)$

这一组等值式给出了全称量词和存在量词之间的转换规则。例如，设 $A(x)$ 表示 x 选修了离散数学，则 $\neg\forall xA(x)$ 表示不是所有人都选离散数学，$\exists x\neg A(x)$ 表示有些人没有选修离散数学，这两句话在意义上是相同的，所以（1）式成立。同理，可以说明公式（2）成立。

在有限论域 $D=\{a_1,a_2,\cdots,a_n\}$，则有

$$\neg\forall xA(x)\Leftrightarrow\neg(A(a_1)\wedge A(a_2)\wedge\cdots\wedge A(a_n)) \qquad \text{（量词消去等值式）}$$
$$\Leftrightarrow(\neg A(a_1)\vee\neg A(a_2)\vee\cdots\vee\neg A(a_n)) \qquad \text{（德·摩根律）}$$
$$\Leftrightarrow\exists x\neg A(x) \qquad \text{（量词消去等值式）}$$

同理，可以证明公式(2)。

3. 量词辖域的收缩和扩张等值式

(1) $\forall xA(x) \lor B \Leftrightarrow \forall x(A(x) \lor B)$

(2) $\forall xA(x) \land B \Leftrightarrow \forall x(A(x) \land B)$

(3) $\exists xA(x) \lor B \Leftrightarrow \exists x(A(x) \lor B)$

(4) $\exists xA(x) \land B \Leftrightarrow \exists x(A(x) \land B)$

(5) $\forall xA(x) \rightarrow B \Leftrightarrow \exists x(A(x) \rightarrow B)$

(6) $\exists xA(x) \rightarrow B \Leftrightarrow \forall x(A(x) \rightarrow B)$

(7) $B \rightarrow \forall xA(x) \Leftrightarrow \forall x(B \rightarrow A(x))$

(8) $B \rightarrow \exists xA(x) \Leftrightarrow \exists x(B \rightarrow A(x))$

其中，$A(x)$是含有自由变元 x 的任意谓词，B 为不含自由变元 x 的任意谓词。

我们可以讨论一下(1)式的正确性，当 B 为真时，左右两边都为真；否则，B 为假时，左右两边都等价于$\forall xA(x)$，因此，该等值式成立。

可以用类似的方法讨论(2)～(4)三个等值式的正确性。

由于(5)～(8)四个等值式很容易从(1)～(4)和量词否定等值式得到，因此，在实际应用中也可以不严格记忆。如公式(5)推导如下：

$$\forall xA(x) \rightarrow B$$
$$\Leftrightarrow \neg \forall xA(x) \lor B \quad\quad (蕴涵等值式)$$
$$\Leftrightarrow \exists x \neg A(x) \lor B \quad\quad (量词否定等值式)$$
$$\Leftrightarrow \exists x(\neg A(x) \lor B) \quad\quad (量词辖域的收缩和扩张等值式(3))$$
$$\Leftrightarrow \exists x(A(x) \rightarrow B) \quad\quad (蕴涵等值式)$$

注意　A，B 都是一种公式模式，只要谓词 B 的变元与量词的指导变元不同，上述的等值式就成立。例如，$\forall xF(x, y) \lor G(y) \Leftrightarrow \forall x(F(x, y) \lor G(y))$。

4. 量词分配等值式

(1) $\forall x(A(x) \land B(x)) \Leftrightarrow \forall xA(x) \land \forall xB(x)$

(2) $\exists x(A(x) \lor B(x)) \Leftrightarrow \exists xA(x) \lor \exists xB(x)$

其中，$A(x)$ 和 $B(x)$ 都是含有自由变元 x 的任意谓词。

这组等值式说明全称量词对合取联结词满足分配律，存在量词对析取联结词满足分配律。

5. 多量词交换等值式

(1) $\forall x \forall yA(x, y) \Leftrightarrow \forall y \forall xA(x, y)$

(2) $\exists x \exists yA(x, y) \Leftrightarrow \exists y \exists xA(x, y)$

通过这组等值式可知，两个连续出现的相同量词的先后顺序是无关的。

2.3.2　一阶逻辑等值演算

类似于命题逻辑的等值演算，一阶逻辑的等值演算仍然是以基本的等值式为基础运用置换规则证明新的等值式成立。

定理 2.2　设 $f(A)$ 是一个含有子公式 A 的谓词公式，$f(B)$ 是用公式 B 置换了 $f(A)$ 中的子公式 A 后得到的公式，如果 $A \Leftrightarrow B$，那么 $f(A) \Leftrightarrow f(B)$。

置换规则是一种等值演算的方法，即等值演算的每一步都是用与原公式中的子公式（可以是公式本身）逻辑等价的等值式置换该子公式，从而得到新的等值式。除此之外，还需要用量词改名规则和代替规则，消除一个变元既自由出现又约束出现或一个变元在多个不同量词辖域中约束出现的现象。

定理 2.3　设 A 是任意谓词公式，若 A^* 是对公式 A 中约束变元改名或对自由变元代替后得到的公式，则 $A \Leftrightarrow A^*$。

这个定理的正确性很显然，因为，某公式中存在一个变元既约束出现又自由出现，则说明这个以两种不同形式出现的变元代表着不同的个体，只不过这两个不同个体使用了相同的名字，正像现实生活中两个不同的人取了同一个名字一样。

例 2.10　证明下列等值式成立，并在每一步骤后注明所用的基本等值式。

(1) $\exists x(P(x) \to Q(x)) \Leftrightarrow \forall xP(x) \to \exists xQ(x)$

(2) $\neg \forall x(P(x) \to Q(x)) \Leftrightarrow \exists x(P(x) \wedge Q(x))$

证明　(1)　$\exists x(P(x) \to Q(x))$

$\Leftrightarrow \exists x(\neg P(x) \vee Q(x))$　　　　　（蕴涵等值式）

$\Leftrightarrow \exists x \neg P(x) \vee \exists xQ(x)$　　　　（量词分配等值式）

$\Leftrightarrow \neg \forall xP(x) \vee \exists xQ(x)$　　　　（量词否定等值式）

$\Leftrightarrow \forall xP(x) \to \exists xQ(x)$　　　　　（蕴涵等值式）

(2)　$\neg \forall x(P(x) \to Q(x))$

$\Leftrightarrow \neg \forall x(\neg P(x) \vee Q(x))$　　　　（蕴涵等值式）

$\Leftrightarrow \exists x \neg(\neg P(x) \vee Q(x))$　　　　（量词否定等值式）

$\Leftrightarrow \exists x(P(x) \wedge \neg Q(x))$　　　　（德·摩根律）

例 2.11　设 x 论域为 $\{1, 2, \cdots, n\}$，证明下列等值式成立，并在每一步骤后注明所用的基本等值式。

(1) $\neg(\forall xP(x) \vee \neg Q(y)) \Leftrightarrow \exists x \neg P(x) \wedge Q(y)$

(2) $\forall x(P(x) \wedge Q(x)) \Leftrightarrow \forall xP(x) \wedge \forall xQ(x)$

证明　(1)　$\neg(\forall xP(x) \vee \neg Q(y))$

$\Leftrightarrow \neg \forall xP(x) \wedge Q(y)$　　　　　　　　　　　　　　　　　（德·摩根律）

$\Leftrightarrow \neg(P(1) \wedge P(2) \wedge \cdots \wedge P(n)) \wedge Q(y)$　　　（量词消去等值式）

$\Leftrightarrow (\neg P(1) \vee \neg P(2) \vee \cdots \vee \neg P(n)) \wedge Q(y)$　　（德·摩根律）

$\Leftrightarrow \exists x \neg P(x) \wedge Q(y)$　　　　　　　　　　　　　　　（量词消去等值式）

(2)　$\forall x(P(x) \wedge Q(x))$

$\Leftrightarrow (P(1) \wedge Q(1)) \wedge (P(2) \wedge Q(2)) \wedge \cdots \wedge (P(n) \wedge Q(n))$　（量词消去等值式）

$\Leftrightarrow (P(1) \wedge P(2) \wedge \cdots \wedge P(n)) \wedge (Q(1) \wedge Q(2) \wedge \cdots \wedge Q(n))$（交换律，结合律）

$\Leftrightarrow \forall xP(x) \wedge \forall xQ(x)$　　　　　　　　　　　　　　　（量词消去等值式）

2.4 一阶逻辑公式范式

类似于命题逻辑，一阶逻辑中也需要研究一阶逻辑合式公式的规范化表示形式，即范式。本节主要介绍谓词公式的前束范式、斯克伦(Skolem)范式。

2.4.1 前束范式

定义 2.9 形如 $Q_1 x_1 Q_2 x_2 \cdots Q_n x_n A$ 的谓词公式称为**前束范式**，其中 $Q_i (i \leqslant n)$ 为 $\forall$ 或 $\exists$，A 为不含量词的谓词公式。

例如，公式 $\exists x \forall y \exists z (P(x) \wedge Q(x, y) \vee R(y, z))$
$$\forall x \forall y (P(x) \wedge Q(y) \rightarrow R(x, y))$$
等都是前束范式；而公式
$$\exists y (P(x, y) \wedge \forall x (Q(x) \rightarrow \exists z R(x, z)))$$
$$\neg \forall x P(x, y) \rightarrow \exists y Q(y)$$
等都不是前束范式。

特别地，不含有任何量词的公式也是前束范式。如公式 $P(x) \wedge Q(x, y)$ 是前束范式。

定理 2.4 任何谓词公式都有与之等值的前束范式。

任何一个谓词公式，可以用如下方法将其转化为前束范式形式。

(1) 使用量词否定等值式将否定联结词移到量词之后谓词变元之前；

(2) 若一个变元出现在不同的量词辖域中或者一个变元既约束出现又自由出现，则使用改名规则、代替规则使所有变元均呈现出一种出现形式；

(3) 使用量词辖域收缩或扩张等值式、量词分配等值式将量词辖域扩大到整个公式。

由于求解前束范式的每一步都是用等值式对原公式的子公式进行置换，根据定理 2.2 可知，所求前束范式与原公式等值。

例 2.12 求下列公式的前束范式。

(1) $\forall x P(x) \wedge \neg \forall y Q(y)$

(2) $\exists x P(x) \rightarrow \forall x Q(x)$

(3) $(\forall x P(x, z) \wedge \forall x Q(x, y)) \vee \exists z R(z)$

解 (1) $\forall x P(x) \wedge \neg \forall y Q(y)$
$\Leftrightarrow \forall x P(x) \wedge \exists y \neg Q(y)$ (量词否定等值式)
$\Leftrightarrow \forall x (P(x) \wedge \exists y \neg Q(y))$ (扩张 $\forall x$ 的辖域)
$\Leftrightarrow \forall x \exists y (P(x) \wedge \neg Q(y))$ (扩张 $\exists y$ 的辖域)

(2) $\exists x P(x) \rightarrow \forall x Q(x)$
$\Leftrightarrow \exists x P(x) \rightarrow \forall y Q(y)$ (改名规则)
$\Leftrightarrow \forall x (P(x) \rightarrow \forall y Q(y))$ (扩张 $\forall x$ 的辖域)
$\Leftrightarrow \forall x \forall y (P(x) \rightarrow Q(y))$ (扩张 $\forall y$ 的辖域)

或者

$$\exists xP(x) \rightarrow \forall xQ(x)$$

$$\Leftrightarrow \neg \exists xP(x) \lor \forall xQ(x) \qquad\qquad (蕴涵等值式)$$

$$\Leftrightarrow \neg \exists xP(x) \lor \forall yQ(y) \qquad\qquad (改名规则)$$

$$\Leftrightarrow \forall x \neg P(x) \lor \forall yQ(y) \qquad\qquad (量词否定等值式)$$

$$\Leftrightarrow \forall x(\neg P(x) \lor \forall yQ(y)) \qquad\qquad (扩张 \forall x 的辖域)$$

$$\Leftrightarrow \forall x \forall y(\neg P(x) \lor Q(y)) \qquad\qquad (扩张 \forall y 的辖域)$$

　　(3)　$(\forall xP(x, z) \land \forall xQ(x, y)) \lor \exists zR(z)$

$$\Leftrightarrow \forall x(P(x, z) \land Q(x, y)) \lor \exists zR(z) \qquad (量词分配等值式)$$

$$\Leftrightarrow \forall x(P(x, u) \land Q(x, y)) \lor \exists zR(z) \qquad (代替规则)$$

$$\Leftrightarrow \forall x(P(x, u) \land Q(x, y) \lor \exists zR(z)) \qquad (扩张 \forall x 的辖域)$$

$$\Leftrightarrow \forall x \exists z(P(x, u) \land Q(x, y) \lor R(z)) \qquad (扩张 \exists z 的辖域)$$

或者

$$(\forall xP(x, z) \land \forall xQ(x, y)) \lor \exists zR(z)$$

$$\Leftrightarrow \forall xP(x, v) \land \forall uQ(u, y) \lor \exists zR(z) \qquad (改名规则,代替规则)$$

$$\Leftrightarrow \forall x \forall u(P(x, v) \land Q(u, y)) \lor \exists zR(z) (辖域扩张等值式)$$

$$\Leftrightarrow \forall x \forall u \exists z(P(x, v) \land Q(u, y) \lor R(z)) (辖域扩张等值式)$$

　　本例中(2)、(3)各有两个形式不同的前束范式。同时我们注意到,在扩张量词的辖域时,由于扩张顺序的不同也可以导致出现不同形式的前束范式。例如,在本例(1)中,如果先扩张 $\exists y$ 的辖域,则其前束范式为

$$\exists y \forall x(P(x) \land \neg Q(y))$$

同样本例(3),先扩张 $\exists z$ 的辖域,则其前束范式为

$$\exists z \forall x \forall u(P(x, v) \land Q(u, y) \lor R(z))$$

由此可见,同一谓词公式的前束范式是不唯一的。

2.4.2　斯科伦范式

　　定义 2.10　形如 $\forall_1 x_1 \forall_2 x_2 \cdots \forall_n x_n B$ 的前束范式,若 B 为合取范式,则 $\forall_1 x_1 \forall_2 x_2 \cdots \forall_n x_n B$ 是**斯科伦(Skolem)范式**。

　　从定义不难看出,斯科伦范式中没有存在量词。若公式 $A \equiv Q_1 x_1 Q_2 x_2 \cdots Q_n x_n B$ 中有存在量词,则采用如下方式消去存在量词:

　　(1)若 $Q_r (1 \leqslant r \leqslant n)$ 是存在量词,并且 $Q_r x_r$ 的左边没有全称量词,则用 B 中没有出现过的常量符号 a 代替 B 中的所有 x_r,并删除公式中的 $Q_r x_r$;

　　(2)若 $Q_r x_r (1 \leqslant r \leqslant n)$ 左边有 m 个全称量词,设 $Q_{s1}, Q_{s2}, \cdots, Q_{sm} (m \geqslant 1, 1 \leqslant s_1 < s_2 < \cdots < s_m < r)$ 是所有出现在 Q_r 前的全称量词,则用 B 中没有出现过的 m 元函数符号 $f(x_{s1}, \cdots, x_{sm})$ 代替 B 中的所有 x_r,并删除公式中的 $Q_r x_r$。

　　对公式中的所有存在量词依次进行处理,即可得到一个没有存在量词的前束范式,这个前束范式称为公式 A 的斯科伦范式。

任何一个谓词公式都存在一个斯科伦范式，但一般来讲，一个公式与其斯科伦范式不是逻辑等值的，定理 2.5 给出了它们之间的关系。

定理 2.5　若前束范式 B 是公式 A 的斯科伦范式，则 A 是可满足的当且仅当 B 是可满足的。

例 2.13　求下列公式的斯科伦范式。

(1) $\forall x \exists y (P(x) \wedge \neg Q(y))$

(2) $\exists z \forall x \forall y (P(x, w) \wedge Q(y, w) \vee R(z))$

解　(1) 由于 $\exists y$ 前有一个全称量词 $\forall x$，所以用 $f(x)$ 取代公式中的 y，该公式的斯科伦范式为

$$\forall x (P(x) \wedge \neg Q(f(x)))$$

(2) $\exists z \forall x \forall y (P(x, w) \wedge Q(y, w) \vee R(z))$

$\Leftrightarrow \exists z \forall x \forall y ((P(x, w) \vee R(z)) \wedge (Q(y, w) \vee R(z)))$

由于 $\exists z$ 前没有全称量词，所以用常量 a 取代公式中的 z，该公式的斯科伦范式为

$$\forall x \forall y ((P(x, w) \vee R(a)) \wedge (Q(y, w) \vee R(a)))$$

注意　在前束范式中，存在量词越靠前，越容易消去存在量词。因此，求给定公式的前束范式时总是先扩展存在量词的辖域，再扩展全称量词的辖域，使得公式中的存在量词尽可能排在前面。

2.5　一阶逻辑推理理论

2.5.1　一阶逻辑推理的基本概念

1. 永真蕴涵式

定义 2.11　设 A 和 B 是任意两个谓词公式，若它们的蕴涵式 $A \rightarrow B$ 为永真式，则称 A 永真蕴涵 B，记作 $A \Rightarrow B$，称 $A \Rightarrow B$ 为**永真蕴涵式**。

定理 2.6　设 A 和 B 为任意两个谓词公式，$A \Leftrightarrow B$ 当且仅当 $A \Rightarrow B$ 且 $B \Rightarrow A$。

在命题逻辑中，基本永真蕴涵式的代换实例在一阶逻辑中仍然是永真蕴涵式。此外，一阶逻辑还有两组永真蕴涵式，即量词分配永真蕴涵式和多量词交换永真蕴涵式。

(1) 量词分配永真蕴涵式。

① $\forall x A(x) \vee \forall x B(x) \Rightarrow \forall x (A(x) \vee B(x))$

② $\exists x (A(x) \wedge B(x)) \Rightarrow \exists x A(x) \wedge \exists x B(x)$

可以从存在量词和全称量词的语义上阐述这两个永真蕴涵式是成立的。

对于①式，若 $\forall x A(x) \vee \forall x B(x)$ 为真，则对论域中的所有 x 使得 $A(x)$ 为真或 $B(x)$ 为真，这时一定有所有 x 使得 $A(x)$ 或 $B(x)$ 为真，即 $\forall x (A(x) \vee B(x))$ 为真，反之不真。

对于②式，若 $\exists x (A(x) \wedge B(x))$ 为真，则论域中至少有一个 x 使得 $A(x)$ 和 $B(x)$ 均为真，即 $\exists x A(x)$ 和 $\exists x B(x)$ 均为真，即 $\exists x A(x) \wedge \exists x B(x)$ 为真。但是若 $\exists x A(x)$ 和 $\exists x B(x)$ 均为真，不能保证论域使得 A 为真的值和使得 B 为真的值相同，所以 $\exists x (A(x) \wedge B(x))$ 不一定

为真。

（2）多量词交换永真蕴涵式。

从 2.3 节，我们知道两个连续出现的相同量词，其先后次序是无关的。但不同量词之间的先后顺序不能随意调动，其关系可以用下面的永真蕴涵式描述：

$$\exists x \forall y A(x, y) \Rightarrow \forall y \exists x A(x, y)$$

$\exists x \forall y A(x, y)$ 成立的含义是：在论域中至少有一个值 x，使得 y 取任意值时 $A(x, y)$ 都为真，那么，不论 y 取何值都能找到一个 x 使得 $A(x, y)$ 为真，即 $\forall y \exists x A(x, y)$ 为真。反之不真。

2. 前提和结论

一阶逻辑推理仍然是从一组前提出发，按照科学的推理规则，推出一个或几个结论的过程。为了便于讨论，本书只讨论推出一个结论的情况。

定义 2.12　给定一组假设 $H_1, H_2, \cdots, H_n$ 和一个结论 C，只需考察如下永真蕴涵式是否成立：

$$H_1 \wedge H_2 \wedge \cdots \wedge H_n \Rightarrow C$$

若该永真蕴涵式成立，则称从谓词公式 $H_1 \wedge H_2 \wedge \cdots \wedge H_n$ 推出 C 的推理是**正确的**（或**有效的**），称 $H_1, H_2, \cdots, H_n$ 为**推理的前提**，C 为由这些前提推出的**有效结论**，也称为**逻辑结论**；否则，推理不成立，称 C 是 $H_1, H_2, \cdots, H_n$ 的**谬误结论**。

一般将永真蕴涵式称为推理定律，一阶逻辑的推理定律的来源有如下几种：

（1）命题逻辑中的推理定律在一阶逻辑中的代换实例；

（2）每个等值式（包括一阶逻辑等值式和命题逻辑等值式的代换实例）产生两条推理定律；

（3）一阶逻辑中的关于量词分配和多量词交换的永真蕴涵式。

2.5.2　一阶逻辑的推理规则

一阶逻辑推理可看作是命题逻辑推理的扩充。由于一阶逻辑的等值式和永真蕴涵式是命题逻辑等值式和永真蕴涵式的推广，所以命题逻辑中的所有推理规则，如合取引入、析取三段论、假言三段论等规则在一阶逻辑中仍然适用。此外，在一阶逻辑推理中，可能存在量化的前提和结论。为了既能表示前提和结论之间的内在关系，又能使用命题逻辑的推理规则和推理方法，需要适时消除和引入量词。下面给出引入和消除量词的规则。

1. 全称量词消去规则（UI）

$$\forall x A(x) \Rightarrow A(c) \quad \text{或} \quad \forall x A(x) \Rightarrow A(y)$$

这个规则表明，若个体域中所有个体 x 都具有性质 A，则任意个体常元 c 或变量 y 也具有性质 A，即 $A(c)$ 或 $A(y)$ 成立，其中，c 是在 $A(x)$ 中没有出现的个体常元，y 是在 $A(x)$ 中不约束出现的个体变元。

2. 全称量词引入规则（UG）

$$A(y) \Rightarrow \forall x A(x)$$

这个规则的含义是，若个体域中任意一个体变元 y 都具有性质 A，则个体域中所有个体变元 x 都具有性质 A，其中，取代 y 的 x 一定是在 $A(y)$ 中不约束出现过的个体变元。

3. 存在量词消去规则(EI)

$$\exists xA(x) \Rightarrow A(c)$$

这个规则表明，当个体域中存在某个个体 x 具有性质 A 时，若 c 是使得 $A(c)$ 成立的常量，则可以将存在量词消去。其中，c 是没有在 $A(x)$ 中出现过的特定常元。使用这个规则时，一定要注意，c 必须是具有性质 A 的特定个体常元，否则，不能用此规则。

4. 存在量词引入规则(EG)

$$A(c) \Rightarrow \exists xA(x)$$

这个规则的含义是，若个体域中某个特定个体 c 具有性质 A，则可以对变元 x 存在量化，即 $\exists xA(x)$ 为真。其中，取代 c 的 x 一定是没有在 $A(c)$ 中出现过的个体变元。

我们知道一阶逻辑推理是命题逻辑推理的扩充，在一阶逻辑推理中可以使用命题逻辑推理的所有规则。一阶逻辑推理的一般方法如下：

(1) 使用 P 规则或 CP 规则引入带量词的前提或附加前提；

(2) 用 UI 或 EI 消除前提中的量词；

(3) 使用命题演算的各种规则与办法完成推导；

(4) 使用 UG 或 EG 添加量词，使结论呈量化形式。

2.5.3　一阶逻辑的推理方法

1. 公式演算法

根据定义 2.12 可知，一阶逻辑推理其实质是证明永真蕴涵式成立的过程，可以使用类似等值演算的方法，通过置换从公式的左边推演到公式的右边。

例 2.14　证明下列推理成立。

(1) $\exists x \exists y(P(x) \wedge Q(y)) \Rightarrow \exists xP(x)$

(2) $\exists x(P(x) \rightarrow Q(x)) \wedge \forall xP(x) \Rightarrow \exists xQ(x)$

证明　(1)　$\exists x \exists y(P(x) \wedge Q(y))$

$\quad\quad\quad\quad \Leftrightarrow \exists x(P(x) \wedge \exists yQ(y))$　　　（量词辖域收缩和扩张等值式）

$\quad\quad\quad\quad \Leftrightarrow \exists xP(x) \wedge \exists yQ(y)$　　　（量词辖域收缩和扩张等值式）

$\quad\quad\quad\quad \Rightarrow \exists xP(x)$　　　（化简规则）

$\quad\quad$(2)　$\exists x(P(x) \rightarrow Q(x)) \wedge \forall xP(x)$

$\quad\quad\quad\quad \Leftrightarrow \exists x(\neg P(x) \vee Q(x)) \wedge \forall xP(x)$　　　（蕴涵等值式）

$\quad\quad\quad\quad \Leftrightarrow (\exists x \neg P(x) \vee \exists xQ(x)) \wedge \forall xP(x)$　　　（量词分配等值式）

$\quad\quad\quad\quad \Leftrightarrow (\neg \forall xP(x) \vee \exists xQ(x)) \wedge \forall xP(x)$　　　（量词否定等值式）

$\quad\quad\quad\quad \Rightarrow \exists xQ(x)$　　　（析取三段论）

此外，根据定义 2.11 也可以通过证明这个永真蕴涵式对应的蕴涵式是永真的，从而证明这个推理成立。如例 2.14(1)可以用如下方法证明：

$$\exists x \exists y(P(x) \wedge Q(y)) \to \exists xP(x)$$
$$\Leftrightarrow \exists xP(x) \wedge \exists yQ(y) \to \exists xP(x) \quad (量词辖域收缩和扩张等值式)$$
$$\Leftrightarrow \neg(\exists xP(x) \wedge \exists yQ(y)) \vee \exists xP(x) \quad (蕴涵等值式)$$
$$\Leftrightarrow \neg \exists xP(x) \vee \neg \exists yQ(y) \vee \exists xP(x) \quad (德·摩根律)$$
$$\Leftrightarrow (\neg \exists xP(x) \vee \exists xP(x)) \vee \neg \exists yQ(y) \quad (结合律)$$
$$\Leftrightarrow 1 \quad (排中律，零律)$$

2. 推理规则演绎法

类似命题逻辑，一阶逻辑推理规则演绎法有三种：直接证明法、附加前提证明法和归谬法。本节直接讲解这三种证明方法的一般步骤和技巧，不再研究它们的理论基础。

(1) 直接证明法。直接证明法是假设前提成立，使用推理规则不断地推出中间结果作为新的前提，直至推出结论的推理方法。

例 2.15 证明苏格拉底三段论"所有的人都是要死的，苏格拉底是人，所以苏格拉底是要死的。"

解 令 $M(x)$：x 是人；$D(x)$：x 是要死的；s：苏格拉底。

前提：$\forall x(M(x) \to D(x))$，$M(s)$

结论：$D(s)$

证明
① $M(s)$　　　　　　　　　前提引入
② $\forall x(M(x) \to D(x))$　　前提引入
③ $M(s) \to D(s)$　　　　　②UI 规则
④ $D(s)$　　　　　　　　　①③假言推理

从②式到③式使用了全称量词消去规则，只有消去前提中的量词，这个前提才能和 $M(s)$ 进行假言推理。注意，本例中一定要先引入 $M(s)$ 这个前提，这样才能在消除量词时用 s 取代 x，其含义是：任何 x，只要他是人他就是要死的，对苏格拉底(s)也不例外。

例 2.16 证明 $\forall x(P(x) \to Q(x)) \wedge \exists xP(x) \Rightarrow \exists xQ(x)$ 成立。

证明
① $\exists xP(x)$　　　　　　　前提引入
② $P(a)$　　　　　　　　　①EI 规则
③ $\forall x(P(x) \to Q(x))$　　前提引入
④ $P(a) \to Q(a)$　　　　　③UI 规则
⑤ $Q(a)$　　　　　　　　　②④假言推理
⑥ $\exists xQ(x)$　　　　　　　⑤EG 规则

当前提中既有存在量词又有全称量词时，一定要先消去存在量词，后消全称量词，这样才能在消去全称量词时使用和消去存在量词相同的常元符号，否则，将会出现逻辑上的错误。

例 2.17 对下列推理进行符号化，并证明推理的正确性。

没有不守信用的人是可以信赖的，有些可以信赖的人是受过教育的人，因此，有些受过教育的人是守信用的。（个体域：所有人的集合）

解 令 $P(x)$：x 是守信用的；$Q(x)$：x 是可以信赖的；$R(x)$：x 是受过教育的。

前提：$\neg \exists x(\neg P(x) \wedge Q(x))$，$\exists x(Q(x) \wedge R(x))$

结论：$\exists x(P(x)\land R(x))$

证明　① $\exists x(Q(x)\land R(x))$　　　　前提引入

② $Q(c)\land R(c)$　　　　　　　　①EI 规则

③ $\neg\exists x(\neg P(x)\land Q(x))$　　　前提引入

④ $\forall x(P(x)\lor\neg Q(x))$　　　　③置换规则

⑤ $P(c)\lor\neg Q(c)$　　　　　　④UI 规则

⑥ $Q(c)$　　　　　　　　　　　②化简规则

⑦ $P(c)$　　　　　　　　　　　⑤⑥析取三段论

⑧ $R(c)$　　　　　　　　　　　②化简规则

⑨ $P(c)\land R(c)$　　　　　　　⑦⑧合取引入

⑩ $\exists x(P(x)\land R(x))$　　　　⑨EG 规则

例 2.18　下面根据前提"$\forall x(P(x)\to Q(x))$，$\exists xP(x)$，$\exists xR(x)$"推出结论"$\exists x(Q(x)\land R(x))$"的证明过程是否正确？为什么？正确的结论应该是什么？请写出正确的证明过程。

① $\exists xP(x)$　　　　　　　　前提引入

② $P(a)$　　　　　　　　　　　①EI 规则

③ $\exists xR(x)$　　　　　　　　前提引入

④ $R(a)$　　　　　　　　　　　③EI 规则

⑤ $\forall x(P(x)\to Q(x))$　　　前提引入

⑥ $P(a)\to Q(a)$　　　　　　　⑤UI 规则

⑦ $Q(a)$　　　　　　　　　　　②⑥假言推理

⑧ $Q(a)\land R(a)$　　　　　　　④⑦合取

⑨ $\exists x(Q(x)\land R(x))$　　　　⑧EG 规则

解　这个证明过程不正确，第②步和第④消去存在量词时不能使用相同的常量符号，因为，使得 P 为真的常量不一定使得 R 为真。正确的结论应该是 $\exists xQ(x)\land\exists xR(x)$，正确的证明过程如下。

证明　① $\exists xP(x)$　　　　　　　前提引入

② $P(a)$　　　　　　　　　　　①EI 规则

③ $\exists xR(x)$　　　　　　　　前提引入

④ $\forall x(P(x)\to Q(x))$　　　前提引入

⑤ $P(a)\to Q(a)$　　　　　　　④UI 规则

⑥ $Q(a)$　　　　　　　　　　　②⑤假言推理

⑦ $\exists xQ(x)$　　　　　　　　⑥EG 规则

⑧ $\exists xQ(x)\land\exists xR(x)$　　③⑦合取

（2）附加前提证明法。当结论以蕴涵式的形式呈现时，可以将结论的前件作为附加前提引入，证明结论的后件成立。

例 2.19　证明 $\forall x(P(x)\to Q(x))\Rightarrow\forall xP(x)\to\forall xQ(x)$。

证明　① $\forall xP(x)$　　　　　　　附加前提引入

② $P(a)$　　　　　　　　　　　①UI 规则

③ $\forall x(P(x) \rightarrow Q(x))$	前提引入
④ $P(a) \rightarrow Q(a)$	③UI 规则
⑤ $Q(a)$	②④假言推理
⑥ $\forall x P(x)$	⑤UG 规则

根据附加前提证明法得推理正确。

（3）归谬法。归谬法是假设结论不成立，使用推理规则不断地推出中间结果作为新的前提，直至推出矛盾的推理方法，即将结论的否定作为附加前提引入，推出矛盾。

例 2.20 用归谬法证明 $\forall x(P(x) \rightarrow Q(x)) \land \exists x P(x) \Rightarrow \exists x Q(x)$ 成立。

证明

① $\neg \exists x Q(x)$	附加前提引入
② $\forall x \neg Q(x)$	①置换规则
③ $\exists x P(x)$	前提引入
④ $P(a)$	③EI 规则
⑤ $\forall x(P(x) \rightarrow Q(x))$	前提引入
⑥ $P(a) \rightarrow Q(a)$	⑤UI 规则
⑦ $Q(a)$	④⑥假言推理
⑧ $\neg Q(a)$	②UI 规则
⑨ $Q(a) \land \neg Q(a)$	⑦⑧合取引入

由于 $Q(a) \land \neg Q(a)$ 为矛盾式，所以假设不成立，即该推理成立。

当有多个含全称量词的前提时，按照全称量词的含义，每次消去全称量词可以使用相同的常元符号，如步骤⑧和步骤⑥使用了相同的常元符号 a。但消去多个前提的存在量词时，每次使用不同的常元符号。请读者自行思考其理由。

2.6 数理逻辑与专家系统

2.6.1 数理逻辑在专家系统中的应用

专家系统是一类具有专门知识与经验的计算机智能程序系统，是通过对人类特殊领域专家问题求解能力的建模，采用知识表示和知识推理技术来模拟通常只有专家才能解决的复杂问题，达到具有与专家同等解决问题水平。专家系统强调的是知识而不是方法。很多问题没有基于算法的解决方案，或算法方案太复杂，因此专家系统也称为基于知识的系统（Knowledge-Based Systems）。

按照知识表示的技术，专家系统可以划分为基于逻辑的专家系统、基于规则的专家系统、基于语义网络的专家系统和基于框架的专家系统。无论哪种专家系统，知识工程师及用户使用自然语言通过人机界面与系统交换信息，而专家系统内部却使用符号化的公式表示知识。专家系统的核心部分是知识库与推理机，知识库用来存放专业领域问题的事实性知识与启发性知识，推理机在专家系统中用以实现推理的一系列程序，其主要功能是针对当前问题的条件或已知信息，反复匹配知识库中的规则，获得新的结论，以得到问题求解结果。不同专家系统的核心区别在于知识的表示方法。在基于逻辑的专家系统中，知识库中的知识是由表示事实的谓词和产生式规则组成的，内部的推理使用谓词公式表示的推理规则进行推理。图 2-1 给出了数理逻辑在专家系统中的应用。

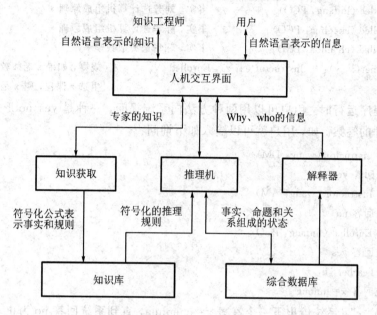

图 2-1　专家系统中的数理逻辑技术

2.6.2　逻辑编程语言 Prolog

Prolog 是当代最有影响的人工智能语言之一，普遍应用于基于逻辑的专家系统的设计与开发中。该语言是以谓词逻辑为基本表示语句，以消解原理为推理基础的一种逻辑程序设计语言，在自然语言理解、机器定理证明、专家系统等方面得到了广泛的应用。

Prolog 的基本语句有三种：事实、规则和询问。事实表示知识，用原子谓词公式来表示，例如，"鸟会飞"可以表示为 Fly(bird)，"比尔喜欢读书"表示为 Likes(bill，book)。

规则根据已知的事实推出新的事实，其实质是一阶逻辑中的逻辑蕴涵式。其格式如下：

〈谓词名〉(〈项表〉)：—〈谓词名〉(〈项表〉){，〈谓词名〉(〈项表〉)}

其中："：—"表示 if，左边的谓词表示结论，右边的谓词或谓词组表示前提；"{ }"表示零次或多次重复，"，"表示合取联结词"and"。例如

Bird(x)：—Animal(x)，Has(x，feather)

表示"如果动物有羽毛，那么它就是鸟"；又如

Grandfather(x，z)：—Father(x，y)，Father(y，z)

表示"如果 x 是 y 的父亲，y 是 z 的父亲，则 x 是 z 的祖父"。

询问是用户向系统提问的问题，用"? —"加一个原子谓词公式表示。例如，? -Bird(Hawk)表示"鹰是鸟吗？"；Brandfather(Tom，x)表示"Tom 是谁的祖父"。

例 2.21　选课用 Prolog 程序描述教师、学生、课程三者之间的关系问题。

```
Instructor (wang，DM).        /＊事实，王老师教离散数学＊/
Instructor (zhang，AM).       /＊事实，张老师教高等数学＊/
```

```
Instructor (li, PCO).                /*事实,李老师教计算机组成原理*/
Enrolled (liming, AM).               /*事实,李明选高等数学*/
Enrolled (liufang, PCO).             /*事实,刘芳选计算机组成原理*/
Enrolled (chenhua, PCO).             /*事实,陈华选计算机组成原理*/
Enrolled (chenhua, DM).              /*事实,陈华选离散数学*/
Teacher(x, y): - Instructor (x, z), Enrolled (y, z)   /*规则,如果x老师教z课程,且y学
                                                        生选z课程,则x是y的老师*/
```

当这个程序运行时,用户可以用两种方法向系统提问,一种是 yes/no 形式,另一种是给出满足条件的答案。如,用户就可以输入如下询问:

```
? - Instructor (wang, DM)
系统回答 yes
? - Instructor (wang, AM)
系统回答 no
? - Enrolled (liufang, PCO)
系统回答 yes
? - Teacher (li, x)
系统回答 x=liufang
```

用户输入";",系统给出下一个答案 x=chenhua,直到系统回答 no 为止。

例 2.22 用 Prolog 程序描述红楼梦中史太君、贾政、贾宝玉和贾环之间的关系。要求用事实描述父子、母子关系和兄弟关系,用规则描述祖孙关系。

```
Father(jiazheng, jiabaoyu). /*前七行为事实*/
Father(jiazheng, jiahuan).
Son(jiabaoyu, jiazheng).
Son(jiahuan, jiazheng).
Mather(shitaijun, jiazheng).
Son(jiazheng, shitaijun).
Brother(jiabaoyu, jiahuan).
Grandmather(x, z): - Mather (x, y), Father (y, z).
Grandson (x, z): - Son (x, y), Son (y, z).
```

当这个程序运行时,用户可以输入如下询问:

```
? - Son(jiahuan, jiazheng)
系统回答 yes
? - Son(jiazheng, x)
系统回答 x=jiabaoyu;
        x=jiahuan;
        no
? - Grandmather (shitaijun, x)
系统回答 x=jiabaoyu;
        x=jiahuan;
        no
```

习　题　2

2.1　将下列命题用 0 元谓词符号化。

(1) 贾政是贾宝玉的父亲。

(2) 张三选了网络安全课或网络编程课。

(3) 2 大于 3 当且仅当 4 大于 9。

(4) 如果 2 是素数，那么 3 也是素数。

(5) 王熙凤既是贾宝玉的表姐又是贾宝玉的嫂子。

(6) 2 既是素数又是偶数。

2.2　在一阶逻辑中，将下列命题符号化。

(1) 所有的老虎都咬人。

(2) 有人登上过月球。

(3) 每个大学生都会说英语。

(4) 存在最大的素数。

(5) 兔子比乌龟跑得快。

(6) 正数都大于负数。

(7) 每个实数都有比它大的实数。

(8) 不存在比零小的自然数。

(9) 计算机系的学生都学离散数学课。

(10) 有些学生不喜欢读书。

2.3　在一阶逻辑中，用两种不同的等值式对下列命题符号化。

(1) 上大学的学生不一定都能毕业。

(2) 有些大学生学不懂数学。

(3) 不是所有的大学生都能成为科学家。

(4) 有些一元二次方程没有实数解。

2.4　在一阶逻辑中，将下列命题符号化，并讨论当个体域为实数集 R 和整数集 Z 时，各命题的真值。

(1) 对任意 x，都存在一个 y，使得 $2x+3y=5$ 成立。

(2) 存在 x 和 y，使得 $2x+3y=5$ 成立。

(3) 存在 x，对所有 y 都有 $2x+3y=5$ 成立。

2.5　令 $E(x,y)$ 表示 $x=y$，$G(x,y)$ 表示 $x>y$，$f(x,y)=x\times y$，将下列命题符号化。

(1) 如果 $x\times y\neq0$，那么 $x\neq0$ 且 $y\neq0$。

(2) 除非 $y\geqslant0$，$x^2=y$ 不存在解。

(3) $x>z$ 是 $x>y$ 且 $y>z$ 的必要条件。

(4) $x+y=x$ 当且仅当 $y=0$。

2.6　令个体域为整数集 Z，$D(x)$ 表示 x 能被 2 整除，$E(x)$ 表示 x 是偶数，$O(x)$ 表示 x 是奇数，$P(x)$ 表示 x 是素数，$S(x)$ 表示 x 是最小的，给出下列公式的自然语言解释，并确定它们的真值。

(1) $\exists x(E(x) \land S(x))$

(2) $\forall x(\neg E(x) \to O(x))$

(3) $\forall x(E(x) \to \neg P(x))$

(4) $\exists x(O(x) \land \neg P(x))$

(5) $\forall x(E(x) \leftrightarrow D(x))$

(6) $\forall x(P(x) \to \neg D(x))$

2.7　给定解释 I 如下：

① 个体域为整数集 Z；

② N 上的谓词：$E(x)$ 表示 x 是偶数，$O(x)$ 表示 x 是奇数，$B(x, y)$ 表示 x 大于 y；

③ N 上的函数：$f(x, y) = x + y$，$g(x, y) = x - y$；

④ N 上的特定常数：$a = 0$。

给出下列公式在 I 下的解释真值，并确定它们的真值。

(1) $\forall x \forall y(O(x) \land O(y) \to O(f(x, y)))$

(2) $\forall x \forall y(E(x) \land E(y) \to E(g(x, y)))$

(3) $\forall x \forall y B(x, g(x, y))$

(4) $\forall x \forall y B(f(x, y), a)$

(5) $\forall x \exists y B(x, g(x, y))$

(6) $\exists x \forall y B(f(x, y), a)$

(7) $\forall x \forall y(B(x, a) \land B(y, a) \to B(f(x, y), x))$

(8) $\forall x(B(y, 0) \to B(x, g(x, y)))$

2.8　指出下列公式中指导变元、量词的辖域及变元的出现形式。

(1) $\forall x P(x) \to P(y)$

(2) $\forall x(P(x) \land Q(x)) \to \exists x R(x, y)$

(3) $\exists x \forall y(P(x) \land Q(y)) \leftrightarrow \neg \exists x S(x)$

(4) $\forall x \forall y(P(x, y, z) \lor Q(z))$

2.9　使用改名规则和代替规则分别对下列公式进行改写，使得每个变元仅呈现一种出现形式。

(1) $\forall x(P(x, y) \land \exists y Q(x, y, z)) \to R(x, z)$

(2) $\forall x(P(x) \to Q(x, y)) \lor R(x, y)$

(3) $\forall x \forall y(P(x, z) \lor Q(x, y)) \to \neg \exists z R(x, z)$

(4) $\forall x(P(x) \to Q(x, y)) \land \forall y R(x, y)$

2.10　判断下列公式的类型。

(1) $\forall x \forall y(P(x) \land Q(y) \to S(x, y))$

(2) $\forall x \forall y P(x, y) \to \exists x \forall y P(x, y)$

(3) $P(x, y) \lor \exists y(Q(y) \lor \neg Q(y))$

(4) $(\forall x P(x) \land \exists y Q(y)) \land \neg(R(x) \to \exists y Q(y))$

(5) $(\forall x P(x) \land \exists y Q(x, y)) \lor (\forall x P(x) \land \neg \exists y Q(x, y))$

(6) $P(x, y) \rightarrow (\exists yQ(x, y) \rightarrow P(x, y))$

(7) $\neg((P(x) \wedge \exists yQ(y)) \rightarrow \exists yQ(y))$

(8) $\exists x(P(x) \wedge Q(x))$

2.11　证明下列公式是永真式。

(1) $\forall xP(x) \rightarrow P(x)$

(2) $\exists x \forall yP(x, y) \rightarrow \forall y \exists xP(x, y)$

(3) $\forall xP(x) \vee \forall xQ(x) \rightarrow \forall x(P(x) \vee Q(x))$

(4) $\exists x(P(x) \wedge Q(x)) \rightarrow \exists xP(x) \wedge \exists xQ(x)$

2.12　用等值演算法证明下列等值式成立，并在每一步骤后注明所用的基本等值式。

(1) $\forall x(P(x) \rightarrow Q(x)) \Leftrightarrow \exists xP(x) \rightarrow \forall xQ(x)$

(2) $\forall xP(x) \rightarrow \exists x(\neg P(x) \vee Q(x)) \Leftrightarrow \exists x(P(x) \rightarrow Q(x))$

(3) $\forall x \exists y(P(x) \rightarrow Q(y)) \Leftrightarrow \exists xP(x) \rightarrow \exists yQ(y)$

(4) $\neg \forall x(P(x) \rightarrow Q(y)) \wedge \exists xP(x) \Leftrightarrow \exists xP(x) \wedge \neg Q(y)$

2.13　设 x 论域为 $\{a, b, c\}$，验证下列等值式成立。

(1) $\forall xP(x) \vee Q(y) \Leftrightarrow \forall x(P(x) \vee Q(y))$

(2) $\exists xP(x) \wedge Q(y) \Leftrightarrow \exists x(P(x) \wedge Q(y))$

(3) $\exists xP(x) \rightarrow Q(y) \Leftrightarrow \forall x(P(x) \rightarrow Q(y))$

(4) $Q(y) \rightarrow \exists xP(x) \Leftrightarrow \exists x(Q(y) \rightarrow P(x))$

2.14　求下列公式的前束范式和斯科伦范式。

(1) $\forall xP(x) \rightarrow \exists yQ(x, y)$

(2) $\exists x(\neg \exists yP(x, y) \rightarrow (Q(x) \rightarrow \forall zR(x, z)))$

(3) $\forall x(P(x) \rightarrow Q(x, y)) \rightarrow \exists yR(y, z)$

(4) $\forall x \forall y(\exists z(P(x, z) \wedge Q(y, z)) \rightarrow \exists zR(x, y, z))$

(5) $\forall x \exists yP(x, y) \rightarrow \forall yQ(y)$

(6) $\forall x(P(x) \rightarrow Q(x)) \vee \exists xR(x, y)$

2.15　用公式演算法证明下列推理正确。

(1) $\forall x \exists y(P(x) \rightarrow Q(y)) \wedge \neg \exists yQ(y) \Rightarrow \neg \exists xP(x)$

(2) $\exists x(P(x) \vee Q(x)) \wedge \forall x \neg P(x) \Rightarrow \exists xQ(x)$

2.16　用推理规则演绎法构造下列推理的证明，其中第(5)、(6)小题用两种推理方法
证明。

(1) 前提：$\forall x(P(x) \rightarrow Q(x))$，$\forall x(R(x) \rightarrow \neg Q(x))$
　　结论：$\forall x(R(x) \rightarrow \neg P(x))$

(2) 前提：$\forall x(P(x) \rightarrow Q(x))$，$\exists x(P(x) \wedge R(x))$
　　结论：$\exists x(R(x) \wedge Q(x))$

(3) 前提：$\forall x(P(x) \vee Q(x))$，$\forall x(P(x) \rightarrow \neg R(x))$，$\forall xR(x)$
　　结论：$\forall xQ(x)$

(4) 前提：$\forall x(P(x) \vee Q(x))$，$\forall x(R(x) \rightarrow S(x))$，$\exists xR(x)$，$\exists x \neg P(x)$
　　结论：$\exists x \exists y(Q(x) \wedge S(y))$

（5）前提：$\forall x(P(x) \rightarrow \neg Q(x))$，$\forall x(Q(x) \lor R(x))$

　　　结论：$\neg \forall x R(x) \rightarrow \exists x \neg P(x)$

（6）前提：$\forall x(P(x) \lor Q(x))$

　　　结论：$\forall x P(x) \lor \exists x Q(x)$

2.17　在一阶逻辑下将下列命题符号化，并构造推理的证明。

（1）所有的有理数都是实数，所有的无理数也都是实数，任何复数都不是实数，所以任何复数既不是有理数也不是无理数。

（2）每个自然数或是奇数或是偶数，任何偶数都能被 2 整除，并不是任何自然数都能被 2 整除，所以有的自然数是奇数。

2.18　在一阶逻辑中将下列命题符号化，并构造推理的证明。

（1）会玩电脑的人都认识 26 个英文字母；文盲都不认识 26 个英文字母；有的文盲很聪明；所以有的很聪明的人不会玩电脑。（个体域：所有人的集合）

（2）每个大学生或者是文科生或者是理科生，理科生都能学好数学，小陈没有学好数学，所以如果小陈是大学生，他就是文科生。（个体域：所有人的集合）

2.19　某学校教师上课情况和学生选课情况如下：陈老师上离散数学课；王老师上计算机网络课；李老师上操作系统课；李明选修了离散数学；王艳选修了离散数学；赵斌选修了计算机网络；张强选修了操作系统；刘丽选修了操作系统；王东选修了计算机网络。如果某个老师教的课程和某学生选修的课程相同，则该老师教该学生；用 Prolog 语言编写程序，回答如下问题：（提示，设 instructor(P, C) 表示老师 P 教授课程 C；enrolled(S, C) 表示学生 S 选修课程 C；teacher(P, S) 表示教师 P 教学生 C。）

（1）谁选修了计算机网络？

（2）哪位老师教刘丽？

（3）刘丽选修了离散数学吗？

2.20　利用 Prolog 语言编写一个小型的动物识别系统，根据动物的一些特征判断一个动物属于什么动物，要求至少识别三种动物。

第二篇 集 合 论

　　集合论是研究集合结构、运算及性质的数学理论，广泛应用于程序语言、数据库、编译原理和人工智能等各领域。它的起源可以追溯到 16 世纪末，主要是对数集进行有效研究。直到 19 世纪，康托尔对具有任意特性的无穷集合进行了探讨，奠定了集合论的深厚基础。但是随着集合论的发展，其内在矛盾开始暴露出来，使集合论的发展一度陷入僵局。为了解决这一问题，数学家们提出了集合论的公理体系。

　　这里仅简要介绍集合论的基础知识，如集合运算、性质、序偶、关系、函数等。本篇共两章内容：第 3 章 集合代数，第 4 章 二元关系和函数。每一章我们都试着通过应用实例帮助读者理解相关理论，重点突出知识的逻辑结构，提高读者的数学思维能力。

第 3 章 集　　合

3.1　集合的基本概念与表示

3.1.1　集合的概念与表示

1. 集合的概念

（1）**集合**：集合是不能精确定义的基本数学概念，通常是指在一定范围内，具有共同性质的、可确定的、能相互区分的所有对象的聚集。例如，学校图书馆的每一本图书构成图书集合，班里每一个学生构成学生集合，所有的整数构成整数集合。集合通常用大写的英文字母 A，B，C，… 表示。

（2）**集合的元素（成员）**：集合中每个对象称为该集合的一个元素或成员。例如，图书馆里每一本书都是图书集合的一个元素，班里每一个学生是学生集合的一个元素。集合的元素通常用小写字母 a，b，c，… 表示，并用花括号括起来，元素之间用逗号分隔。例如：

- 小于 10 的正奇数表示为集合 $A=\{1, 3, 5, 7, 9\}$，集合 A 的元素为 5 个不同的数据。
- 26 个英文小写字符表示为集合 $C=\{a, b, c, \cdots, z\}$，集合 C 的元素为 26 个不同的字符。
- 由 40 个学生构成的学生集合表示为 $S=\{s_1, s_2, s_3, \cdots, s_{40}\}$，集合 S 由 40 个不同的元素组成，每个元素表示一个学生。
- 所有素数表示为集合 $P=\{2, 3, 5, 7, \cdots\}$，集合 P 由无数个元素组成。

（3）集合与元素的关系：如果 a 是集合 A 的元素，则 a 属于 A，记作 $a \in A$，也称 A 包含 a；如果 a 不是集合 A 的元素，则 a 不属于 A，记作 $a \notin A$，也称 A 不包含 a。例如：

- 小于等于 5 的正整数集合可以表示为 $B=\{1, 2, 3, 4, 5\}$。其中 3 是 B 的元素，记为 $3 \in B$；6 不是 B 的元素，记为 $6 \notin B$。
- 集合 $A=\{a, \{b, c\}, d\}$，集合 A 有三个元素：a，$\{b, c\}$，d，因此有 $a \in A$，$\{b, c\} \in A$，$d \in A$，但 $b \notin A$，$c \notin A$。b，c 是集合 $\{b, c\}$ 的元素，是集合 A 的元素的元素。
- 为了体系上的严谨性，我们规定：对任何集合 A 都有 $A \notin A$。

（4）集合元素的基本性质：集合的元素具有无序性、可分性和互异性。

① 无序性：集合中的元素是没有先后顺序的。例如：$\{a, b, c\}$，$\{c, b, a\}$，$\{b, c, a\}$ 都表示一个集合。

② 可分性：集合中的元素是可以区分的。例如：集合 $\{a, b\}$ 的元素分为 a 和 b。

③ 互异性：一个集合中的元素都是不相同的，所有相同的元素均看作一个元素。例如：$\{b, a, b, a\}$，$\{a, b\}$ 和 $\{a, b, a\}$ 三个集合是同一个集合，只有两个不同的元素 a 和 b。

注意　集合的元素可以是任何对象，包括其他不同的集合，但不能是集合本身。

例如：集合 $B=\{1, 2, \{3, 4\}, 5, 6\}$，集合 B 由 5 个元素构成：$1, 2, \{3, 4\}, 5, 6$，其中 $\{3, 4\}$ 是一个集合，它是集合 B 的一个元素。

(5) 有限集、无限集、空集：

有限集：集合的元素个数是有限的，例如：$A=\{1, 3, 5, 7, 9, 11\}$，其元素个数为 6。

无限集：集合的元素个数是无限的。例如：实数集合 R，其元素个数是无限的。

空集：不含有任何元素的集合，记为 $\varnothing$。例如：$A=\{x \mid x^2+1=0, x \in R\}$，没有一个实数 x 满足 $x^2+1=0$，即 $A=\varnothing$。

注意　$A=\varnothing$ 与 $A=\{\varnothing\}$ 不同，$A=\{\varnothing\}$ 不是空集，是有一个空集元素的集合。

(6) 集合的基数：集合 A 中的元素个数称为集合的**基数**，记作 $|A|$。

例 3.1　求下列集合的基数：

① $A=\varnothing$　② $B=\{\varnothing\}$　③ $C=\{1, 2, 3, 4, 5, 3\}$　④ $D=\{1, \{2, 3\}\}$

解　① 集合 A 为空集，不含有任何元素，$|A|=0$；

② 集合 B 含一个元素 $\varnothing$，$|B|=1$；

③ 集合 C 含五个不同的元素 $1, 2, 3, 4, 5$，$|C|=5$；

④ 集合 D 含二个元素 $1, \{2, 3\}$，$|D|=2$。

现实生活中，有一些常用的数集，以后常常要用到，所以用固定的符号表示，例如：

自然数集：$N=\{0, 1, 2, 3, 4, 5, \cdots\}$（注意：0 是自然数）

整数集：$Z=\{\cdots, -3, -2, -1, 0, 1, 2, 3, \cdots\}$

正整数集：$Z^+=\{1, 2, 3, \cdots\}$

有理数集：$Q=\{有理数\}$

实数集：$R=\{实数\}$

复数集：$C=\{复数\}$

素数集：$P=\{2, 3, 5, 7, \cdots\}$

2. 集合的表示

集合是由它所包含的元素确定的，为了表示一个集合，可以有多种方法。下面主要介绍列举法、谓词表示法和文氏图法。

(1) 列举法：列出集合中全部元素或部分元素的方法。元素之间用逗号分隔，所有元素用花括号括起来，在能清楚地表示集合成员的情况下可使用省略号，列举法也叫枚举法。

当集合的元素个数比较少时，可以列出全部元素。例如，小于 10 的素数集合表示为 $P=\{2, 3, 5, 7\}$。

当集合的元素个数有限但比较多或无限时，可以列出部分元素，显示出规律后加省略号。例如，26 个英文小写字符的集合表示为 $C=\{a, b, c, \cdots, z\}$，整数集合表示为 $Z=\{0, \pm1, \pm2, \cdots\}$。

用列举法表示集合比较直观，具有透明性，适合仅含有限个元素，或无限集合的元素之间有明显规律的集合。

(2) 谓词表示法：用谓词来描述集合元素的属性，是通过刻画集合中元素所具备的某种特性来表示集合的方法。

谓词表示法的一般形式：$A=\{x\,|\,P(x)\}$，其中 $P(x)$ 是谓词，描述集合 A 中元素 x 的属性。

例 3.2　试用谓词表示法表示下列数集，并说明集合所包含的元素。

① 大于 3 并且小于等于 6 的所有整数；

② 方程 $x^2-1=0$ 实数解；

③ 小于 100 的所有正整数；

④ 平方值小于 12 的所有正整数。

⑤ 所有整数 Z。

⑥ 所有自然数的平方。

解　① $B=\{x\,|\,x\in Z \wedge 3<x\leqslant6\}$，表示集合 $B=\{4,5,6\}$。

② $B=\{x\,|\,x\in R \wedge x^2-1=0\}$，表示方程 $x^2-1=0$ 实数解集，即 $B=\{-1,1\}$。

③ $C=\{x\,|\,x\in Z^+ \text{且} x<100\}$，表示集合 $C=\{1,2,3,\cdots,99\}$。

④ $F=\{x\,|\,(x\in Z^+)\text{且}(x^2<12)\}$，表示集合 $F=\{1,2,3\}$。

⑤ $Z=\{x\,|\,x \text{是一个整数}\}$，表示集合 $Z=\{\cdots,-3,-2,-1,0,1,2,3,\cdots\}$。

⑥ $A=\{x\,|\,x^2 \text{且} x\in N\}$，表示集合 $A=\{0,1,4,9,16,\cdots,n^2,\cdots\}$。

用谓词表示法表示集合，适合含有很多或无穷多个元素的集合，并且集合的元素之间有容易刻画的共同特征。其优点是不要求列出集合中全部元素，只需给出集合中元素的特性。

(3) 文氏图法：用平面上的圆形或其他任何封闭曲线围成的图形表示一个集合，用点表示集合的元素。如图 3-1 所示，一般用长方形表示我们研究的所有对象的全集，用 E 或 U 表示；在长方形内用圆形或其他图形表示集合，如图中的 A 集合，有时用实心点表示集合 A 的元素。

文氏图法常用于表示集合之间的相互关系或相关的运算，形象直观，容易理解。

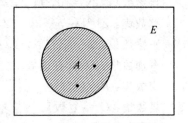

图 3-1　文氏图

3.1.2　集合之间的关系

1. 相等关系

定义 3.1　设 A，B 为两个集合，当且仅当 A 与 B 具有相同的元素时，称集合 A 与 B 相等，记为 $A=B$，否则 A 与 B 不相等，记为 $A\neq B$。

符号化表示：$\forall x(x\in B \rightarrow x\in A)$ 同时 $\forall x(x\in A \rightarrow x\in B)$，即对任意 x，$x\in B$ 和 $x\in A$ 同时成立。

根据相等关系的定义，有如下性质：

(1) 自反性：对任何集合 A，有 $A=A$。

(2) 传递性：对任何集合 A，B，C，如果有 $A=B$ 且 $B=C$，则 $A=C$。

(3) 对称性：对任何集合 A，B，如果有 $A=B$，则 $B=A$。

例 3.3　设 $A=\{1,3,5,7\}$，$B=\{3,5,7,1\}$，$C=\{\{1,3\},5,7\}$，试判断 A 与 B，A 与 C，B 与 C 的关系。

解　集合 A 与 B 含有相同的元素，只是顺序不同，则有 $A=B$，$B=A$。

集合 A 含有四个元素：$1,3,5,7$，集合 C 含有三个元素：$\{1,3\},5,7$，二者具有不同的元素，所以 $A\neq C$；同理可以得出 $B\neq C$。

例 3.4　设集合 $A=\{x\mid(x-1)(x-2)(x-3)(x-4)=0$ 且 $x\in R\}$，$B=\{x\mid x\in Z^+$ 且 $x^2<17\}$，试分析集合 A 和 B 的元素，判断它们之间的关系。

解　集合 A 中满足等式 $(x-1)(x-2)(x-3)(x-4)=0$ 的 x 值为 $1,2,3,4$，因此集合 $A=\{1,2,3,4\}$，B 集合中满足 $x^2<17$ 的 Z^+ 只有 $1,2,3,4$，因此集合 $B=\{1,2,3,4\}$。

由此可见集合 A 和 B 含有相同的元素，所以得出 $A=B$。

2. 包含关系(子集)

定义 3.2　设 A,B 为两个集合，如果 B 中的每个元素都是 A 中的元素，则称 B 是 A 的子集合，简称**子集**。这时也称 B 被 A 包含或 A 包含 B，记作 $B\subseteq A$。若 B 不被 A 包含，记作 $B\not\subseteq A$。

符号化表示：$\forall x(x\in B\rightarrow x\in A)$，即对任意 x，如果 $x\in B$，则 $x\in A$；但有 $x\in A$ 时，$x\notin B$ 存在。

根据包含关系的定义，有如下性质：

(1) 自反性：对任何集合 A，有 $A\subseteq A$。即任何集合本身是它自己的子集。

(2) 反对称性：对任何集合 A,B，如果有 $A\subseteq B$ 且 $B\subseteq A$，则 $A=B$。即如果两个集合 A,B 互为子集，则集合 A,B 相等。

(3) 传递性：对任何集合 A,B,C，如果有 $A\subseteq B$ 且 $B\subseteq C$，则 $A\subseteq C$。

定理 3.1　设 A,B 是任意两个集合，如果 $A\subseteq B$ 且 $B\subseteq A$，则 $A=B$。

例 3.5　试判断下列集合之间的关系：

(1) $A=\{0,1,2\}$，$B=\{0,1\}$，$C=\{1,2\}$；

(2) $A=\{1,2\}$，$B=\{1,2,3\}$，$C=\{1,2,3,4\}$；

(3) $A=\{java,c,python\}$，$B=\{c,python,java\}$。

解　(1) 集合 B 和 C 中的每个元素都是集合 A 的元素，则有 B 和 C 均是 A 的子集，表示为 $B\subseteq A$，$C\subseteq A$。

(2) 集合 A 的每个元素都是集合 B 的元素，同样集合 B 的每个元素都是集合 C 的元素，则有 $A\subseteq B$ 且 $B\subseteq C$，根据传递性可以推出 $A\subseteq C$。

(3) 集合 A 和集合 B 具有完全相同的元素，即集合 A,B 相等，表示为 $A=B$，同时满足 $A\subseteq B$ 和 $B\subseteq A$。

3. 真子集关系

定义 3.3　设 A,B 为集合，如果 $B\subseteq A$ 且 $B\neq A$，则称 B 是 A 的**真子集**。记为 $B\subset A$ 或 $A\supset B$。

符号化表示：$\neg\forall x(x\in B\rightarrow x\in A)\wedge\exists x(x\in A\wedge x\notin B)\Leftrightarrow B\subseteq A\wedge B\neq A$。

如果 B 不是 A 的真子集，记作 $B\not\subset A$。

例 3.6　设集合 $A=\{a,b\}$，$B=\{a,b,c\}$，试判断集合 A 与 B，B 与 B 的关系。

解　根据真子集的定义，有 $A\subseteq B\wedge A\neq B$，所以集合 A 是集合 B 的真子集；有 $B\subseteq B\wedge B=B$ 不满足真子集的定义，所以 B 是 B 的子集，但不是真子集。

例 3.7　设集合 $A=\{1,2,3\}$，写出 A 的所有子集和真子集。

解　A 的子集有 8 个，分别为 $\varnothing$，$\{1\}$，$\{2\}$，$\{3\}$，$\{1,2\}$，$\{1,3\}$，$\{2,3\}$，$\{1,2,3\}$；但 A 的真子集只有 7 个，分别为 $\varnothing$，$\{1\}$，$\{2\}$，$\{3\}$，$\{1,2\}$，$\{1,3\}$，$\{2,3\}$。

例 3.8　试分析整数集与有理数集的关系。

解　由于有理数为整数和分数的统称，有理数集包含整数集，所以，整数集是有理数集的真子集。

由例 3.6 和例 3.7 可知：任何一个非空集合 A 的所有子集，包括它的所有真子集和它本身，它的真子集一定是它的子集，它本身是它的子集，但不是真子集。

注意　$\in$ 与 $\subseteq$、$\subset$ 的区别：$\in$ 表示元素与集合的从属关系，$\subseteq$、$\subset$ 与 $=$ 表示集合与集合的关系。例如：$a\in A$ 表示 a 是集合 A 的一个元素；$A\subseteq B$ 表示 A 是 B 的子集，也可以说 B 包含 A；$A\subset B$ 表示 A 是 B 的真子集；$A=B$ 表示 A 与 B 具有完全相同的元素。

4. 空集与非空集合的关系

定义 3.4　不含任何元素的集合称为**空集**，记为 $\varnothing$。

空集的符号化表示：$\varnothing=\{x\,|\,x\neq x\}$

定理 3.2　空集是任何一个非空集合的子集。

即对于任意非空集合 B，都有 $\varnothing\subseteq B$。

推论　空集是唯一的。

例 3.9　设 $A=\{x\,|\,x^2+2=0,x\in R\}$，$B=\{x\,|\,(x\in R)$且$(x^2<0)\}$，试列出集合 A 和 B 中的所有元素。

解　集合 A 中，没有一个实数 x 能够使 $x^2+2=0$ 成立，所以 A 是空集，表示为 $A=\varnothing$。

集合 B 中，由于任何实数的平方都是大于等于 0 的，所以 B 也是空集，表示为 $B=\varnothing$。

注意

① $\{\varnothing\}$ 是一元集，而不是空集，即：$\varnothing\neq\{\varnothing\}$，$|\{\varnothing\}|=1$，$|\varnothing|=0$。

② $\varnothing$ 只有一个子集，是它本身，$\varnothing$ 没有真子集。

5. 全集

定义 3.5　在一个相对固定的范围内，包含此范围内所有元素的集合，称为全集，用 U 或 E 表示。用文氏图表示全集 E 如图 3-2 所示。

全集符号化表示：$E=\{x\,|\,P(x)\land\neg P(x)\}$，$P(x)$ 是任意谓词。

例如：(1) 英文 26 个小写字符的全集为 $E=\{a,b,c,\cdots,z\}$。

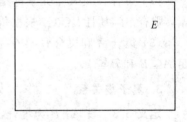

图 3-2　全集

(2) 在一个班里，学生全集包含班里所有学生。

(3) 在立体几何中，全集是由空间的全体点组成的。

注意　全集的概念是相对的，一定要看具体研究对象的范围。如上述例(1)中，研究对象的范围是英文 26 个小写字符，如果研究对象的范围为字符，就要包括数字字符和其他字符。

3.1.3　幂集的概念

定义 3.6　设 A 为任一集合，称 A 的所有不同子集构成的集合为 A 的**幂集**，记为 $P(A)$ 或 2^A。

幂集的符号化表示：$P(A)=\{x\mid x\subseteq A\}$

定义 3.7　如果一个集合 A 含有 n 个元素，则称集合 A 为 n 元集；一个 n 元集含有 m $(0\leqslant m\leqslant n)$ 个元素的子集称为它的 m 元子集。

例 3.10　求集合 $A=\{a,b,c\}$ 的所有 m 元子集。

解　集合 A 包含三个不同的元素 a,b,c，称 A 为 3 元集，它的所有子集为：

集合 A 的 0 元子集：$\varnothing$

集合 A 的 1 元子集：$\{a\}$，$\{b\}$，$\{c\}$

集合 A 的 2 元子集：$\{a,b\}$，$\{b,c\}$，$\{a,c\}$

集合 A 的 3 元子集：$\{a,b,c\}$

例 3.11　求集合 $P=\{1,\{2,3\}\}$ 的幂集。

解　集合 P 包含两个不同的元素 $1,\{2,3\}$，称为 2 元集，它的所有子集为：

集合 P 的 0 元子集：$\varnothing$

集合 P 的 1 元子集：$\{1\}$，$\{2,3\}$

集合 P 的 2 元子集：$\{1,\{2,3\}\}$

因此，集合 P 的幂集为 $P(\{1,\{2,3\}\})=\{\varnothing,\{1\},\{2,3\},\{1,\{2,3\}\}\}$。

例 3.12　求空集 $\varnothing$、集合 $\{\varnothing\}$ 的幂集。

解　空集只有 0 元子集 $\varnothing$，即 $P(\varnothing)=\{\varnothing\}$；

集合 $\{\varnothing\}$ 有 0 元子集 $\varnothing$ 和 1 元子集 $\{\varnothing\}$，即 $P(\{\varnothing\})=\{\varnothing,\{\varnothing\}\}$。

注意　区分 $\varnothing$ 和 $\{\varnothing\}$。$\varnothing$ 是不包含任何元素的空集，只有一个子集，即它自己；$\{\varnothing\}$ 是包含一个元素的集合，它有 $\varnothing$ 和 $\{\varnothing\}$ 两个子集。

例 3.13　求集合 $A=\{a,\{b,c\},d\}$ 的幂集。

解　集合 $A=\{a,\{b,c\},d\}$ 有三个不同的元素 $a,\{b,c\},d$，称为 3 元集，它的所有子集为：

集合 A 的 0 元子集：$\varnothing$

集合 A 的 1 元子集：$\{a\}$，$\{b,c\}$，$\{d\}$

集合 A 的 2 元子集：$\{a,\{b,c\}\}$，$\{a,d\}$，$\{\{b,c\},d\}$

集合 A 的 3 元子集：$\{a,\{b,c\},d\}$

集合 A 的幂集为 $P(A)=\{\varnothing,\{a\},\{b,c\},\{d\},\{a,\{b,c\}\},\{a,d\},\{\{b,c\},d\},\{a,\{b,c\},d\}\}$。

注意　一般来说，对于 n 元集合 A，它的 0 元子集有 C_n^0 个，1 元子集有 C_n^1 个，$\cdots$，m $(0\leqslant m\leqslant n)$ 元子集有 C_n^m 个，n 元子集有 C_n^n 个，所有集合 A 不同的子集总数为

$$C_n^0+C_n^1+C_n^m+\cdots+C_n^n=(1+1)^n=2^n$$

因此得出结论：如 A 是有限集，若 $|A|=n$，则 $|P(A)|=2^n$。

3.2　集合的运算与性质

3.2.1　集合间的运算

在初等数学中，我们学习了数的各种运算和性质，而集合也有类似的运算和性质，下面我们研究集合的基本运算和这些运算所满足的性质。

1. 并运算

定义 3.8　设 A，B 为两个任意集合，所有属于 A 或属于 B 的元素组成的集合，称为集合 A 与 B 的**并运算**，记作 $A \cup B$。

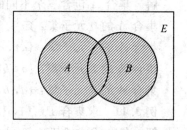

图 3-3　并集

符号化表示：$A \cup B = \{x \mid x \in A \vee x \in B\}$

并运算的文氏图表示如图 3-3 阴影部分所示。

并运算的性质：

(1) 幂等律：对任何集合 A，有 $A \cup A = A$

(2) 交换律：对任何集合 A，B，有 $A \cup B = B \cup A$

(3) 结合律：对任何集合 A，B，C，有 $(A \cup B) \cup C = A \cup (B \cup C)$

(5) 零律：对任何集合 A，有 $A \cup E = E$

例 3.14　设集合 $A = \{1, 2, 3, 4\}$，$B = \{2, 4, 5\}$，$C = \{2, 5, 6\}$，求：(1) $A \cup B$；(2) $(A \cup B) \cup C$。

解　(1) 集合 A 或集合 B 的元素为 1，2，3，4，5，所以

$$A \cup B = \{1, 2, 3, 4, 5\}$$

(2) 由 $A \cup B = \{1, 2, 3, 4, 5\}$，再加上 C 中元素 6，得到

$$(A \cup B) \cup C = \{1, 2, 3, 4, 5, 6\}$$

两个集合的并运算可以推广到 n 个集合的并运算：

$$A_1 \cup A_2 \cup \cdots \cup A_n = \{x \mid x \in A_1 \vee x \in A_2 \vee \cdots \vee x \in A_n\}$$

2. 交运算

定义 3.9　设 A，B 为两个任意集合，所有属于 A 且属于 B 的元素组成的集合，称为集合 A 与 B 的**交运算**，记作 $A \cap B$。

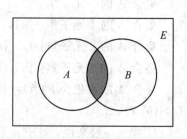

图 3-4　交集

符号化表示：$A \cap B = \{x \mid x \in A \wedge x \in B\}$

交运算的文氏图表示如图 3-4 阴影部分所示。

交运算的性质：

(1) 幂等律：对任何集合 A，有 $A \cap A = A$

(2) 交换律：对任何集合 A，B，有 $A \cap B = B \cap A$

(3) 结合律：对任何集合 A，B，C，有 $(A \cap B) \cap C = A \cap (B \cap C)$

(4) 同一律：对任何集合 A，有 $A \cap E = A$

(5) 零律：对任何集合 A，有 $A \cap \varnothing = \varnothing$

(6) $A \subseteq B \Leftrightarrow A \cap B = A$

例 3.15 设集合 $A = \{0, 2, 4, 6, 8, 10, 12\}$，$B = \{1, 2, 3, 4, 5, 6\}$，$C = \{3, 4, 5, 6\}$，求：(1) $A \cap B$；(2) $A \cap B \cap C$。

解 (1) 集合 A 和集合 B 的公共元素为 $2, 4, 6$，所以

$$A \cap B = \{2, 4, 6\}$$

(2) 由(1)得出 $A \cap B = \{2, 4, 6\}$，它与 C 的公共元素为 $4, 6$，所以

$$A \cap B \cap C = \{4, 6\}$$

两个集合的交运算可以推广到 n 个集合的交运算：

$$A_1 \cap A_2 \cap \cdots \cap A_n = \{x \mid x \in A_1 \wedge x \in A_2 \wedge \cdots \wedge x \in A_n\}$$

3. 广义并和广义交

定义 3.10 设 A 为非空集合，由 A 的元素的元素构成的集合称为 A 的**广义并**，记为 $\cup A$；由 A 的所有元素的公共元素构成的集合称为 A 的**广义交**，记为 $\cap A$。

符号化表示：$\cup A = \{x \mid \exists z (z \in A \wedge x \in z)\}$

$\qquad\qquad\qquad \cap A = \{x \mid \forall z (z \in A \rightarrow x \in z)\}$

例 3.16 设 $A = \{\{a, b, c\}, \{a, c, d\}, \{a, e, f\}\}$，求 $\cup A$，$\cap A$。

解 集合 A 的所有元素的元素为 a, b, c, d, e, f，所以 $\cup A = \{a, b, c, d, e, f\}$；

集合 A 的所有元素的公共元素为 a，所以 $\cap A = \{a\}$。

注意

① 为了和广义并及广义交相区别，在此之前定义的并和交叫做初级并和初级交；

② 除非特别说明，我们通常所说的并和交是指初级并和初级交。

3. 差运算

定义 3.11 设 A, B 为两个任意集合，属于 A 而不属于 B 的所有元素称为 B 对 A 的**相对差运算**，记作 $A - B$。

符号化表示：$\{x \mid x \in A \wedge x \notin B\} = \{x \mid x \in A \wedge \neg (x \in B)\}$

差运算的文氏图表示如图 3-5 阴影部分所示。

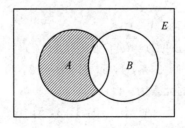

图 3-5 差集

例 3.17 设集合 $A = \{1, 2, 3, 4, 5, 6, 7, 8\}$，$B = \{2, 4, 6, 8\}$，求 $A - B$。

解 属于 A 但不属于 B 的元素为 $1, 3, 5, 7$，所以

$$A - B = \{1, 3, 5, 7\}$$

4. 补运算

定义 3.12 设 E 为全集，E 中不属于 A 的元素的全体称为 A 的**补集**，记为 $\sim A$，即 $\sim A = E - A$。

符号化表示：$\sim A = \{x \mid x \notin A \wedge x \in E\}$

集合 A 补运算的文氏图表示如图 3-6 阴影部分所示。

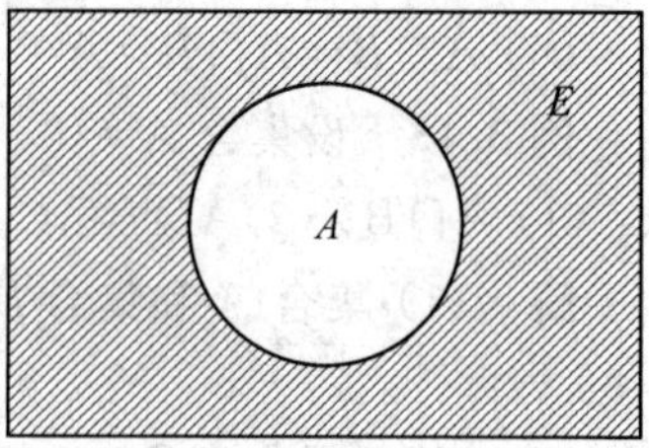

补运算的性质：

(1) $\sim E = \varnothing$

(2) $\sim \varnothing = E$

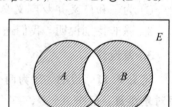

图 3-6　补集

(3) 矛盾律：对任意给定的集合 A，有 $A \cap \sim A = \varnothing$

(4) 排中律：对任意给定的集合 A，有 $A \cup \sim A = E$

(5) 德·摩根律：对任意给定的两个集合 A 和 B，有
$$\sim(A \cup B) = \sim A \cap \sim B;\quad \sim(A \cap B) = \sim A \cup \sim B$$

(6) 双重否定律：对任意给定的集合 A，有 $\sim\sim A = A$，即 A 的补的补是 A。

例 3.18 设集合 $E = \{0,1,2,3,4,5,6,7,8,9\}$，$B = \{2,4,6,8\}$，求 $\sim B$。

解 从全集 E 中去掉集合 B 的所有元素，剩下的元素为 $0,1,3,5,7,9$，所以
$$\sim B = E - B = \{0,1,3,5,7,9\}$$

5. 对称差(环和运算)

定义 3.13 设 A, B 是任意两个集合，所有属于 A 对 B 的补集或 B 对 A 的补集元素组成的集合，称为集合 A, B 的**对称差**，记作 $A \oplus B$。

符号化表示：$A \oplus B = \{x \mid ((x \in A) \wedge (x \notin B)) \vee ((x \in B) \wedge (x \notin A))\} = (A-B) \cup (B-A)$

根据定义，下列等式成立：
$$A \oplus B = (A \cup B) - (A \cap B)$$
$$A \oplus B = (A - B) \cup (B - A)$$

对称差的文氏图表示如图 3-7 阴影部分所示。

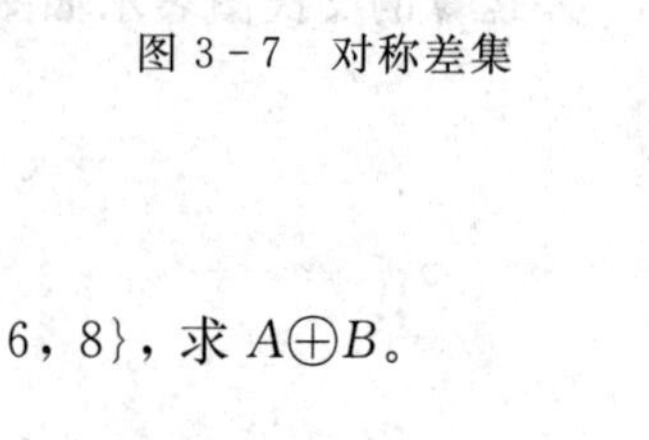

对称差运算的性质：

(1) 交换律：$A \oplus B = B \oplus A$

(2) 结合律：$(A \oplus B) \oplus C = A \oplus (B \oplus C)$

(3) 同一律：$A \oplus \varnothing = A$

(4) 零律：$A \oplus A = \varnothing$，$A \oplus \sim A = E$

图 3-7　对称差集

(5) $\cap$ 对 $\oplus$ 可分配：$A \cap (B \oplus C) = (A \cap B) \oplus (A \cap C)$

例 3.19 设集合 $A = \{0,1,2,3,4,5,6\}$，$B = \{2,4,6,8\}$，求 $A \oplus B$。

解 属于 A 但不属于 B 的元素为
$$A - B = \{0,1,3,5\}$$
属于 B 但不属于 A 的元素为
$$B - A = \{8\}$$
所以
$$A \oplus B = (A-B) \cup (B-A) = \{0,1,3,5\} \cup \{8\} = \{0,1,3,5,8\}$$

6. 笛卡儿积运算

大家知道，集合的元素是无序的，但有时候元素之间的次序是很重要的，所以需要用一种不同的结构表示元素的次序，这就是有序 n 元组。

定义 3.14　有序 n 元组 $(x_1, x_2, x_3, \cdots, x_n)$ 是以 x_1 为第一个元素，x_2 为第二个元素，$\cdots$，x_n 为第 n 个元素的有序组，当 $n=2$ 时，有序二元组称为**序偶**或**序对**。

定义 3.15　设 A，B 是任意两个集合，所有有序偶 (x, y)（其中 $x \in A$，$y \in B$）的集合，称为集合 A，B 的**笛卡儿积**，记作 $A \times B$。

符号化表示：$A \times B = \{(x, y) \mid x \in A \wedge y \in B\}$

笛卡儿积的性质：

(1) $A \times B \neq B \times A$（除非 A 和 B 均为空集，或者 $A = B$），不满足交换律。

(2) $(A \times B) \times C \neq A \times (B \times C)$（除非 A、B 和 C 均为空集），不满足结合律。

(3) $A \times C = B \times C$，不能推断出 $A = B$，不满足消去律。

(4) 满足以下四种分配律：

$$A \times (B \cup C) = (A \times B) \cup (A \times C)$$
$$A \times (B \cap C) = (A \times B) \cap (A \times C)$$
$$(B \cup C) \times A = (B \times A) \cup (C \times A)$$
$$(B \cap C) \times A = (B \times A) \cap (C \times A)$$

例 3.20　设集合 $A = \{a, b\}$，集合 $B = \{0, 1, 2\}$，求 $A \times B$、$B \times A$。

解　根据笛卡儿积的定义，有

$$A \times B = \{(a, 0), (a, 1), (a, 2), (b, 0), (b, 1), (b, 2)\}$$
$$B \times A = \{(0, a), (0, b), (1, a), (1, b), (2, a), (2, b)\}$$

例 3.21　设集合 $A = \{$张鹏，刘帅，王武$\}$ 是一个班的学生集合，$B = \{c, java, python\}$ 是计算机系开设的程序设计语言课程集合，求 $A \times B$，并分析其实际意义。

解　$A \times B = \{($张鹏, c$)$, $($张鹏, java$)$, $($张鹏, python$)$, $($刘帅, c$)$, $($刘帅, java$)$, $($刘帅, python$)$, $($王武, c$)$, $($王武, java$)$, $($王武, python$)\}$

可以看出 $A \times B$ 是每个学生选择课程的可能性。

注意　集合运算有规定的优先顺序。广义交、广义并、幂集、绝对补运算为一类运算，交、并、相对补、对称差、笛卡儿积运算为二类运算；一类运算优先于二类运算；一类运算之间由右向左顺序进行；二类运算之间由括号决定先后顺序。

3.2.2　集合运算定律

集合的运算定律（也称集合的基本定律），是指集合交、并、补等运算的主要性质，为证明一些等式提供简便的方法。

设集合 A，B，C 是全集 E 的任意子集，则集合运算的基本定律如下：

(1) 等幂律：$A \cup A = A$，$A \cap A = A$

(2) 交换律：$A \cup B = B \cup A$，$A \cap B = B \cap A$

(3) 结合律：$A \cup (B \cup C) = (A \cup B) \cup C$
$$A \cap (B \cap C) = (A \cap B) \cap C$$

(4) 同一律：$A \cup \varnothing = A$，$A \cap E = A$

(5) 零一律：$A \cup E = E$，$A \cap \varnothing = \varnothing$

(6) 分配律：$A \cap (B \cup C) = (A \cap B) \cup (A \cap C)$
$$A \cup (B \cap C) = (A \cup B) \cap (A \cup C)$$

(7) 吸收律：$A \cap (A \cup B) = A$，$A \cup (A \cap B) = A$

(8) 矛盾律：$A \cap \sim A = \varnothing$

(9) 排中律（互补律）：$A \cup (\sim A) = E$，$A \cap (\sim A) = \varnothing$

(10) 双重否定律：$\sim (\sim A) = A$

(11) 德·摩根律：$\sim (A \cup B) = (\sim A) \cap (\sim B)$
$$\sim (A \cap B) = (\sim A) \cup (\sim B)$$
$$A - (B \cup C) = (A - B) \cap (A - C)$$
$$A - (B \cap C) = (A - B) \cup (A - C)$$
$$\sim \varnothing = E$$
$$\sim E = \varnothing$$

集合运算的定律都可根据集合交、并、差、补的定义进行证明，下面我们选证其中的一部分，其余留给读者自己证明。

例 3.22　对任意集合 A，B，C，求证结合律 $A \cap (B \cap C) = (A \cap B) \cap C$。

证明　对于任意 $x \in (A \cap (B \cap C))$，有
$$(x \in A) \wedge (x \in (B \cap C))$$
$$\Leftrightarrow (x \in A) \wedge (x \in B \wedge x \in C)$$
$$\Leftrightarrow x \in A \wedge (x \in B) \wedge x \in C$$
$$\Leftrightarrow (x \in A \wedge x \in B) \wedge x \in C$$
$$\Leftrightarrow (x \in A \cap x \in B) \cap x \in C$$
$$\Leftrightarrow (A \cap B) \cap C$$

所以得出
$$A \cap (B \cap C) = (A \cap B) \cap C$$

例 3.23　对任意集合 A，B，求证吸收律 $A \cup (A \cap B) = A$。

证明　　　　$A \cup (A \cap B)$
$$\begin{aligned} &= (A \cap E) \cup (A \cap B) &&（同一律）\\ &= A \cap (E \cup B) &&（分配律）\\ &= A \cap (B \cup E) &&（交换律）\\ &= A \cap E &&（零律）\\ &= A &&（同一律）\end{aligned}$$

所以
$$A \cup (A \cap B) = A$$

例 3.24　对任意集合 A，B，求证德·摩根律 $\sim (A \cup B) = (\sim A) \cap (\sim B)$。

证明 这个等式两端都是集合，需要证明等式两端的两个集合互相包含。

① 首先证明 $\sim(A\cup B)\subseteq(\sim A)\cap(\sim B)$：

$$\text{对于任意 } x\in\sim(A\cup B)$$
$$\Rightarrow x\notin(A\cup B)$$
$$\Rightarrow(x\notin A)\wedge(x\notin B)$$
$$\Rightarrow(x\in\sim A)\wedge(x\in\sim B)$$
$$\Rightarrow x\in(\sim A)\cap(\sim B)$$

即

$$\sim(A\cup B)\subseteq(\sim A)\cap(\sim B)$$

② 其次证明 $(\sim A)\cap(\sim B)\subseteq\sim(A\cup B)$：

$$\text{对于任意 } x\in(\sim A)\cap(\sim B)$$
$$\Rightarrow(x\notin A)\wedge(x\notin B)$$
$$\Rightarrow x\notin(A\cup B)$$
$$\Rightarrow x\in\sim(A\cup B)$$

即

$$(\sim A)\cap(\sim B)\subseteq\sim(A\cup B)$$

由此得出 $\sim(A\cup B)=(\sim A)\cap(\sim B)$。

除了以上集合的运算定律外，还有一些集合运算性质的定理，例如：

$$A\cap B\subseteq A,\ A\cap B\subseteq B$$
$$A\subseteq A\cup B,\ B\subseteq A\cup B$$
$$A-B\subseteq A$$
$$A-B=A\cap\sim B$$
$$A\cup B=B\Leftrightarrow A\subseteq B\Leftrightarrow A\cap B=A\Leftrightarrow A-B=\varnothing$$
$$A\oplus B=B\oplus A$$
$$(A\oplus B)\oplus C=A\oplus(B\oplus C)$$
$$A\oplus\varnothing=A$$
$$A\oplus A=\varnothing$$
$$A\oplus B=A\oplus C\Rightarrow B=C$$

下面我们选择几个举例证明。

例 3.25 对任意集合 A，B，求证 $A-B=A\cap\sim B$。

证明 对于任意 x，$x\in A-B$

$$\Leftrightarrow x\in A\wedge x\notin B$$
$$\Leftrightarrow x\in A\wedge x\in\sim B$$
$$\Leftrightarrow x\in A\cap\sim B$$

所以

$$A-B=A\cap\sim B$$

注意 在证明有关相对补的恒等式中，常把相对补运算转换成交运算。

例 3.26　对任意集合 A，B，求证 $A \cup B = B \Leftrightarrow A \subseteq B \Leftrightarrow A \cap B = A \Leftrightarrow A - B = \varnothing$。

证明　① 求证 $A \cup B = B \Leftrightarrow A \subseteq B$：

　　　　　　对于任意 $x \in A$

　　　　　　$\Rightarrow x \in A \lor x \in B$

　　　　　　$\Rightarrow x \in (A \cup B)$

　　　　　　$\Rightarrow x \in B$

因为 $A \cup B = B$，所以 $A \subseteq B$。

　　② 求证 $A \subseteq B \Leftrightarrow A \cap B = A$：

　　由于 $A \cap B \subseteq A$，下面证明 $A \subseteq A \cap B$：

　　　　　　对于任意 $x \in A$

　　　　　　$\Rightarrow x \in A \land x \in A$

　　　　　　$\Rightarrow x \in A \land x \in B$　　　（因为 $A \subseteq B$）

　　　　　　$\Rightarrow x \in A \cap B$

由集合相等的定义，有 $A \cap B = A$。

　　③ 求证 $A \cap B = A \Leftrightarrow A - B = \varnothing$：

　　　　　　　$A - B$

　　　　　$= A \cap \sim B$

　　　　　$= (A \cap B) \cap \sim B$　　　（因为 $A \cap B = A$）

　　　　　$= A \cap (B \cap \sim B)$

　　　　　$= A \cap \varnothing$

　　　　　$= \varnothing$

3.2.3　集合的证明方法

集合运算的定律都可以利用集合交、并、差、补运算加以证明，通常有基本定义法、公式法、集合成员表法。

1. 基本定义法

利用集合的定义和逻辑规律进行证明，在求证过程中，前提条件和各种集合运算的定义是各个推理步骤的依据，这种方法推理比较繁琐。

基本定义法证明的基本思想：设 A，B 为集合，欲证 $A = B$，即证 $A \subseteq B \land B \subseteq A$ 为真。也就是要证对于任意 x 有 $x \in A \Rightarrow x \in B$ 和 $x \in B \Rightarrow x \in A$ 成立。对于某些恒等式，可以将这两个方向的推理合到一起，就是 $x \in A \Leftrightarrow x \in B$。

例 3.27　求证：$(A \cup B) \cup C = A \cup (B \cup C)$。

证明　对于任意 $x \in (A \cup B) \cup C$，有

　　　　　　$x \in (A \cup B) \lor (x \in C)$

　　　　　　$\Leftrightarrow (x \in A \lor x \in B) \lor x \in C$

　　　　　　$\Leftrightarrow x \in A \lor (x \in B) \lor x \in C$

　　　　　　$\Leftrightarrow x \in A \lor (x \in B \lor x \in C)$

　　　　　　$\Leftrightarrow x \in A \cup (x \in B \cup x \in C)$

故可得

$$(A \cup B) \cup C = A \cup (B \cup C)$$

例 3.28 对任意集合 A，B，C，求证 $A - (B \cup C) = (A - B) \cap (A - C)$。

证明 对于任意 x，有

$$x \in A - (B \cup C)$$
$$\Leftrightarrow x \in A \wedge x \notin (B \cup C)$$
$$\Leftrightarrow x \in A \wedge \sim (x \in B \vee x \in C)$$
$$\Leftrightarrow x \in A \wedge (\sim x \in B \wedge \sim x \in C)$$
$$\Leftrightarrow x \in A \wedge (x \notin B \wedge x \notin C)$$
$$\Leftrightarrow (x \in A \wedge x \notin B) \wedge (x \in A \wedge x \notin C)$$
$$\Leftrightarrow x \in (A - B) \wedge x \in (A - C)$$
$$\Leftrightarrow x \in (A - B) \cap (A - C)$$

所以

$$A - (B \cup C) = (A - B) \cap (A - C)$$

此题还可以用以下方法证明：

证明
$$A - (B \cup C)$$
$$= A \cap \sim (B \cup C)$$
$$= A \cap ((\sim B) \cap (\sim C))$$
$$= (A \cap (\sim B)) \cap (A \cap (\sim C))$$
$$= (A - B) \cap (A - C)$$

所以

$$A - (B \cup C) = (A - B) \cap (A - C)$$

例 3.29 设 A，B，C，D 是任意四个集合，如果 $A \subseteq B$ 而且 $C \subseteq D$，求证 $A \cup C \subseteq B \cup D$，$A \cap C \subseteq B \cap D$。

证明 对于任意 $x \in (A \cup C)$
$$\Rightarrow x \in A \vee x \in C \quad (因为 A \subseteq B 且 C \subseteq D)$$
$$\Rightarrow x \in B \vee x \in D$$
$$\Rightarrow x \in B \cup D$$

所以

$$A \cup C \subseteq B \cup D$$

同理，对于任意 $x \in (A \cap C)$
$$\Rightarrow x \in A \wedge x \in C \quad (因为 A \subseteq B 且 C \subseteq D)$$
$$\Rightarrow x \in B \wedge x \in D$$
$$\Rightarrow x \in B \cap D$$

所以

$$A \cap C \subseteq B \cap D$$

例 3.30　理发师问题：在一个很偏远的孤岛上，有几户人家，岛上只有一位理发师，该理发师专给那些并且只给那些自己不刮脸的人刮脸，问：谁给这位理发师刮脸？

解　设集合 $A = \{x \mid x$ 是不给自己刮脸的人$\}$，b 是这位理发师：

(1) 如果 $b \in A$，则 b 是不给自己刮脸的人；由题意知，b 只给集合 A 中的人刮脸，所以 b 要给 b 刮脸，即 $b \notin A$；

(2) 如果 $b \notin A$，则 b 是要给自己刮脸的人；由题意知，理发师只给自己不刮脸的人刮脸，所以 b 是不给自己刮脸的人，即 $b \in A$；

因此，有 $b \in A$ 和 $b \notin A$ 同时成立，互相矛盾；

所以，没有人给这位理发师刮脸。

上述情况称为罗索悖论，它是英国哲学家和数学家罗索在 1903 年发现的。

2. 公式法

公式法是利用已经证明过的集合恒等式进行证明，证明过程中，将已知的恒等式直接代入式子得出结果。

例 3.31　对任意集合 A，求证 $A \cap E = A$。

证明　对任意 x，$x \in A \cap E$
$$\Leftrightarrow x \in A \wedge x \in E$$
$$\Leftrightarrow x \in A$$

因为 $x \in E$ 是恒真命题，所以 $A \cap E = A$。

例 3.32　对任意集合 M，N，求证 $(M - N) \cup N = M \cup N$。

证明
$$
\begin{aligned}
(M - N) \cup N &\qquad (\text{差运算定义})\\
&= (M \cap \sim N) \cup N &\qquad (\text{分配律})\\
&= (M \cup N) \cap (\sim N \cup N) &(\text{排中律})\\
&= (M \cup N) \cap E &\qquad (\text{同一律})\\
&= M \cup N
\end{aligned}
$$

所以
$$(M - N) \cup N = M \cup N$$

例 3.33　对任意集合 A，B，求证：$A - (A - B) = A \cap B$。

证明
$$
\begin{aligned}
A &- (A - B)\\
&= A - (A \cap (\sim B))\\
&= A \cap \sim (A \cap (\sim B))\\
&= A \cap ((\sim A) \cup B)\\
&= (A \cap (\sim A)) \cup (A \cap B)\\
&= \varnothing \cup (A \cap B)\\
&= (A \cap B)
\end{aligned}
$$

所以
$$A - (A - B) = A \cap B$$

例 3.34　设 A，B 是任意集合，当且仅当 $(A \cup B) = E$ 且 $A \cap B = \varnothing$ 时，有 $B = \sim A$。

证明　因为 $A \cup B = E$ 且 $A \cap B = \varnothing$，有

$$B = B \cap E = B \cap (A \cup \sim A)$$
$$= (B \cap A) \cup (B \cap \sim A) \qquad (代入 A \cap B = \varnothing)$$
$$= \varnothing \cup (B \cap \sim A)$$
$$= (A \cap \sim A) \cup (B \cap \sim A)$$
$$= (A \cup B) \cap (\sim A) \qquad (代入 A \cup B = E)$$
$$= E \cap (\sim A) = \sim A$$

所以，当且仅当 $(A \cup B) = E$ 且 $A \cap B = \varnothing$ 时，有 $B = \sim A$。

3. 集合成员表法

集合成员表是用表格的形式描述集合的元素定义、集合与集合之间的关系，它是证明集合的运算逻辑性质的一种有效工具。下面我们先介绍如何用集合成员表表示集合之间的关系，然后通过集合成员表进行证明。

(1) 构造集合成员表的方法和步骤。

① 我们把元素与集合的从属关系用数字 0 或 1 表示：设有任意元素 x 和集合 A，如果元素 x 属于集合 A，则用数字 1 表示；如果元素 x 不属于集合 A，则用数字 0 表示；

② 用表格表示集合交、并、差、补，得到集合的成员表，其中数字 0 或 1 称为成员的值。

例 3.35　设有任意集合 A 和 B，请用集合成员表示 A 和 B 的并、交、差、补。

解　① $A \cup B$ 的成员表：

若 $x \notin A$ 且 $x \notin B$，则 $x \notin A \cup B$，对应的成员值为 0，0，0；
若 $x \notin A$ 且 $x \in B$，则 $x \in A \cup B$，对应的成员值为 0，1，1；
若 $x \in A$ 且 $x \notin B$，则 $x \in A \cup B$，对应的成员值为 1，0，1；
若 $x \in A$ 且 $x \in B$，则 $x \in A \cup B$，对应的成员值为 1，1，1。
由此得出 $A \cup B$ 的成员表如表 3-1 所示。

② $A \cap B$ 的成员表：

若 $x \notin A$ 且 $x \notin B$，则 $x \notin A \cap B$，对应的成员值为 0，0，0；
若 $x \notin A$ 且 $x \in B$，则 $x \notin A \cap B$，对应的成员值为 0，1，0；
若 $x \in A$ 且 $x \notin B$，则 $x \notin A \cap B$，对应的成员值为 1，0，0；
若 $x \in A$ 且 $x \in B$，则 $x \in A \cap B$，对应的成员值为 1，1，1。
由此得出 $A \cap B$ 的成员表如表 3-2 所示。

表 3-1　$A \cup B$ 的成员表

A	B	$A \cup B$
0	0	0
0	1	1
1	0	1
1	1	1

表 3-2　$A \cap B$ 的成员表

A	B	$A \cap B$
0	0	0
0	1	0
1	0	0
1	1	1

③ $A - B$ 的成员表：

若 $x \notin A$ 且 $x \notin B$，则 $x \notin A - B$，对应的成员值为 0，0，0；
若 $x \notin A$ 且 $x \in B$，则 $x \notin A - B$，对应的成员值为 0，1，0；

若 $x \in A$ 且 $x \notin B$，则 $x \in A-B$，对应的成员值为 $1,0,1$；

若 $x \in A$ 且 $x \in B$，则 $x \notin A-B$，对应的成员值为 $1,1,0$。

由此得出 $A-B$ 的成员表如表 3-3 所示。

④ $\sim A$ 的成员表：

若 $x \notin A$，则 $x \in \sim A$，对应的成员值为 $0,1$；

若 $x \in A$，则 $x \notin \sim A$，对应的成员值为 $1,0$。

由此得出 $\sim A$ 的成员表如表 3-4 所示。

<table>
<tr><td colspan="3">表 3-3　$A-B$ 的成员表</td></tr>
<tr><td>A</td><td>B</td><td>$A-B$</td></tr>
<tr><td>0</td><td>0</td><td>0</td></tr>
<tr><td>0</td><td>1</td><td>0</td></tr>
<tr><td>1</td><td>0</td><td>1</td></tr>
<tr><td>1</td><td>1</td><td>0</td></tr>
</table>

<table>
<tr><td colspan="2">表 3-4　$\sim A$ 的成员表</td></tr>
<tr><td>A</td><td>$\sim A$</td></tr>
<tr><td>0</td><td>1</td></tr>
<tr><td>1</td><td>0</td></tr>
</table>

学会了集合成员表的构造方法后，就可以利用它进行集合的证明。

(2) 利用集合成员表进行证明的例子。

例 3.36　设有任意集合 A 和 B，用集合成员表求证 $(A-B) \cup B = A \cup B$。

证明　将 $A-B$，$(A-B) \cup B$ 和 $A \cup B$ 的成员表列出，如表 3-5 所示。

表 3-5　$(A-B) \cup B$ 和 $A \cup B$ 的成员表

A	B	$A-B$	$(A-B) \cup B$	$A \cup B$
0	0	0	0	0
0	1	0	1	1
1	0	1	1	1
1	1	0	1	1

可以看出，集合 $(A-B) \cup B)$ 和 $A \cup B$ 成员表中每一行的成员值相同，说明是同一集合，所以 $(A-B) \cup B = A \cup B$ 成立。

例 3.37　设 A，B，C 为有限集合，求证"并"结合律：$(A \cup B) \cup C = A \cup (B \cup C)$。

证明　将 $A \cup B$，$(A \cup B) \cup C)$，$B \cup C$ 和 $A \cup (B \cup C)$ 的成员表列出，如表 3-6 所示。

表 3-6　$(A \cup B) \cup C$ 和 $A \cup (B \cup C)$ 的成员表

A	B	C	$A \cup B$	$B \cup C$	$(A \cup B) \cup C$	$A \cup (B \cup C)$
0	0	0	0	0	0	0
0	0	1	0	1	1	1
0	1	0	1	1	1	1
0	1	1	1	1	1	1
1	0	0	1	0	1	1
1	0	1	1	1	1	1
1	1	0	1	1	1	1
1	1	1	1	1	1	1

由表 3 - 6 可见，$(A\cup B)\cup C$ 与 $A\cup(B\cup C)$ 的成员表同一行的值完全相同，所以 $(A\cup B)\cup C=A\cup(B\cup C)$ 成立。

　　例 3.38　设任意集合 A,B,C，求证 $A-(B\cup C)=(A-B)\bigcap(A-C)$。

　　证明　将 $B\cup C,A-B,A-C,A-(B\cup C)$ 和 $(A-B)\bigcap(A-C)$ 的成员表列出，如表 3 - 7 所示。

表 3 - 7　$A-(B\cup C)$ 和 $(A-B)\bigcap(A-C)$ 的成员表

A	B	C	$B\cup C$	$A-B$	$A-C$	$A-(B\cup C)$	$(A-B)\bigcap(A-C)$
0	0	0	0	0	0	0	0
0	0	1	1	0	0	0	0
0	1	0	1	0	0	0	0
0	1	1	1	0	0	0	0
1	0	0	0	1	1	1	1
1	0	1	1	1	0	0	0
1	1	0	1	0	1	0	0
1	1	1	1	0	0	0	0

　　由表 3 - 7 可见，$A-(B\cup C)$ 与 $(A-B)\bigcap(A-C)$ 的成员表同一行的值完全相同，所以 $A-(B\cup C)=(A-B)\bigcap(A-C)$ 成立。

3.3　集合中元素的计数

3.3.1　文氏图法

　　使用文氏图可以很方便地解决有穷集合的计数问题，通常分为以下三个步骤完成：

　　(1) 根据已知条件把对应的文氏图画出来，通常每一条性质决定一个集合，如果没有特殊说明，任何两个集合都画成相交的。

　　(2) 将已知集合的元素个数填入表示该集合的区域内，一般先从交集填起，根据计算的结果将数字逐步填入所有的空白区域。如果交集的数字是未知的，可以设为未知数。

　　(3) 根据题意，列出一次方程或方程组，通过求解方程，解决集合中元素的计数问题。

　　例 3.39　在 20 个工作人员中，有 10 人会英语，有 8 人会德语，有 6 人既会英语又会德语。问：

　　(1) 会英语或会德语的人员有多少？

　　(2) 既不会英语或又不会德语的人员有多少？

　　解　设会英语的工作人员集合为 A，会德语的工作人员集合为 B。画出集合 A,B 相交的文氏图，首先填入 $|A\bigcap B|=6$（既会英语又会德语），然后顺序填入 $10-6=4$（只会英语），$8-6=2$（只会德语），如图 3 - 8 所示。

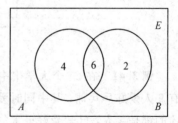

图 3 - 8　例 3.39

由图可知：

(1) 会英语或会德语的人数为 $|A\cup B|=4+6+2=12$；

(2) 既不会英语或又不会德语的人数为 $E-|A\cup B|=20-12=8$。

例 3.40　求 1 到 500 之间不能被 2，3，7 任一数整除的整数个数。

解　设 $S=\{x\mid x\in Z\wedge 1\leqslant x\leqslant 500\}$

$\qquad A=\{x\mid x\in S\wedge x \text{ 可被 2 整除}\}$

$\qquad B=\{x\mid x\in S\wedge x \text{ 可被 3 整除}\}$

$\qquad C=\{x\mid x\in S\wedge x \text{ 可被 7 整除}\}$

用 $|T|$ 表示有穷集合 T 中的元素个数，$\lfloor x\rfloor$ 表示不大于 x 的最大整数，$[a,b,c]$ 表示 a,b,c 的最小公倍数，则有

$$|A|=\lfloor 500/2\rfloor=250$$
$$|B|=\lfloor 500/3\rfloor=166$$
$$|C|=\lfloor 500/7\rfloor=71$$
$$|A\cap B|=500/[2,3]=83$$
$$|A\cap C|=500/[2,7]=35$$
$$|B\cap C|=500/[3,7]=23$$
$$|A\cap B\cap C|=500/[2,3,7]=11$$

画出集合 A，B，C 相交的文氏图，首先填入 $|A\cap B\cap C|=11$，然后顺序填入：

$$|A\cap B|-|A\cap B\cap C|=83-11=72$$
$$|A\cap C|-|A\cap B\cap C|=35-11=24$$
$$|B\cap C|-|A\cap B\cap C|=23-11=12$$

最后在集合 A 中填入 $250-72-11-24=143$，集合 B 中填入 $166-72-11-12=71$，集合 C 中填入 $71-24-11-12=24$，得到的文氏图如图 3-9 所示。由图可知，1 到 500 之间不能被 2，3，7 任一数整除的整数个数为 $500-(250+71+12+24)=143$ 个。

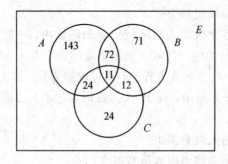

图 3-9　例 3.40

例 3.41　在 24 个大学生中，有 13 人爱好音乐，有 5 人爱好美术，有 10 人爱好足球，有 9 人爱好乒乓球，其中同时爱好音乐和美术的 2 人，爱好音乐、足球和乒乓球中任意两项的都是 4 人，已知爱好美术的人既不爱好足球也不爱好乒乓球，问：

（1）只有一种爱好（音乐或美术或足球或乒乓球）的学生有多少？

（2）同时有三种爱好的学生有多少？

解　设 A，B，C，D 分别表示爱好音乐、乒乓球、足球、美术的学生集合，同时有三种爱好的学生人数为 x，只有音乐、乒乓球或足球一种爱好的学生人数分别为 y_1，y_2，y_3，画出文氏图，将 x 和 y_1，y_2，y_3 填入文氏图中相应的区域，根据题意，填入其他区域学生人数的文氏图如图 3-10 所示，根据题中的已知条件列出方程如下：

$$y_1+2(4-x)+x+2=13 \qquad \text{（爱好音乐的学生人数）}$$

$$y_2+2(4-x)+x=9 \qquad \text{（爱好乒乓球的学生人数）}$$

$$y_3+2(4-x)+x=10 \qquad \text{（爱好足球的学生人数）}$$

$$y_1+y_2+y_3+3(4-x)+x=24-5=19 \qquad \text{（除爱好美术的学生总人数）}$$

求解方程得出 $x=1$，$y_1=4$，$y_2=2$，$y_3=3$。

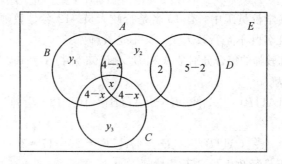

图 3-10　例 3.41

即同时有三种爱好的学生人数为 1 人，只爱好音乐的学生人数为 4 人，只爱好乒乓球的学生为 2 人，只爱好足球的学生为 3 人。

通过以上例子可以看出，使用文氏图解决有穷集合的计数问题非常直观。上述有穷集合的计数问题还可以使用包含排斥原理求解。

3.3.2　包含排斥原理

在解决有穷集的计数问题时，必须注意无一重复，无一遗漏。为了使重叠部分不被重复计算，人们研究出一种新的计数方法。这种方法的基本思想是：先不考虑重叠的情况，把包含于某内容中的所有对象的数目先计算出来，然后再把计数时重复计算的数目排斥出去，使得计算的结果既无遗漏又无重复，这种计数的方法称为容斥原理。

定理 3.4　对有限集合 A 和 B，其元素个数分别为 $|A|$，$|B|$，则有

$$|A\bigcup B|=|A|+|B|-|A\bigcap B|$$

证明　因为

$$A\bigcup B=B\bigcup(A-B)\text{且}B\bigcap(A-B)=\varnothing$$

所以

$$|A\bigcup B|=|B|+|A-B|$$

又因为

$$A=(A-B)\bigcup(A\bigcap B)\text{且}(A-B)\bigcap(A\bigcap B)=\varnothing$$

所以
$$|A| = |A - B| + |A \cap B|$$

故
$$|A \cup B| = |A| + |B| - |A \cap B|$$

对于任意三个集合 A_1，A_2，A_3，可推广上述定理：

设 A_1，A_2，A_3 为有限集合，其元素个数分别为 $|A_1|$，$|A_2|$，$|A_3|$，则
$$|A_1 \cup A_2 \cup A_3| = |A_1| + |A_2| + |A_3| - |A_1 \cap A_2| - |A_1 \cap A_3| - |A_2 \cap A_3| +$$
$$|A_1 \cap A_2 \cap A_3|$$

定理 3.5　推广到 n 个集合 A_1，A_2，$\cdots$，A_n，有
$$|A_1 \cup A_2 \cup \cdots \cup A_n| = \sum_i |A_i| - \sum_{1 \leqslant i < j \leqslant n} |A_i \cap A_j| + \sum_{1 \leqslant i < j < k \leqslant n} |A_i \cap A_j \cap A_k| - \cdots +$$
$$(-1)^{n-1} |A_1 \cap A_2 \cap \cdots \cap A_n|$$

例 3.42　在 20 名学校员工中，有 10 名是行政人员，12 名是教师，其中 5 名既是行政人员又是教师，问有几名既不是行政人员，又不是教师？

解　设行政人员和教师的集合分别是 A 和 B。由已知条件 $|A| = 10$，$|B| = 12$，$|A \cap B| = 5$，是行政人员或教师的为
$$|A \cup B| = |A| + |B| - |A \cap B| = 10 + 12 - 5 = 17$$

则
$$\sim|(A \cup B)| = |E| - |A \cup B| = 20 - 17 = 3$$

所以，有 3 名既不是行政人员又不是教师。

例 3.43　统计 73 名某大学一年级艺术生，得到如下数据：52 人会弹钢琴，25 人会拉小提琴，20 人会吹笛子，17 人同时会弹钢琴和拉小提琴，12 人同时会弹钢琴和吹笛子，7 人同时会拉小提琴和吹笛子，仅有一人同时会三种乐器。

问：(1) 三种乐器都不会的学生有多少？

(2) 只会拉小提琴的学生有多少？

解　设 A，B，C 分别表示会弹钢琴、会拉小提琴和会吹笛子的人构成的集合，则三种乐器都不会的学生的集合为 $\overline{A} \cap \overline{B} \cap \overline{C}$，只会拉小提琴的学生的集合为 $\overline{A} \cap B \cap \overline{C}$。

(1) 根据题意有 $|E| = 73$，$|A| = 52$，$|B| = 25$，$|C| = 20$，$|A \cap B| = 17$，$|A \cap C| = 12$，$|B \cap C| = 7$，$|A \cap B \cap C| = 1$。

由容斥原理得：
$$|A \cup B \cup C| = |A| + |B| + |C| - |A \cap B| - |A \cap C| - |B \cap C|) + (A \cap B \cap C)$$
$$= 52 + 25 + 20 - 17 - 12 - 7 + 1 = 62$$

所以
$$|\overline{A} \cap \overline{B} \cap \overline{C}| = |E| - |A \cup B \cup C| = 73 - 62 = 11$$

即三种乐器都不会的学生有 11 人。

(2) $|\overline{A} \cap B \cap \overline{C}| = |B| - |A \cap B| - |B \cap C| + |A \cap B \cap C| = 25 - 17 - 7 + 1 = 2$

即只会拉小提琴的学生有 2 人。

例 3.44　在 24 名学校教师中，会英、日、德、法语的分别为 13、5、10 和 9 人，同时会英语、日语的有 2 人，同时会英语和德语、同时会英语和法语、同时会德语和法语两种语言

的均为 4 人，会日语的人既不会法语也不会德语。试求：

(1) 同时会英、德、法语的人数为多少？

(2) 只会一种语言的人数各为多少？

解 设 A，B，C，D 分别为会英、日、德、法语的人构成的集合。

由已知条件得：

$$|A|=13, |B|=5, |C|=10, |D|=9$$

$$|A\cap B|=2, |A\cap C|=|A\cap D|=|C\cap D|=4, |B\cap C|=|B\cap D|=0$$

$$|A\cap B\cap C|=|A\cap B\cap D|=|B\cap C\cap D|=0$$

$$|A\cap B\cap C\cap D|=0, |A\cup B\cup C\cup D|=24$$

(1) 由容斥原理得：

$$|A\cup B\cup C\cup D|$$

$$=(|A|+|B|+|C|+|D|)-(|A\cap B|+|A\cap C|+|A\cap D|+|B\cap C|+$$

$$|B\cap D|+|C\cap D|)+(|A\cap B\cap C|+|A\cap B\cap D|+|B\cap C\cap D|+$$

$$|A\cap C\cap D|)-(|A\cap B\cap C\cap D|)$$

代入已知条件，可得：

$$24=(13+5+10+9)-(2+4+4+0+0)+(0+0+0+|A\cap C\cap D|)-0$$

从而得 $|A\cap C\cap D|=1$，即同时会英、德、法语的只有 1 人。

(2) 设只会英、日、德、法语的人数分别为 x_1，x_2，x_3，x_4，则有

$$x_1=|A|-|(B\cup C\cup D)\cap A|=|A|-|(B\cap A)\cup(C\cap A)\cup(D\cap A)|$$

由

$$|(B\cap A)\cup(C\cap A)\cup(D\cap A)|=2+4+4-0-0-1+0=9$$

得出：

$$x_1=13-9=4$$

同理可得：$x_2=3$，$x_3=3$，$x_4=2$。即只会英语的有 3 人、只会日语的有 3 人、只会德语的有 3 人、只会法语的有 2 人。

3.4 集合在计算机中的表示

在计算机解决实际问题的过程中，表示集合的方法多种多样，有无序的和有序的。如果把集合元素无序地存储起来，在对集合的交、并、差、补等运算时就会耗费很多时间，因为这些运算都需要对元素进行检索，会增加计算机的处理时间。因此，我们通常把集合的元素有序地存放在计算机中，这种方法容易对集合进行各种运算，节省计算机对元素的检索时间。下面介绍常用的数组法、链表法和位串法。

3.4.1 数组法

当集合中的每个元素具有相同的属性，在计算机中占用相同的存储空间时，可以用数组表示集合，计算机使用一段连续的存储空间存放集合中的元素，数组的元素对应集合的元素，数组元素的下标表示集合元素在集合中的位置。

　　在计算机编程语言中，数组的定义是由若干个相同类型的数据项组成的有序数据集合。下面通过几个例子，说明在 C 语言中数组表示集合的方法。

　　例 3.45　用 C 语言的数组表示下列集合：

(1) A＝{1, 3, 5, 7, 9}

(2) C＝{c, o, m, p, u, t, e, r}

　　解　(1) int array[5]＝{1, 3, 5, 7, 9}

以上定义了长度为 5 的整型数组 array[]表示集合 A，下标为 0~4，array[0]，array[1]，array[2]，array[3]，array[4]中分别存放集合中的元素 1, 3, 5, 7, 9。

　　(2) char str[8]＝{'c', 'o', 'm', 'p', 'u', 't', 'e', 'r'}

以上定义了长度为 8 的字符数组 str[]表示集合 C，下标为 0~7，str[0]，str[1]，str[2]，str[3]，str[4]，str[5]，str[6]，str[7]中分别存放集合中的元素 c, o, m, p, u, t, e, r。

　　由上可知，数组法的优点是可以存储集合中的元素，可以通过数组下标表明集合元素之间的前后关系。但数组法的缺点是必须先定义数组的长度，如果事先不能确定数组的长度，则必须把数组的长度定义得足够大，以便够用，这样会造成存储空间的浪费。

　　链表是一种常用的、能够实现动态分配存储空间的数据结构。相比数组法，链表法表示集合能够节省存储空间。

3.4.2　链表法

　　当集合中的每个元素占用的存储空间大小不相同，或者集合中的元素个数不固定时，可以使用链表存放集合的元素，实现动态分配存储空间，相比数组法能够节省存储空间。

　　例 3.46　用 C 语言的链表表示学生集合 S＝{s_1, s_2, s_3, …}，每个学生数据是一个结构体，学生人数不能确定，其中学生的学号和姓名用字符数组表示。

　　解　首先将学生数据定义为结构体 student，数据成员为学生学号、姓名、成绩和指向下一个学生的指针：

```
struct student
{
    char snum[8];           /*学号*/
    char sname[15];         /*姓名*/
    float score;            /*成绩*/
    struct student * next;  /*指向下一个学生的指针*/
};
```

　　然后定义创建 n 个结点链表的函数 creat( )，通过它向空链表中依次插入 n 个结点，构成一个学生数据链表。

```
struct student * creat(int n)        /*创建 n 个结点的链表函数*/
{
    structstudent * head, * pf, * pb;  /*head 头指针, pf 指向当前尾结点, pb 新申请的结点*/
    int i;
    for(i＝0;i＜n;i＋＋)
    {
```

```
    pb=(struct student * ) malloc(sizeof(struct student));
    printf("input snum, sname and score\n");
    scanf("%s %s %lf", &pb->snum, &pb->sname, &pb->score);
    if(i==0)
        pf=head=pb;
    else
        pf->next=pb;
        pb->next=NULL;
        pf=pb;
    }
    return head;
}
```

请大家写出完整的 C 语言程序并进行调试，体会和理解数组和链表表示集合的方法。

3.4.3 位串法

位串法是利用全集元素的一个任意排序来存放集合元素的方法。

设全集 E 为 n 元集，其元素按照某种给定顺序排列，记为 $E=\{x_1, x_2, x_3, \cdots, x_n\}$，计算机中可以用长度为 n 的 0，1 位串表示 E 的任意子集 A，具体方法为：如果 $x_i \in A$，则位串的第 i 位为 1，否则位串的 i 位为 0。

例 3.47 设 $E=\{1, 2, \cdots, 8, 9, 10\}$，而且 E 的元素从小到大排序。求：

(1) $A=\{n | n$ 为小于 10 的奇数$\}$ 的位串；

(2) $B=\{n | n$ 为小于 10 的素数$\}$ 的位串。

解 (1) 集合 $A=\{n | n$ 为小于 10 的奇数$\}=\{1, 3, 5, 7, 9\}$，A 的元素 1，3，5，7，9 都属于 A，位串中第 1，3，5，7，9 位为 1，其他位为 0，集合 A 的位串表示为 1010101010。

(2) $B=\{n | n$ 为小于 10 的素数$\}=\{2, 3, 5, 7\}$，B 位串的第 2，3，5，7 位为 1，其他位为 0，集合 B 的位串表示为 0110101000。

使用位串表示法表示集合，便于实现集合的各种运算，集合的并、交和补运算转换为对应位串的按位或、与和取反操作。

或操作的运算规则：当两个对应位有一个为 1 时，或操作的结果为 1；当两个对应位都为 0 时，或操作的结果为 0。

与操作的运算规则：当两个对应位有一个为 0 时，与操作的结果为 0；当两个对应位都为 1 时，与操作的结果为 1。

反操作的运算规则：对应位为 0 时，结果为 1，对应位为 1 时，结果为 0。

下面通过例子说明使用位串法进行集合的运算。

例 3.48 根据例 3.47 的结果：集合 A 的位串为 1010101010，集合 B 的位串为 0110101000。求下列集合运算的位串：

(1) $A \bigcup B$ (2) $A \bigcap B$ (3) $(A-B)$ (4) $\sim A$ (5) $\sim B$

解 集合 $A=\{1, 3, 5, 7, 9\}$ 的位串表示为 1010101010

集合 $B=\{2, 3, 5, 7\}$ 的位串表示为 0110101000

(1) $A \bigcup B$ 的位串为 1010101010 $\vee$ 0110101000 = 1110101010（第 1，2，3，5，7，9 位为 1，其

余为 0），即 $A\bigcup B=\{1,2,3,5,7,9\}$。

（2）$A\bigcap B$ 的位串为 1010101010 $\bigwedge$ 0110101000＝0010101000（第 3，5，7 位为 1，其余为 0），即 $A\bigcap B=\{3,5,7\}$。

（3）$A-B$ 的位串为 1010101010 $\bigwedge$（$\sim$ 0110101000）＝1010101010 $\bigwedge$ 1001010111＝1000000010（第 1，9 位为 1，其余为 0），即 $A-B=\{1,9\}$。

（4）$\sim A$ 的位串为$\sim$1010101010＝0101010101（第 2，4.6.8.10 位为 1，其余为 0），即 $\sim A=\{2,4,6,8,10\}$。

（5）$\sim B$ 的位串为$\sim$0110101000＝1001010111（第 1，4，6，8，9，10 位为 1，其余为 0），即 $\sim B=\{1,4,6,8,9,10\}$。

习 题 3

3.1　分别用列举法和谓词表示法表示下列集合：

（1）小于 20 的正奇数集合；

（2）能被 5 整除的所有正整数；

（3）$(x-2)(x-3)(x-5)=0$ 的整数解。

（4）所有正整数的立方值。

3.2　试说明下列谓词表示法所表示的集合：

（1）$B=\{x\mid x\in Z\wedge 6<x\leqslant 10\}$

（2）$B=\{x\mid x\in R\wedge x^2+1=0\}$

（3）$C=\{x\in Z^+\mid 10<x<20\}$

（4）$F=\{x\mid(x\in Z^+)且(x^2<15)\}$

（5）$B=\{x\mid x$ 是一个整数的平方且 $x<100\}$

3.3　求下列集合的基数：

（1）$A=\varnothing$

（2）$B=\{\varnothing\}$

（3）$C=\{1,2,\{3,4\},\{5,3\}\}$

（4）$D=\{a,b,c,d,\{e,f\}\}$

3.4　写出下列集合 A 与 B，A 与 C，B 与 C 的关系：

（1）$A=\{1,2\}$，$B=\{0,1\}$，$C=\{0,1,2,3\}$

（2）$A=\{3,2,1\}$，$B=\{1,2,3\}$，$C=\{1,2,3,4\}$

（3）$A=\{java,c,python\}$，$B=\{c,python,java,R\}$，$C=\{c,java\}$

（4）$A=\{1,3,5,7\}$，$B=\{3,5,7,1\}$，$C=\{\{1,3\},5,7\}$

3.5　求下列幂集，并说明哪些子集是真子集。

（1）$P(\{1,\{2,3\},4\})$

（2）$B=\{a,b,c\}$

3.6　设集合 $E=\{0,1,2,3,4,5,6,7,8,9\}$，$A=\{1,2,3,4\}$，$B=\{2,4,6\}$，求：

（1）$A\bigcup B$

（2）$A\bigcap B$

(3) $A-B$

(4) $\sim B$

(5) $A\oplus B$

(6) $A\times B$

3.7 对任意集合 A, B, C, 用基本定义法或公式法求证:

(1) $A\cup(B\cup C)=(A\cup B)\cup C$

(2) $A\cap(A\cup B)=A$

(3) $\sim(A\cap B)=(\sim A)\cup(\sim B)$

3.8 设 A, B, C 为有限集合, 用集合成员表求证:

① $\sim(A\cap B)=(\sim A)\cup(\sim B)$

② $B\cap(A\cup B)=B$

3.9 分别用文氏图法(要求画出文氏图)和包含排斥原理求解下列计数问题:

(1) 在 30 个学生中, 有 12 人会英语, 有 10 人会德语, 有 8 人既会英语又会德语。问:

① 会英语或会德语的人员有多少?

② 既不会英语又不会德语的人员有多少?

(2) 求 1 到 200 之间不能被 2, 3, 5 任一数整除的整数个数。

(3) 在 31 个公司员工中, 有 17 人爱好音乐, 有 13 人爱好乒乓球, 有 15 人爱好足球, 有 7 人爱好美术, 其中同时爱好音乐和美术的有 4 人, 爱好音乐、足球和乒乓球中任意两项的都是 6 人, 已知爱好美术的人既不爱好足球也不爱好乒乓球, 问:

① 同时有三种爱好的员工有多少?

② 只有一种爱好(或音乐或美术或足球或乒乓球)的员工有多少?

3.10 用 C 语言的数组表示一组实验数据集合: $A=\{67, 56, 55, 87, 79\}$; 用链表表示图书信息的集合, 图书信息用结构体定义, 如图书编号 bid, 图书名称 bname 等信息, 体会和理解集合的数组表示方法和链表表示方法。

3.11 设 $E=\{1, 2, \cdots, 8\}$, 而且 E 的元素从小到大排序, 求:

(1) $A=\{n\mid n$ 为小于 9 的偶数$\}$ 的位串;

(2) $B=\{n\mid n$ 为小于 9 的素数$\}$ 的位串;

(3) $A\cup B$, $A\cap B$, $A-B$, $\sim A$, $\sim B|$ 的位串。

第 4 章　　二元关系和函数

4.1　关系及其表示

4.1.1　二元关系概念

1. 定义

定义 4.1　如果一个集合为空集或者它的元素都是有序对，则称这个集合是一个二元关系，一般记作 R。

对于二元关系 R，如果 $\langle x, y \rangle \in R$，则记作 xRy；如果 $\langle x, y \rangle \notin R$，则记作 $x\not R y$。

定义 4.2　设 A, B 为集合，$A \times B$ 的任何子集所定义的二元关系称作从 A 到 B 的二元关系，简称关系。特别地，当 $A = B$ 时，称其为 A 上的二元关系。

说明

(1) 关系 $R \subseteq A \times B$，R 为从 A 到 B 的一个关系。

(2) $R \subseteq A \times A$，R 为 A 上的关系。

例 4.1　甲、乙、丙 3 个人进行乒乓球比赛，任何两人之间都要进行一场比赛。设比赛结果是乙胜甲，甲胜丙，乙胜丙，试用二元关系来表示。

解　比赛结果可表示为

$$R = \{\langle 乙, 甲 \rangle, \langle 甲, 丙 \rangle, \langle 乙, 丙 \rangle \mid \langle x, y \rangle 表示 x 胜 y\}$$

R 表示了集合 $\{甲, 乙, 丙\}$ 中元素之间的一种胜负关系。

例 4.2　已知 $A = \{0, 1\}$，$B = \{1, 2, 3\}$，判断 $R_1 = \{\langle 0, 2 \rangle\}$，$R_2 = A \times B$，$R_3 = \varnothing$，$R_4 = \{\langle 1, 1 \rangle\}$ 是否为从 A 到 B 的二元关系。

解　R_1, R_2, R_3, R_4 都是从 A 到 B 的二元关系，其中 R_3 和 R_4 也是 A 上的二元关系。

2. 二元关系的数目

如果 $|A| = n$，则 $|A \times A| = n^2$。由于 $|P(A \times A)| = 2^{n^2}$，其中每一个子集代表 A 上的一个二元关系，故 A 上有 2^{n^2} 个不同的二元关系。

如 $|A| = 3$，则 A 上有 $2^{3^2} = 512$ 个不同的二元关系。

4.1.2　几种特殊的二元关系

若 $R = \varnothing$，则 R 称作**空关系**。

下面定义全域关系 E_A 和恒等关系 I_A。

定义 4.3　对任意集合 A，关系 $E_A = \{\langle x, y \rangle \mid x \in A \wedge y \in A\} = A \times A$ 称为 A 上的**全域关系**。

定义 4.4 对任意集合 A，关系 $I_A=\{\langle x,x\rangle|x\in A\}$ 称为 A 上的**恒等关系**。

例 4.3 对于 $A=\{0,1,2\}$，写出 A 上的全域关系 E_A 和恒等关系 I_A。

解 A 上的全域关系：

$$E_A=\{\langle 0,0\rangle,\langle 0,1\rangle,\langle 0,2\rangle,\langle 1,0\rangle,\langle 1,1\rangle,\langle 1,2\rangle,\langle 2,0\rangle,\langle 2,1\rangle,\langle 2,2\rangle\}$$

A 上的恒等关系：

$$I_A=\{\langle 0,0\rangle,\langle 1,1\rangle,\langle 2,2\rangle\}$$

除了以上三种关系外，还有一些常用关系，分别说明如下：

对集合 A，关系 $L_A=\{\langle x,y\rangle|x,y\in A\wedge x\leqslant y\}$ 称为 A 上的**小于等于关系**。其中 $A\subseteq\mathbf{R}$，$\mathbf{R}$ 为实数集合。类似地，可定义大于等于关系、小于关系、大于关系。

关系 $D_A=\{\langle x,y\rangle|x,y\in A\wedge x$ 整除 $y\}$ 称为 A 上的**整除关系**。其中 $A\subseteq\mathbf{Z}^*$，$\mathbf{Z}^*$ 为非 0 整数集合。

关系 $R_\subseteq=\{\langle x,y\rangle|x,y\in A\wedge x\subseteq y\}$ 称为 A 上的**包含关系**。其中 A 是由一些集合构成的集合族。类似地，可定义真包含关系。

如 $A=\{1,2,3\}$，$B=\{a,b\}$，则

$$L_A=\{\langle 1,1\rangle,\langle 1,2\rangle,\langle 1,3\rangle,\langle 2,2\rangle,\langle 2,3\rangle,\langle 3,3\rangle\}$$
$$D_A=\{\langle 1,1\rangle,\langle 1,2\rangle,\langle 1,3\rangle,\langle 2,2\rangle,\langle 3,3\rangle\}$$

令 $A=P(B)=\{\varnothing,\{a\},\{b\},\{a,b\}\}$，则 A 上的包含关系为

$$R\subseteq=\{\langle\varnothing,\varnothing\rangle,\langle\varnothing,\{a\}\rangle,\langle\varnothing,\{b\}\rangle,\langle\varnothing,\{a,b\}\rangle,\langle\{a\},\{a\}\rangle,\langle\{a\},\{a,b\}\rangle,$$
$$\langle\{b\},\{b\}\rangle,\langle\{b\},\{a,b\}\rangle,\langle\{a,b\},\{a,b\}\rangle\}$$

4.1.3 关系的表示方法

关系可以用集合形式、关系矩阵和关系图来表示。

关系是一种特殊的集合，所以可用集合的列举法和描述法来表示关系。如：

列举法：

$$R=\{\langle 1,1\rangle,\langle 2,1\rangle,\langle 2,2\rangle,\langle 3,1\rangle\}$$

描述法：

$$R=\{\langle x,y\rangle|y \text{ 是 } x \text{ 的倍数}\}$$

定义 4.5 设给定两个有限集 $X=\{x_1,x_2,\cdots,x_m\}$，$Y=\{y_1,y_2,\cdots,y_n\}$，R 是从 X 到 Y 的一个二元关系，则对应关系 R 有一个关系矩阵 $\mathbf{M}_R=[r_{ij}]_{m\times n}$。其中，如果 $\langle x_i,y_j\rangle\in R$，则 $r_{ij}=1$；如果 $\langle x_i,y_j\rangle\notin R$，则 $r_{ij}=0(i=1,2,\cdots,m;j=1,2,\cdots,n)$。

定义 4.6 设 V 是顶点的集合，E 是有向边的集合，令 $X=\{x_1,x_2,\cdots,x_m\}$，$Y=\{y_1,y_2,\cdots,y_n\}$，$V=X\cup Y$，如果 x_iRy_j，则有向边 $\langle x_i,y_j\rangle\in E$，那么 $G=\langle V,E\rangle$ 就是 R 的关系图，记作 G_R。

G_R 的表示方法如下：

(1) 在平面上作出 m 个结点和 n 个结点分别表示 X 和 Y 的元素；

(2) 若 x_iRy_j，则自结点 x_i 至结点 y_j 作一条有向弧，箭头指向 y_j；

(3) 若 $x_i\cancel{R}y_j$，则结点 x_i 和结点 y_j 之间没有线段连接。

例 4.4 设集合 $A=\{a,b,c,d\}$，$R=\{\langle a,a\rangle,\langle a,b\rangle,\langle b,c\rangle,\langle b,d\rangle,\langle d,b\rangle\}$ 是 A

上的关系，试用关系矩阵和关系图来表示关系 R。

解　关系矩阵为

$$M_R = \begin{bmatrix} 1 & 1 & 0 & 0 \\ 0 & 0 & 1 & 1 \\ 0 & 0 & 0 & 0 \\ 0 & 1 & 0 & 0 \end{bmatrix}$$

关系图如图 4-1 所示。

图 4-1　关系图

4.2　关 系 的 运 算

4.2.1　关系的运算

定义 4.7　设 R 是二元关系。

(1) R 中所有有序对的第一元素构成的集合称为 R 的**定义域**，记作 $\text{dom}(R)$，即

$$\text{dom}(R) = \{x \mid \exists y(x, y) \in R\}$$

(2) R 中所有有序对的第二元素构成的集合称为 R 的**值域**，记作 $\text{ran}(R)$，即

$$\text{ran}(R) = \{y \mid \exists x(x, y) \in R\}$$

(3) R 的定义域和值域的并集称为 R 的**域**，记作 $\text{fld}(R)$，即

$$\text{fld}(R) = \text{dom}(R) \bigcup \text{ran}(R)$$

例 4.5　下列关系都是整数集 **Z** 上的关系，分别求出它们的定义域和值域。

(1) $R_1 = \{\langle x, y \rangle \mid x, y \in \mathbf{Z} \land x \leqslant y\}$

(2) $R_2 = \{\langle x, y \rangle \mid x, y \in \mathbf{Z} \land x^2 + y^2 = 1\}$

(3) $R_3 = \{\langle x, y \rangle \mid x, y \in \mathbf{Z} \land y = 2x\}$

(4) $R_4 = \{\langle x, y \rangle \mid x, y \in \mathbf{Z} \land |x| = |y| = 3\}$

解　(1) $\text{dom}(R_1) = \text{ran}(R_1) = \mathbf{Z}$

(2) $\text{dom}(R_2) = \text{ran}(R_2) = \{0, 1, -1\}$

(3) $\text{dom}(R_3) = \mathbf{Z}$，$\text{ran}(R_3) = \{2z \mid z \in \mathbf{Z}\} = \{\text{偶数}\}$

(4) $\text{dom}(R_4) = \text{ran}(R_4) = \{-3, 3\}$

定义 4.8　设 R 为二元关系，称 R^{-1} 为 R 的**逆关系**，简称 R 的逆，即

$$R^{-1} = \{\langle x, y \rangle xRy\}$$

定义 4.9　设 F，G 为任意的二元关系，G 对 F 的**左复合**记作 $F \circ G$，即

$$F \circ G = \{\langle x, y \rangle \mid \exists t(xGt \land tFy)\}$$

注意　本书采用左复合的规则，即 G 先作用，将 F 复合到 G 上。而有的教材采用右复合的规则，其定义如下：

$$F \circ G = \{\langle x, y \rangle \mid \exists t (xFt \land tGy)\}$$

例 4.6 已知 $R = \{\langle 1, 2 \rangle, \langle 1, 4 \rangle, \langle 2, 2 \rangle, \langle 2, 3 \rangle\}$，$S = \{\langle 1, 1 \rangle, \langle 1, 3 \rangle, \langle 2, 3 \rangle, \langle 3, 2 \rangle, \langle 3, 3 \rangle\}$，求 R^{-1}、$R \circ S$ 和 $S \circ R$。

解
$$R^{-1} = \{\langle 2, 1 \rangle, \langle 4, 1 \rangle, \langle 2, 2 \rangle, \langle 3, 2 \rangle\}$$
$$R \circ S = \{\langle 1, 3 \rangle, \langle 2, 3 \rangle, \langle 2, 2 \rangle\}$$
$$S \circ R = \{\langle 1, 2 \rangle, \langle 1, 4 \rangle, \langle 3, 2 \rangle, \langle 3, 3 \rangle\}$$

定义 4.10 设 F 为任意的二元关系，A 为集合，则

(1) F 在 A 上的**限制**记作 $F \upharpoonright A$，即
$$F \upharpoonright A = \{\langle x, y \rangle \mid xFy \land x \in A\}$$

(2) A 在 F 下的**像**记作 $F[A]$，即
$$F[A] = \operatorname{ran}(F \upharpoonright A)$$

由定义可知：$F \upharpoonright A \subseteq F$，$F[A] \subseteq \operatorname{ran}(F)$。

例 4.7 设 F 是自然数集合 $\mathbf{N}$ 上的关系，其定义为 $F = \{\langle x, y \rangle \mid x, y \in \mathbf{N} \land y = x^2\}$，求 $F \upharpoonright \{1, 2\}$、$F[\{1, 2\}]$、$F \upharpoonright \varnothing$ 和 $F[\varnothing]$。

解
$$F \upharpoonright \{1, 2\} = \{\langle 1, 1 \rangle \langle 2, 4 \rangle\}$$
$$F[\{1, 2\}] = \{1, 4\}$$
$$F \upharpoonright \varnothing = \varnothing$$
$$F[\varnothing] = \varnothing$$

定义 4.11 设 R 为 A 上的关系，n 为自然数，则 R 的 n 次幂规定如下：

(1) $R^0 = \{\langle x, y \rangle \mid x \in A\} = I_A$；

(2) $R^n = R^{n-1} \circ R$，其中 $n \geqslant 0$。

由定义可知，对于 A 上的任意关系 R，有 $R^1 = R^0 \circ R = I_A \circ R = R$。

由关系的三种不同表示方法，可以得到关系幂运算的三种不同的运算方法：集合法、关系矩阵法和关系图法。

1. 集合法

如果 R 是用集合形式表达的，则可以通过关系 R 的 n 次复合运算得到 R^n。

2. 关系矩阵法

如果 R 的关系矩阵为 $\boldsymbol{M}$，则 R^n 的关系矩阵为 $\boldsymbol{M}^n$，即 n 个矩阵 $\boldsymbol{M}$ 之积。与普通矩阵乘法规则一致，但是其中的元素相加时使用逻辑加，规则如下：
$$1 + 1 = 1, \ 1 + 0 = 1, \ 0 + 1 = 1, \ 0 + 0 = 0$$

3. 关系图法

如果 R 的关系图为 G，则 R^n 的关系图 G' 由以下方法得到：以 G 的顶点集为顶点集，如果从 x_i 出发经过 n 步到达顶点 x_j，则在 G' 中加一条从 x_i 到 x_j 的边，找遍所有的顶点，就得到 R^n 的关系图 G'。

例 4.8 设 $A = \{a, b, c\}$，$R = \{\langle a, b \rangle, \langle b, c \rangle, \langle c, a \rangle\}$，求 R^0，R^1，R^2，R^3。

解 方法一：
$$R^0 = I_A = \{\langle a, a \rangle, \langle b, b \rangle, \langle c, c \rangle\}$$

$$R^1=R^0\circ R=I_A\circ R=R=\{\langle a, b\rangle, \langle b, c\rangle, \langle c, a\rangle\}$$
$$R^2=R^1\circ R=\{\langle a, c\rangle, \langle b, a\rangle, \langle c, b\rangle\}$$
$$R^3=R^2\circ R=\{\langle a, a\rangle, \langle b, b\rangle, \langle c, c\rangle\}$$

方法二：R 的关系矩阵 $\boldsymbol{M}=\begin{bmatrix}0&1&0\\0&0&1\\1&0&0\end{bmatrix}$，则

$$\boldsymbol{M}^2=\begin{bmatrix}0&1&0\\0&0&1\\1&0&0\end{bmatrix}\begin{bmatrix}0&1&0\\0&0&1\\1&0&0\end{bmatrix}=\begin{bmatrix}0&0&1\\0&0&1\\1&0&0\end{bmatrix}$$

$$\boldsymbol{M}^3=\begin{bmatrix}0&0&1\\0&0&1\\1&0&0\end{bmatrix}\begin{bmatrix}0&1&0\\0&0&1\\1&0&0\end{bmatrix}=\begin{bmatrix}1&0&0\\0&1&0\\0&0&1\end{bmatrix}$$

方法三：本例的关系图如图 4-2 所示。

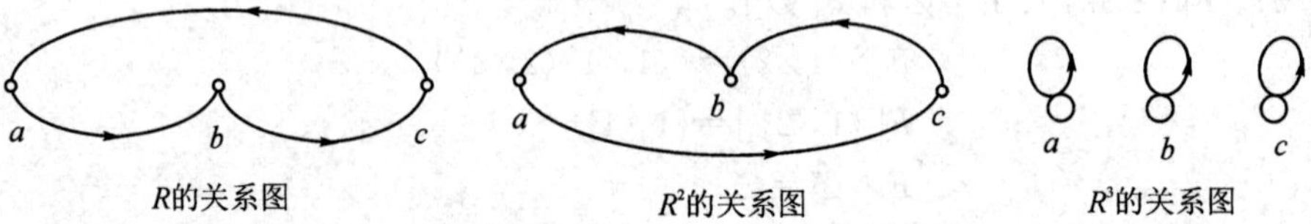

图 4-2　关系图法

4.2.2　关系运算的性质

定理 4.1　设 F, G, H 是任意的关系，则有

(1) $(F^{-1})^{-1}=F$

(2) $\mathrm{dom}F^{-1}=\mathrm{ran}F$, $\mathrm{ran}F^{-1}=\mathrm{dom}F$

(3) $(F\circ G)\circ H=F\circ(G\circ H)$

(4) $(F\circ G)^{-1}=G^{-1}\circ F^{-1}$

证明　(1) 对于 $\langle x, y\rangle\in(R^{-1})^{-1}$，由逆的定义，有

$$\langle y, x\rangle\in F^{-1}\Leftrightarrow\langle x, y\rangle\in F$$

所以

$$(F^{-1})^{-1}=F$$

(3) 任取 $\langle x, y\rangle$，有

$$\begin{aligned}&\langle x, y\rangle\in(F\circ G)\circ H\\
\Leftrightarrow&\exists t(\langle x, t\rangle\in F\circ G\wedge\langle t, y\rangle\in H)\\
\Leftrightarrow&\exists t(\exists s(\langle x, s\rangle\in F\wedge\langle s, t\rangle\in G)\wedge\langle t, y\rangle\in H)\\
\Leftrightarrow&\exists t\exists s(\langle x, s\rangle\in F\wedge\langle s, t\rangle\in G\wedge\langle t, y\rangle\in H)\\
\Leftrightarrow&\exists s(\langle x, s\rangle\in F\wedge\exists t(\langle s, t\rangle\in G\wedge\langle t, y\rangle\in H))\\
\Leftrightarrow&\exists s(\langle x, s\rangle\in F\wedge\langle s, y\rangle\in G\circ H)\\
\Leftrightarrow&\langle x, y\rangle\in F\circ(G\circ H)\end{aligned}$$

所以
$$(F \circ G) \circ H = F \circ (G \circ H)$$

(2)和(4)的证明类似，留给读者自己思考。

定理 4.2 设 F，G，H 为任意的关系，则有

(1) $F \circ (G \cup H) = F \circ G \cup F \circ H$

(2) $(G \cup H) \circ F = G \circ F \cup H \circ F$

(3) $F \circ (G \cap H) \subseteq F \circ G \cap F \circ H$

(4) $(G \cap H) \circ F \subseteq G \circ F \cap H \circ F$

证明 (1) 任取 $\langle x, y \rangle$，有

$$\langle x, y \rangle \in F \circ (G \cup H)$$
$$\Leftrightarrow \exists t (\langle x, t \rangle \in F \wedge \langle t, y \rangle \in G \cup H)$$
$$\Leftrightarrow \exists t (\langle x, t \rangle \in F \wedge (\langle t, y \rangle \in G \vee \langle t, y \rangle H))$$
$$\Leftrightarrow \exists t ((\langle x, t \rangle \in F \wedge \langle t, y \rangle \in G) \vee (\langle x, t \rangle \in F \wedge \langle t, y \rangle \in H))$$
$$\Leftrightarrow \exists t (\langle x, t \rangle \in F \wedge \langle t, y \rangle \in G) \vee \exists t (\langle x, t \rangle \in F \wedge \langle t, y \rangle \in H)$$
$$\Leftrightarrow \langle x, y \rangle \in F \circ G \vee \langle x, y \rangle \in F \circ H$$
$$\Leftrightarrow \langle x, y \rangle \in (F \circ G) \cup (F \circ H)$$

所以
$$F \circ (G \cup H) = (F \circ G) \cup (F \circ H)$$

(3) 任取 $\langle x, y \rangle$，有

$$\langle x, y \rangle \in F \circ (G \cap H)$$
$$\Leftrightarrow \exists t (\langle x, t \rangle \in F \wedge \langle t, y \rangle \in G \cap H)$$
$$\Leftrightarrow \exists t (\langle x, t \rangle \in F \wedge (\langle t, y \rangle \in G \wedge \langle t, y \rangle H))$$
$$\Leftrightarrow \exists t ((\langle x, t \rangle \in F \wedge \langle t, y \rangle \in G) \wedge (\langle x, t \rangle \in F \wedge \langle t, y \rangle \in H))$$
$$\Rightarrow \exists t (\langle x, t \rangle \in F \wedge \langle t, y \rangle \in G) \wedge \exists t (\langle x, t \rangle \in F \wedge \langle t, y \rangle \in H)$$
$$\Leftrightarrow \langle x, y \rangle \in F \circ G \wedge \langle x, y \rangle \in F \circ H$$
$$\Leftrightarrow \langle x, y \rangle \in (F \circ G) \cap (F \circ H)$$

所以
$$F \circ (G \cap H) \subseteq (F \circ G) \cap (F \circ H)$$

(2)和(4)的证明类似，留给读者自己思考。

定理 4.3 设 F，G，H 为任意的关系，则有

(1) $F \upharpoonright (A \cup B) = (F \upharpoonright A) \cup (F \upharpoonright B)$

(2) $F[A \cup B] = F[A] \cup F[B]$

(3) $F \upharpoonright (A \cap B) = (F \upharpoonright A) \cap (F \upharpoonright B)$

(4) $F[A \cap B] \subseteq F[A] \cap F[B]$

定理 4.4 设 A 为 n 元集，R 为 A 上的关系，则存在自然数 s，t，使得 $R^s = R^t$。

证明 因为 A 为 n 元集，所以集合 A 上的关系为有限的 2^{n^2} 个，而关系序列有无限多个有关系形式，故必然存在自然数 s，t，使得 $R^s = R^t$。

定理 4.5　设 R 为 A 上的关系，m，n 是自然数，则下面的等式成立：

(1) $R^m \cdot R^n = R^{m+n}$

(2) $(R^m)^n = R^{mn}$

定理 4.6　设 R 为 A 上的关系，若存在自然数 s，$t(s<t)$，使得 $R^s = R^t$，则下面的等式成立：

(1) 对任意 $k \in \mathbf{N}$，有 $R^{s+k} = R^{t+k}$；

(2) 对任意 k，$i \in \mathbf{N}$，有 $R^{s+kp+i} = R^{s+i}$，其中 $p = t-s$；

(3) 令 $S = \{R^0, R^1, \cdots, R^{t-1}\}$，则对任意的 $q \in \mathbf{N}$，有 $R^q \in S$。

4.3　关系的性质

设 R 是 A 上的关系，R 的性质主要包括以下 5 种：自反性、反自反性、对称性、反对称性、传递性。下面分别进行介绍。

4.3.1　性质的定义

定义 4.12　设 R 为集合 A 上的二元关系，若 $\forall x \in A$，有 xRx，则称二元关系 R 在 A 上是**自反**的，即

$$R \text{ 在 } A \text{ 上自反} \Leftrightarrow \forall x(x \in A \rightarrow xRx)$$

定义 4.13　设 R 为集合 A 上的二元关系，若 $\forall x \in A$，有 $\langle x, x \rangle \notin R$，则称二元关系 R 在 A 上是反自反的，即

$$R \text{ 在 } A \text{ 上反自反} \Leftrightarrow \forall x(x \in A \rightarrow x\bar{R}x)$$

定义 4.14　设 R 为集合 A 上的二元关系，若 $\forall x, y \in A$，当 xRy 时，有 yRx，则称二元关系 R 在 A 上是**对称**的，即

$$R \text{ 在 } A \text{ 上对称} \Leftrightarrow \forall x \forall y(x \in A \land y \in A \land xRy \rightarrow yRx)$$

定义 4.15　设 R 为集合 A 上的二元关系，若 $\forall x, y \in A$，当 xRy，yRx 时，必有 $x = y$，则称二元关系 R 在 A 上是反对称的，即

$$R \text{ 在 } A \text{ 上反对称} \Leftrightarrow \forall x \forall y(x \in A \land y \in A \land xRy \land yRx \rightarrow x = y)$$

定义 4.16　设 R 为集合 A 上的二元关系，若 $\forall x, y, z \in A$，当 xRy，yRz 时，有 xRz，则称二元关系 R 在 A 上是**传递**的，即

$$R \text{ 在 } A \text{ 上传递} \Leftrightarrow \forall x \forall y \forall z(x \in A \land y \in A \land z \in A \land xRy \land yRz \rightarrow xRz)$$

例 4.9　已知集合 $A = \{1, 2, 3, 4\}$，R_1，R_2 和 R_3 为 A 上的关系。$R_1 = \{\langle 1, 1 \rangle, \langle 2, 2 \rangle, \langle 3, 1 \rangle, \langle 1, 2 \rangle\}$，$R_2 = \{\langle 1, 1 \rangle, \langle 2, 2 \rangle, \langle 3, 3 \rangle, \langle 1, 2 \rangle\}$，$R_3 = \{\langle 1, 3 \rangle\}$。说明 R_1，R_2 和 R_3 是否为 A 上的自反关系和反自反关系。

解　因为 $\langle 3, 3 \rangle \notin R_1$，故 R_1 不是自反关系。又因为 $\langle 1, 1 \rangle \in R_2$，$\langle 2, 2 \rangle \in R_1$，故 R_1 不是反自反关系。同理，R_2 是自反关系但不是反自反关系。R_3 是反自反关系但不是自反关系。

例 4.10　已知集合 $A = \{1, 2, 3\}$，R_1，R_2 和 R_3 为 A 上的关系。$R_1 = \{\langle 1, 2 \rangle; \langle 2, 3 \rangle\}$，

$R_2 = \{\langle 1, 2 \rangle, \langle 2, 1 \rangle, \langle 1, 3 \rangle, \langle 3, 1 \rangle, \langle 1, 1 \rangle\}$，$R_3 = \{\langle 1, 1 \rangle\}$。说明 R_1，R_2 和 R_3 是否为 A 上的对称关系和反对称关系。

解 由定义可知，R_1 是反对称关系但不是对称关系。R_2 是对称关系但不是反对称关系。R_3 既是对称关系也是反对称关系。

例 4.11 已知集合 $A = \{1, 2, 3, 4\}$，R_1，R_2 和 R_3 为 A 上的关系。$R_1 = \{\langle 4, 1 \rangle,$ $\langle 2, 1 \rangle\}$，$R_2 = \{\langle 4, 1 \rangle, \langle 1, 3 \rangle, \langle 4, 3 \rangle, \langle 2, 1 \rangle, \langle 2, 3 \rangle\}$，$R_3 = \{\langle 1, 3 \rangle, \langle 3, 2 \rangle\}$。说明 R_1，R_2 和 R_3 是否为 A 上的传递关系。

解 由定义可知，R_1，R_2 是传递关系，但 R_3 不是传递关系，因为 $\langle 1, 2 \rangle \notin R_3$。

例 4.12 判断下列关系的性质。

(1) 集合 A 上的全域关系 E_A、恒等关系 I_A；

(2) 集合 A 上的整除关系 D_A；

(3) 集合 A 上的小于等于关系 L_A。

解 (1) 集合 A 上的全域关系 E_A 是自反的、对称的和传递的；集合 A 上的恒等关系 I_A 是自反的、对称的、反对称的和传递的。

(2) 集合 A 上的整除关系 D_A 是自反的、反对称的和传递的。

(3) 集合 A 上的小于等于关系 L_A 是自反的、反对称的和传递的。

4.3.2 性质的判定

定理 4.7 设 R 为 A 上的关系，则

(1) R 在 A 上自反当且仅当 $I_A \subseteq R$。

(2) R 在 A 上反自反当且仅当 $R \cap I_A = \varnothing$。

(3) R 在 A 上对称当且仅当 $R = R^{-1}$。

(4) R 在 A 上反对称当且仅当 $R \cap R^{-1} \subseteq I_A$。

(5) R 在 A 上传递当且仅当 $R \circ R \subseteq R$。

证明 (1) ① 若 R 在 A 上自反，则任取 $x \in A$，有 xRx，所以 $I_A \subseteq R$。

② 若 $I_A \subseteq R$，则任取 $x \in A$，有 $\langle x, x \rangle \in I_A \subseteq R$，所以 R 在 A 上自反。

(3) ① 若 R 在 A 上对称，则任取 $\langle x, y \rangle \in R$，有
$$\langle x, y \rangle \in R \Leftrightarrow \langle y, x \rangle \in R \Leftrightarrow \langle x, y \rangle \in R^{-1}$$
故 $R = R^{-1}$。

② 若 $R = R^{-1}$，则任取 $\langle x, y \rangle \in R$，有
$$\langle x, y \rangle \in R \Leftrightarrow \langle x, y \rangle \in R^{-1} \Leftrightarrow \langle y, x \rangle \in R$$
故 R 在 A 上对称。

(4) ① 若 R 在 A 上反对称，则任取 $\langle x, y \rangle \in R \cap R^{-1}$，有
$$\langle x, y \rangle \in R \cap R^{-1}$$
$$\Rightarrow \langle x, y \rangle \in R \wedge \langle x, y \rangle \in R^{-1}$$
$$\Rightarrow \langle x, y \rangle \in R \wedge \langle y, x \rangle \in R \quad (\text{又 } R \text{ 在 } A \text{ 上反对称})$$
$$\Rightarrow x = y$$
$$\Rightarrow \langle x, y \rangle \in I_A$$

② 若 $R \cap R^{-1} \subseteq I_A$，则任取 $\langle x, y \rangle \in R$，有

$$\langle x, y \rangle \in R \wedge \langle y, x \rangle \in R$$
$$\Rightarrow \langle x, y \rangle \in R \wedge \langle x, y \rangle \in R^{-1}$$
$$\Rightarrow \langle x, y \rangle \in R \cap R^{-1} \quad (\text{又 } R \cap R^{-1} \subseteq I_A)$$
$$\Rightarrow \langle x, y \rangle \in I_A$$
$$\Rightarrow x = y$$

(5) ① 若 R 在 A 上传递，则任取 $\langle x, y \rangle$，有

$$\langle x, y \rangle \in R \circ R$$
$$\Rightarrow \exists t(\langle x, t \rangle \in R \wedge \langle t, y \rangle \in R)$$
$$\Rightarrow \langle x, y \rangle \in R$$

② 若 $R \circ R \subseteq R$，则任取 $\langle x, y \rangle$，$\langle y, z \rangle \in R$，有

$$\langle x, y \rangle \in R \wedge \langle y, z \rangle \in R$$
$$\Rightarrow \langle x, z \rangle \in R \circ R$$
$$\Rightarrow \langle x, z \rangle \in R \quad (\text{因为 } R \circ R \subseteq R)$$

同理可以证明(2)。

由关系不同的三种表示方法可以得到判定关系性质的三种不同的方法：集合法、关系矩阵法和关系图法，如表 4-1 所示。

表 4-1　性质判定方法

表示方法	性质				
	自反性	反自反性	对称性	反对称性	传递性
集合法	$I_A \subseteq R$	$R \cap I_A = \varnothing$	$R = R^{-1}$	$R \cap R^{-1} \subseteq I_A$	$R \circ R \subseteq R$
关系矩阵法	主对角元素全是1	主对角元素全是0	对称矩阵	r_{ij} 和 r_{ji} 不同时为1	
关系图法	每个顶点都有环	每个顶点都没有环	若两个顶点之间有边，一定是一对方向相反的边（无单边）	若两个顶点之间有边，一定是一条有向边（无双边）	若 x_i 到 x_j 有边，x_j 到 x_k 有边，则 x_i 到 x_k 也有边

例 4.13　判断图 4-3 中关系的性质，并说明理由。

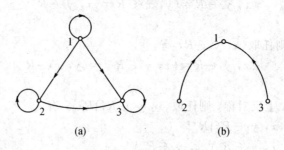

图 4-3　关系图

解　图 4-3(a)所示的关系是自反关系、反对称关系、传递关系。因为该关系图中每个顶点都有环，故满足自反性；在关系图中无双边，故满足反对称性；在关系图中顶点1到顶点2有边，顶点2到顶点3有边，且顶点1到顶点3也有边，故满足传递性。

图 4-3(b)所示的关系是反自反关系、反对称关系、传递关系。因为该关系图中每个顶点都没有环，故满足反自反性；在关系图中无双边，故满足反对称性；在关系图中不存在顶点 x, y, z, 使得 x 到 y 有边, y 到 z 有边, 但 x 到 z 没有边, 其中 x, y, $z \in \{1, 2, 3\}$, 故满足传递性。

4.4　关系的闭包

4.4.1　闭包的概念

定义 4.17　设 R 是非空集合 A 上的关系, R 的自反闭包（对称闭包或传递闭包）是 A 上的关系 R', 且 R' 满足以下条件：

(1) R' 是自反的（对称的或传递的）;

(2) $R \subseteq R'$;

(3) 对 A 上的任何包含 R 的自反关系（对称或传递关系）R'' 都有 $R' \subseteq R''$。

一般将 R 的自反闭包记作 $r(R)$, 对称闭包记作 $s(R)$, 传递闭包记作 $t(R)$。闭包运算是关系运算中一种特殊的运算, 是对原关系的扩充。

定理 4.8　设 R 是 X 上的二元关系, 那么

(1) R 是自反的, 当且仅当 $r(R) = R$;

(2) R 是对称的, 当且仅当 $s(R) = R$;

(3) R 是传递的, 当且仅当 $t(R) = R$。

证明　(1) 若 R 是自反的, $R \supseteq R$, 则对任何包含 R 的自反关系 R'', 有 $R'' \supseteq R$, 故 $r(R) = R$; 若 $r(R) = R$, 则根据闭包定义, R 必是自反的。

(2)和(3)的证明完全类似。

4.4.2　闭包的求解方法

定理 4.9　设 R 为非空集合 A 上的关系, 则

(1) $r(R) = R \cup I_A$

(2) $s(R) = R \cup R^{-1}$

(3) $t(R) = \bigcup_{i=1}^{\infty} R^i = R \cup R^2 \cup R^3 \cup \cdots$

证明　(1) 显然 $R \subseteq R \cup I_A$。

对 $\forall x \in A$, 由于 I_A 为 A 上的恒等关系, 故有 $\langle x, x \rangle \in I_A$, 从而 $\langle x, x \rangle \in R \cup I_A$。由自反性的定义知 $R \cup I_A$ 具有自反性。

(2) 设 R' 为 A 上的任意包含 R 的自反关系, 则有 $R \subseteq R'$。对于 $\forall x \in A$, 根据恒等关系和自反关系的定义, 有 $\langle x, x \rangle \in I_A$, $\langle x, x \rangle \in R'$, 从而 $I_A \subseteq R'$。所以 $R \cup I_A \subseteq R'$。

由自反闭包的定义知 $r(R) = R \cup I_A$。

(3) 先证 $\bigcup_{i=1}^{\infty} R^i \subseteq t(R)$, 用归纳法。

由传递闭包定义知 $R \subseteq t(R)$。

假定 $n \geqslant 1$ 时，$R^n \subseteq t(R)$，设 $\langle x, y \rangle \in R^{n+1}$。因为 $R^{n+1} = R^n \circ R$，则必有 $c \in A$，使 $\langle x, c \rangle \in R^n$ 和 $\langle c, y \rangle \in R^n$，故有 $\langle x, c \rangle \in t(R)$ 和 $\langle c, y \rangle \in t(R)$，即 $\langle x, y \rangle \in t(R)$，所以 $R^{n+1} \subseteq t(R)$。故

$$\bigcup_{i=1}^{\infty} R^i \subseteq t(R)$$

再证 $t(R) \subseteq \bigcup\limits_{i=1}^{\infty} R^i$。

设 $\langle x, y \rangle \in \bigcup\limits_{i=1}^{\infty} R^i$，$\langle y, z \rangle \in \bigcup\limits_{i=1}^{\infty} R^i$，则必存在整数 s 和 t，使得 $\langle x, y \rangle \in R^s$，$\langle y, z \rangle \in R^t$，因此 $\langle x, z \rangle \in R^s \circ R^t$，即 $\langle x, z \rangle \in \bigcup\limits_{i=1}^{\infty} R^i$，所以 $\bigcup\limits_{i=1}^{\infty} R^i$ 是传递的。

由于包含 R 的传递关系都包含 $t(R)$，故 $t(R) \subseteq \bigcup\limits_{i=1}^{\infty} R^i$。

定理 4.10　设 A 是含有 n 个元素的集合，R 是 X 上的二元关系，则存在一个正整数 $k \leqslant n$，使得

$$t(R) = R \cup R^2 \cup R^3 \cup \cdots \cup R^k$$

类似于判定关系性质，我们也可以用集合法、关系矩阵法和关系图法求关系的闭包。

1. 集合法

由定理 4.9 和定理 4.10 可知：

$$r(R) = R \cup R^0$$
$$s(R) = R \cup R^{-1}$$
$$t(R) = R \cup R^2 \cup R^3 \cup \cdots$$

2. 关系矩阵法

已知 $R, r(R), s(R), t(R)$ 的关系矩阵分别为 M, M_r, M_s, M_t，则

$$M_r = M + E$$
$$M_s = M + M^T$$
$$M_t = M + M^2 + M^3 + \cdots$$

其中：E 表示和 M 同阶的单位矩阵，M^T 表示 M 的转置。

3. 关系图法

已知 $R, r(R), s(R), t(R)$ 的关系图分别为 G, G_r, G_s, G_t，则在关系图 G 上做如下操作，得到闭包图：

G_r：考察 G 的每个顶点，如果没有环，则加上一个环，最终得到 G_r。

G_s：考察 G 的每条边，如果有一条 x_i 到 x_j 的单向边，$i \neq j$，则在 G 中加一条 x_j 到 x_i 的反向边，最终得到 G_s。

G_t：考察 G 的每个顶点，如果从 x_i 出发经过若干步到达顶点 x_j，则加一条从 x_i 到 x_j 的边，最终得到 G_t。

例 4.14　设 $A = \{a, b, c, d\}$，$R = \{\langle a, b \rangle, \langle b, a \rangle, \langle b, c \rangle, \langle c, d \rangle\}$，求 $r(R), s(R), t(R)$。

解　方法一：

$r(R) = R \cup R^0$

$\quad = \langle a, b \rangle, \langle b, a \rangle, \langle b, c \rangle, \langle c, d \rangle\} \bigcup \{\langle a, a \rangle, \langle b, b \rangle, \langle c, c \rangle, \langle d, d \rangle\}$

$\quad = \{\langle a, b \rangle, \langle b, a \rangle, \langle b, c \rangle, \langle c, d \rangle, \langle a, a \rangle, \langle b, b \rangle, \langle c, c \rangle, \langle d, d \rangle\}$

$s(R) = R \cup R^{-1}$

$\quad = \{\langle a, b \rangle, \langle b, a \rangle, \langle b, c \rangle, \langle c, d \rangle\} \bigcup \{\langle b, a \rangle, \langle a, b \rangle, \langle c, b \rangle, \langle d, c \rangle\}$

$\quad = \{\langle a, b \rangle, \langle b, a \rangle, \langle b, c \rangle, \langle c, d \rangle, \langle c, b \rangle, \langle d, c \rangle\}$

$R^2 = \{\langle a, a \rangle, \langle a, c \rangle, \langle b, b \rangle, \langle b, d \rangle\}$

$R^3 = \{\langle a, b \rangle, \langle a, d \rangle, \langle b, a \rangle, \langle b, c \rangle\}$

$R^4 = \{\langle a, a \rangle, \langle a, c \rangle, \langle b, b \rangle, \langle b, d \rangle\} = R^2$

$R^5 = \{\langle a, b \rangle, \langle a, d \rangle, \langle b, a \rangle, \langle b, c \rangle\} = R^3$

故

$t(R) = R \cup R^2 \cup R^3 \cup \cdots = R \cup R^2 \cup R^3$

$\quad = \{\langle a, a \rangle, \langle a, b \rangle, \langle a, c \rangle, \langle a, d \rangle, \langle b, a \rangle, \langle b, b \rangle, \langle b, c \rangle, \langle b, d \rangle, \langle c, d \rangle\}$

方法二：因为

$$M = \begin{bmatrix} 0 & 1 & 0 & 0 \\ 1 & 0 & 1 & 0 \\ 0 & 0 & 0 & 1 \\ 0 & 0 & 0 & 0 \end{bmatrix}$$

所以

$$M_r = M + E = \begin{bmatrix} 1 & 1 & 0 & 0 \\ 1 & 1 & 1 & 0 \\ 0 & 0 & 1 & 1 \\ 0 & 0 & 0 & 1 \end{bmatrix}, \quad M_s = M + M^{\mathrm{T}} = \begin{bmatrix} 0 & 1 & 0 & 0 \\ 1 & 0 & 1 & 0 \\ 0 & 1 & 0 & 1 \\ 0 & 0 & 1 & 0 \end{bmatrix}$$

又

$$M^2 = \begin{bmatrix} 1 & 0 & 1 & 0 \\ 0 & 1 & 0 & 1 \\ 0 & 0 & 0 & 0 \\ 0 & 0 & 0 & 0 \end{bmatrix}, \quad M^3 = \begin{bmatrix} 0 & 1 & 0 & 1 \\ 1 & 0 & 1 & 0 \\ 0 & 0 & 0 & 0 \\ 0 & 0 & 0 & 0 \end{bmatrix}$$

$$M^4 = \begin{bmatrix} 1 & 0 & 1 & 0 \\ 0 & 1 & 0 & 1 \\ 0 & 0 & 0 & 0 \\ 0 & 0 & 0 & 0 \end{bmatrix} = M^2, \quad M^5 = \begin{bmatrix} 0 & 1 & 0 & 1 \\ 1 & 0 & 1 & 0 \\ 0 & 0 & 0 & 0 \\ 0 & 0 & 0 & 0 \end{bmatrix} = M^3$$

故

$$M_t = M + M^2 + M^3 + \cdots = M + M^2 + M^3 = \begin{bmatrix} 1 & 1 & 1 & 1 \\ 1 & 1 & 1 & 1 \\ 0 & 0 & 0 & 1 \\ 0 & 0 & 0 & 0 \end{bmatrix}$$

方法三：闭包图如图 4－4 所示。

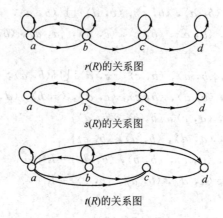

$r(R)$的关系图

$s(R)$的关系图

$t(R)$的关系图

图 4－4　闭包图

通常情况下，关系图法比较简单，因此我们可以直接作图求关系的闭包。

4.4.3　沃舍尔（Warshall）算法

当有限集 X 的元素较多时，对关系 R 的传递闭包进行矩阵运算非常繁琐，为此史蒂芬·沃舍尔在 1962 年提出了 Warshall 算法。该算法是计算关系传递闭包的有效算法，其基本思想描述如下：

设 R 是集合上的二元关系，$\boldsymbol{M}_r$ 是 R 的关系矩阵：

（1）置新矩阵 $\boldsymbol{A}=\boldsymbol{M}_r$；

（2）置（列）$j=1$；

（3）对所有 i，如果 $\boldsymbol{A}[i,j]=1$，则对 $k(1\leqslant k\leqslant n)$，有 $\boldsymbol{A}[i,k]=\boldsymbol{A}[i,k]+\boldsymbol{A}[j,k]$；

（4）$j++$；

（5）如果 $j\leqslant n$，则转步骤（3），否则停止。

例 4.15　已知 $\boldsymbol{M}_r=\begin{bmatrix} 0 & 0 & 0 & 1 \\ 1 & 0 & 1 & 0 \\ 1 & 0 & 0 & 1 \\ 0 & 0 & 1 & 0 \end{bmatrix}$，求 $t(R)$。

解　　　　　　　　$\boldsymbol{A}=\boldsymbol{M}_r=\begin{bmatrix} 0 & 0 & 0 & 1 \\ 1 & 0 & 1 & 0 \\ 1 & 0 & 0 & 1 \\ 0 & 0 & 1 & 0 \end{bmatrix}$

$j=1$ 时，有 $\boldsymbol{A}[2,1]=1$，$\boldsymbol{A}[3,1]=1$，分别将第二行和第三行各元素与第一行各对应元素逻辑相加，仍分别记于第二行和第三行，得

$$\boldsymbol{A}=\begin{bmatrix} 0 & 0 & 0 & 1 \\ 1 & 0 & 1 & 1 \\ 1 & 0 & 0 & 1 \\ 0 & 0 & 1 & 0 \end{bmatrix}$$

$j=2$ 时，第二列中没有元素等于 1，A 不变。

$j=3$ 时，有 $A[2,3]=1$，$A[4,3]=1$，分别将第二行和第四行各元素与第三行各对应元素逻辑相加，仍分别记于第二行和第四行，得

$$A = \begin{bmatrix} 0 & 0 & 0 & 1 \\ 1 & 0 & 1 & 1 \\ 1 & 0 & 0 & 1 \\ 1 & 0 & 1 & 1 \end{bmatrix}$$

$j=4$ 时，所有元素都为 1，将第一行各元素与第四行各对应元素逻辑相加，仍分别记于每一行，得

$$A = \begin{bmatrix} 1 & 0 & 1 & 1 \\ 1 & 0 & 1 & 1 \\ 1 & 0 & 1 & 1 \\ 1 & 0 & 1 & 1 \end{bmatrix}$$

这个最后的矩阵就是传递闭包的矩阵。

不难看出，Warshall 算法从第一列开始，找出该列中元素为 1 的所在行的结点，再将这些结点所在行与第 j 行进行逻辑加后作为这些结点的新行。这个过程反映了：如果这些结点没有直接到达其他结点的有向边，但有通过中间结点 k 间接到达其他结点的有向边，根据传递闭包的定义，这些结点必然有一条有向边到达其他结点。

4.4.4 闭包的性质

定理 4.11 设 R 为非空集合 A 上的关系，则

(1) R 是自反的，当且仅当 $r(R)=R$；

(2) R 是对称的，当且仅当 $s(R)=R$；

(3) R 是传递的，当且仅当 $t(R)=R$。

定理 4.12 设 R_1 和 R_2 为非空集合 A 上的关系，且 $R_1 \subseteq R_2$，则

(1) $r(R_1) \subseteq r(R_2)$；

(2) $s(R_1) \subseteq s(R_2)$；

(3) $t(R_1) \subseteq t(R_2)$。

定理 4.13 设 R 为非空集合 A 上的关系，则

(1) 若 R 是自反的，则 $s(R)$ 与 $t(R)$ 也是自反的；

(2) 若 R 是对称的，则 $r(R)$ 与 $t(R)$ 也是对称的；

(3) 若 R 是传递的，则 $r(R)$ 是传递的。

注意 (1) 如果关系 R 是自反的，那么闭包运算后所得到的关系仍旧是自反的。

(2) 如果关系 R 是对称的，那么闭包运算后所得到的关系仍旧是对称的。

(3) 对于传递的关系，它的自反闭包仍旧保持传递性，而对称闭包就有可能失去传递性。

因此，在计算关系 R 的自反、对称、传递的闭包时，为了不失传递性，传递闭包运算应放在对称闭包运算的后边，运算顺序如下：

$$tsr(R) = t(s(r(R))) = rts(R) = trs(R)$$

4.5　等价关系与划分

4.5.1　等价关系的概念

定义 4.18　设 R 为非空集合 A 上的关系，如果 R 是自反的、对称的和传递的，则称 R 为 A 上的**等价关系**。对 $\forall x, y \in A$，如果 $\langle x, y \rangle \in R$，则称 x 与 y 等价，记作 $x \sim y$。

定义 4.19　设 R 为非空集合 A 上的关系，如果 R 是自反的、对称的，则称 R 为 A 上的**相容关系**。

注意　等价关系都是相容关系，但相容关系不一定是等价关系。

例 4.16　设 $A = \{1, 2, \cdots, 8\}$，$R = \{\langle x, y \rangle \mid x, y \in A \wedge x \equiv y(\bmod 3)\}$，其中 $x \equiv y(\bmod 3)$ 的含义是 x 与 y 模 3 相等，即它们除以 3 后余数相等。试用关系图表示 R。

解　$R = \{\langle 1, 1 \rangle, \langle 1, 4 \rangle, \langle 1, 7 \rangle, \langle 2, 2 \rangle, \langle 2, 5 \rangle, \langle 2, 8 \rangle, \langle 3, 3 \rangle, \langle 3, 6 \rangle, \langle 4, 1 \rangle,$
　　　　$\langle 4, 4 \rangle, \langle 4, 7 \rangle, \langle 5, 2 \rangle, \langle 5, 5 \rangle, \langle 5, 8 \rangle, \langle 6, 3 \rangle, \langle 6, 6 \rangle, \langle 7, 1 \rangle, \langle 7, 4 \rangle,$
　　　　$\langle 7, 7 \rangle, \langle 8, 2 \rangle, \langle 8, 5 \rangle, \langle 8, 8 \rangle\}$

对应的关系图如图 4-5 所示，其中 $1 \sim 4 \sim 7$，$2 \sim 5 \sim 8$，$3 \sim 6$。

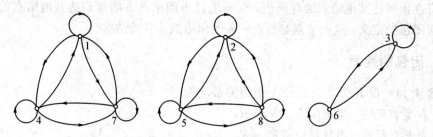

图 4-5　等价关系的关系图

不难验证，R 为 A 上的等价关系。其关系图被分为三个互不联通的部分，也即 A 中的元素分为三类。每一类元素中两两之间都有关系，不同类元素之间没有关系。

生活中很多关系都是等价关系，如：计算机系所有学生构成的集合中"同住一个宿舍的关系"为等价关系；一群人的集合中"姓氏相同的关系"为等价关系。

4.5.2　等价类的概念与性质

定义 4.20　设 R 是非空集合 A 上的等价关系，对 $\forall x \in A$，令 $[x]_R = \{y \mid y \in A \wedge xRy\}$，称 $[x]_R$ 为 x 关于 R 的**等价类**，简称 x 等价类，简记为 $[x]$。

由定义知，例 4.16 中的等价类是

$$[1] = [4] = [7] = \{1, 4, 7\}$$
$$[2] = [5] = [8] = \{2, 5, 8\}$$
$$[3] = [6] = \{3, 6\}$$

定理 4.14　设 R 是非空集合 A 上的等价关系，对任意的 $x, y \in A$，下面的结论成立：
(1) $[x] \neq \varnothing$；

（2）若 xRy，则 $[x]=[y]$；

（3）若 $x\not Ry$，则 $[x]\cap[y]=\varnothing$；

（4）$\bigcup\{[x]|x\in A\}=A$。

证明　（1）由等价类的定义可知，任取 $x\in A$，有 $[x]\subseteq A$。又 R 自反，有 $x\in[x]$。故 $[x]\neq\varnothing$。

（2）任取 $z\in[x]$，则 $\langle x,z\rangle\in R$。又 R 对称，有 $\langle z,x\rangle\in R$。若 $\langle x,y\rangle\in R$，由 R 传递可知，$\langle z,y\rangle\in R$。又 R 对称，则 $\langle y,z\rangle\in R$，所以 $z\in[y]$，即 $[x]\subseteq[y]$。

同理可证 $[y]\subseteq[x]$，故 $[x]=[y]$。

（3）反证法。若 $[x]\cap[y]\neq\varnothing$，不妨设 $z\in[x]\cap[y]$，则 $\langle x,z\rangle\in R$ 且 $\langle y,z\rangle\in R$。由 R 的对称性、传递性可知，$\langle x,y\rangle\in R$，与已知 $x\not Ry$ 矛盾，即假设错误，故原命题成立。

（4）先证 $\bigcup\{[x]|x\in A\}\subseteq A$。

任取 y，有

$$y\in\bigcup\{[x]|x\in A\}$$
$$\Rightarrow\exists x(x\in A\land y\in[x])$$
$$\Rightarrow y\in A\quad（因为[x]\subseteq A）$$

从而有

$$\bigcup\{[x]|x\in A\}\subseteq A$$

再证 $A\subseteq\bigcup\{[x]|x\in A\}$。

任取 y，有

$$y\in A\Rightarrow y\in A\land y\in[y]$$
$$\Rightarrow y\in\bigcup\{[x]|x\in A\}$$

从而有

$$A\subseteq\bigcup\{[x]|x\in A\}$$

综上所述，有 $\bigcup\{[x]|x\in A\}=A$ 成立。

4.5.3　商集与划分的概念

定义 4.21　设 R 为非空集合 A 上的等价关系，以 R 的不相交的等价类为元素的集合叫作 A 在 R 下的**商集**，记作 A/R，其中 $A/R=\{[x]_R|x\in A\}$。

例 4.16 中，A 在 R 下的商集为

$$A/R=\{[1],[2],[3]\}=\{\{1,4,7\},\{2,5,8\},\{3,6\}\}$$

我们可以推广到整数集合 $\mathbf{Z}$ 上模 n 等价关系的商集为

$$\{\{nz+i|z\in\mathbf{Z}\}|i=0,1,\cdots,n-1\}$$

例 4.17　判断以下关系是否为等价关系，并确定其商集。

（1）非空集合 A 上的恒等关系 I_A；

（2）非空集合 A 上的全域关系 E_A。

解　（1）I_A 满足自反性、对称性和传递性，故 I_A 是 A 上的等价关系。对任意 $x\in A$，有 $[x]=\{x\}$，商集 $A/I_A=\{\{x\}|x\in A\}$。

（2）E_A 满足自反性、对称性和传递性，故 E_A 也是 A 上的等价关系。

对任意 $x \in A$，有 $[x] = A$，商集 $A/I_E = \{A\}$。

定义 4.22　设 A 是非空集合，如果存在一个 A 的子集族 $\pi(\pi \subseteq P(A))$ 满足以下条件：

(1) $\pi \notin \varnothing$；

(2) π 中任意两个元素不交；

(3) π 中所有元素的并集等于 A。

则称 π 为 A 的一个**划分**，且称 π 中的元素为**划分块**。

注意　(1) 非空集合 A 在其等价关系 R 下的商集 A/R 是 A 的一个划分，称为由 R 引导的划分；

(2) 若给定一个非空集合 A 上的划分 π，可以构造一个等价关系，称为由划分 π 引导的等价关系，其商集对应于 π。

例 4.18　设 $A = \{1, 2, 3, 4, 5\}$，给定 $\pi_1, \pi_2, \pi_3, \pi_4, \pi_5$ 如下：

$$\pi_1 = \{\{1, 2, 3\}, \{3, 4, 5\}\}$$
$$\pi_2 = \{\{1\}, \{2, 3\}, \{4, 5\}\}$$
$$\pi_3 = \{\varnothing, \{1, 2, 3\}, \{4, 5\}\}$$
$$\pi_4 = \{\{1, 2, 3\}, \{5\}\}$$
$$\pi_5 = \{\{1\}, \{2\}, \{3\}, \{4\}, \{5\}\}$$

判断哪些是 A 的划分。

解　由定义知，π_2，π_5 是 A 的划分，π_1，π_3，π_4 不是 A 的划分。

例 4.19　设 $A = \{1, 2, 3\}$，求 A 上所有的等价关系。

解　先求 A 的各种划分：只有 1 个划分块的划分 π_1，具有 2 个划分块的划分 π_2、π_3 和 π_4，具有 3 个划分块的划分 π_5，如图 4-6 所示。

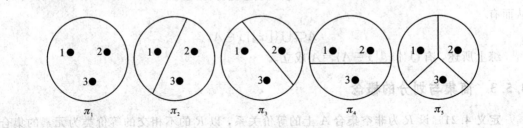

图 4-6　A 上的等价关系

π_1 对应于全域关系 E_A，π_5 对应于恒等关系 I_A，π_2、π_3 和 π_4 分别对应于等价关系 R_2、R_3、R_4，其中：

$$R_2 = \{\langle 2, 3 \rangle, \langle 3, 2 \rangle\} \cup I_A$$
$$R_3 = \{\langle 1, 3 \rangle, \langle 3, 1 \rangle\} \cup I_A$$
$$R_4 = \{\langle 1, 2 \rangle, \langle 2, 1 \rangle\} \cup I_A$$

等价类划分在软件测试中有重要的应用。软件测试是软件开发的最后一个阶段，其目的是通过运行程序发现程序中潜在的错误。为了保证测试质量，需要测试尽可能多的数据，而这样的测试工作量基本不可能实现。所以需要找到更好的测试方法以简化测试过程。如能否找出某一具有代表性的数据进行测试，这就产生了等价类划分。等价类划分测试法的基本思想是将程序所有可能的输入数据划分成若干个等价类，即有效等价类与无效等价类。从每个等价类中取一个值作为测试用例。按照等价类中数据之间的等价性，认为测试用例可以检查出的错误，该等价类中其他数据也可以产生同样的错误；反之，如果测试用例没有检查出错误，该等价类中其他数据执行程序也是正确的。因此，只需从每个等价类中选择一个数据作为测试用例，即可测试出程序中可能存在的某类错误，而不需要穷举所有的数据，从而提高测试效率。

4.6 偏 序 关 系

4.6.1 概念

1. 偏序关系

定义 4.23 设 R 为非空集合 A 上的关系，如果 R 是自反的、反对称的和传递的，则称 R 为 A 上的**偏序关系**，简称偏序，记作 $\leqslant$。

设 R 是一个偏序关系，若 $\langle x, y \rangle \in R$，则记为 $x \leqslant y$，读作 x 小于或等于 y。若 $x \leqslant y$ 且 $x \neq y$，则记为 $x \prec y$，称 x 小于 y。

注意 此处 $x \leqslant y$ 不是比较数的大小，而是按照定义的某种偏序关系 x 排在 y 的前面。

例 4.20 已知 $A = \{a, b, c\}$，证明集合 $P(A)$ 上的包含关系为偏序关系。

证明 （1）自反性。

任取 $X \in P(A)$，有 $X \subseteq X$，故满足自反性。

（2）反对称性。

任取 $X, Y \in P(A)$，若 $X \subseteq Y$ 且 $Y \subseteq X$，则有 $X \subseteq Y$，故满足反对称性。

（3）传递性。

任取 $X, Y, Z \in P(A)$，若 $X \subseteq Y$ 且 $Y \subseteq Z$，则有 $X \subseteq Z$，故满足传递性。

综合(1)(2)(3)可得集合 $P(A)$ 上的包含关系为偏序关系。

任何集合 A 上的恒等关系、实数集 $\mathbf{R}$ 上的小于等于关系、正整数集 $\mathbf{Z}$ 上的整除关系都是偏序关系。

定义 4.24 一个集合 A 与 A 上的偏序关系 R 一起称为 R 的**偏序集**，记作 $\langle A, R \rangle$。

定义 4.25 设 $\langle A, \leqslant \rangle$ 为偏序集，对于任意的 $x, y \in A$，如果 $x \leqslant y$ 或者 $y \leqslant x$ 成立，则称 x 与 y 是可比的。如果 $x \prec y$（即 $x \leqslant y \land x \neq y$），且不存在 $z \in A$ 使得 $x \prec z \prec y$，则称 y **盖住** x，记作 $\text{COV}A = \{\langle x, y \rangle | x, y \in A$ 且 y 盖住 $x\}$。

由定义 4.25 可知，具有偏序关系的集合 A 中任意两个元素 x 和 y，可能有以下几种情况发生：

$$x \prec y \quad (\text{或 } y \prec x), x = y, x \text{ 与 } y \text{ 不可比}$$

例 4.21 设 $A = \{2, 3, 6, 12, 24, 36\}$，$\leqslant$ 是 A 上的整除关系，说明集合 A 中任意两个元素属于哪种情况，并求出 COVA。

解 由题意知

$$2 \prec 6, 3 \prec 6, 6 \prec 12, 12 \prec 24, 12 \prec 36$$

$$2=2,\ 3=3,\ 6=6,\ 12=12,\ 24=24,\ 36=36$$

又 2 和 3 不可比，12 和 36 不可比，故

$$COVA=\{\langle 2,6\rangle,\langle 3,6\rangle,\langle 6,12\rangle,\langle 12,24\rangle,\langle 12,36\rangle\}$$

2 不能整除 3，3 也不能整除 2，所以 2 和 3 是不可比的。对于 2 和 6 来说，$2\prec 6$，并且不存在 $z\in A$ 使得 2 整除 z 且 z 整除 6，所以 6 盖住 2。同样，6 盖住 3，12 盖住 6，但 12 不盖住 3，因为 $3\prec 6\prec 12$ 成立。显然，如果 x 与 y 不可比，则一定不会有 x 盖住 y 或 y 盖住 x。

2. 全序关系

定义 4.26　设 $\langle A,\leqslant\rangle$ 为偏序集，若对任意的 $x,y\in A$，x 和 y 都可比，则称 $\leqslant$ 为 A 上的**全序关系**，且称 $\langle A,\leqslant\rangle$ 为全序集。

一般地，在一个偏序集中，并非任意两个元素都可比，而全序集就是其中任意两个元素均可比的偏序集。

注意　全序关系一定是偏序关系，但偏序关系不一定是全序关系。

例 4.22　判断集合 $A=\{2,4,6,8\}$ 上的小于等于关系、整除关系是否为全序关系。

解　集合 A 上的小于等于关系满足自反性、反对称性和传递性，所以是偏序关系。且 A 中任意两个元素都可比，因此 $A=\{2,4,6,8\}$ 上的小于等于关系是全序关系。

集合 A 上的整除关系满足自反性、反对称性和传递性，所以是偏序关系。但 A 中 4 和 6、6 和 8 均不可比，因此 $A=\{2,4,6,8\}$ 上的整除关系不是全序关系。

实数集 **R** 上的小于等于关系、大于等于关系是全序关系；集合幂集 $P(A)$ 上的包含关系、正整数集 **Z** 上的整除关系不是全序关系。

4.6.2　哈斯图

对于给定偏序集 $\langle A,\leqslant\rangle$，它的盖住关系是唯一的，所以可用盖住的性质画出偏序集合图，或称哈斯图，其作图规则如下：

(1) 用小圆圈代表元素；

(2) 若任何元素 $a\neq b$ 且 $a\prec b$，则结点 a 画在结点 b 的下方；

(3) 若 $a\prec b$，且在集 A 中不存在任何其他元素 c，使得 $a\prec c$ 且 $c\prec b$，则在 a 和 b 之间画一条无向边。

注意　如果 $\langle A,\leqslant\rangle$ 为有穷偏序集，则 $\langle A,\leqslant\rangle$ 的哈斯图上有 $|A|$ 个节点。

例 4.23　设 $A=\{1,2,3,4,6,8,12\}$，定义 A 上的整除关系 ρ，画出其哈斯图。

解　哈斯图如图 4-7 所示。

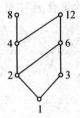

图 4-7　$\langle\{1,2,3,4,6,8,12\},\rho$ 整除$\rangle$ 哈斯图

例 4.24 画出偏序集$\langle P(\{a,b,c\}),R_\subseteq\rangle$的哈斯图。

解 哈斯图如图 4-8 所示。

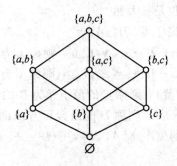

图 4-8 $\langle P(\{a,b,c\}),R_\subseteq\rangle$哈斯图

例 4.25 设偏序集$\langle A,\leqslant\rangle$的哈斯图如图 4-9 所示，求集合 A 和关系 R 的表达式。

解
$$A=\{a,b,c,d,e,f,g,h\}$$
$$R=\{\langle b,d\rangle,\langle b,e\rangle,\langle b,f\rangle,\langle c,d\rangle,\langle c,e\rangle,\langle c,f\rangle,\langle d,f\rangle,\langle e,f\rangle,\langle g,h\rangle\}\bigcup I_A$$

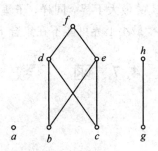

图 4-9 例 4.25 哈斯图

注意 哈斯图与关系图的区别如下：

(1) 哈斯图中省略了由自反性和传递性产生的边；

(2) 哈斯图中改用上下位置取代边的方向。

4.6.3 几种特殊元素

定义 4.27 设$\langle A,\leqslant\rangle$为偏序集，$B\subseteq A$。

(1) 若$\exists y\in B$，使得$\forall x(x\in B\rightarrow y\leqslant x)$成立，则称 y 为 B 的**最小元**。

(2) 若$\exists y\in B$，使得$\forall x(x\in B\rightarrow x\leqslant y)$成立，则称 y 为 B 的**最大元**。

(3) 若$\exists y\in B$，使得$\exists\neg x(x\in B\wedge x<y)$成立，则称 y 为 B 的**极小元**。

(4) 若$\exists y\in B$，使得$\exists\neg x(x\in B\wedge y<x)$成立，则称 y 为 B 的**极大元**。

例 4.26 考虑图 4-9 中的偏序集$\langle A,\leqslant\rangle$，求 A 的最大元、最小元、极大元和极小元。

解 A 没有最大元与最小元。

A 的极大元有 a,f,h。

A 的极小元有 a,b,c,g。

说明 (1) 有限集合 B 的最大元(最小元)不一定存在，如果存在，则是唯一的。

（2）有限集合 B 的极大元（极小元）一定存在，还可能存在多个。

（3）最大元一定是极大元，最小元一定是极小元。

（4）孤立结点既是极小元也是极大元。

定义 4.28　设 $\langle A, \leqslant \rangle$ 为偏序集，$B \subseteq A$。

（1）若 $\exists y \in A$，使得 $\forall x(x \in B \rightarrow x \leqslant y)$ 成立，则称 y 为 B 的**上界**。

（2）若 $\exists y \in A$，使得 $\forall x(x \in B \rightarrow y \leqslant x)$ 成立，则称 y 为 B 的**下界**。

（3）令 $C = \{y \mid y$ 为 B 的上界$\}$，则称 C 的最小元为 B 的**最小上界**或**上确界**。

（4）令 $D = \{y \mid y$ 为 B 的下界$\}$，则称 D 的最大元为 B 的**最大下界**或**下确界**。

例 4.27　考虑图 4-9 中的偏序集 $\langle A, \leqslant \rangle$，令 $B = \{b, c, d\}$，求 B 的上界和最小上界及 B 的下界和最大下界。

解　B 的上界有 d，f，最小上界为 d。

B 的下界和最大下界都不存在。

注意　（1）子集 B 的上界、下界、最小上界、最大下界不一定存在。最小上界、最大下界如果存在，则是唯一的。

（2）子集 B 的最小元就是 B 的最大下界，同样，子集 B 的最大元就是它的最小上界。反之不一定成立，因为最大下界、最小上界可能不在集合 B 中。

4.7　函　　数

4.7.1　函数的定义和性质

1. 相关概念

定义 4.29　设 F 为二元关系。若对任意 $x \in \text{dom}F$ 都存在唯一的 $y \in \text{ran}F$ 使得 xFy 成立，则称 F 为函数。若 $\langle x, y \rangle \in F$，则记作 $y = F(x)$，称 y 是 F 在 x 的函数值。

函数是一种特殊的二元关系，其特殊性表现在"定义域中的任意值在值域中只有唯一的值与其对应"，即函数是序偶的集合，但 $X \times Y$ 的子集并不能都构成函数，需要满足如下两个条件：

（1）f 的定义域是 X，而不能是 X 的真子集；

（2）一个 $x \in X$ 只能唯一对应一个 $y \in Y$，即函数所反映的对应关系可以是"多对一"，不能是"一对多"。

定义 4.30　设 A 和 B 是两个集合，如果函数 f 满足条件 $\text{dom}f = A$，$\text{ran}f \subseteq B$，则称 f 为从 A 到 B 的函数，记作 $f : A \rightarrow B$。

定义 4.31　设 A 和 B 是两个集合，所有从 A 到 B 的函数构成集合 B^A，读作"B 上 A"，即 $B^A = \{f \mid f : A \rightarrow B\}$。

例 4.28　设 $A = \{1, 2, 3, 4\}$，$B = \{2, 3, 4, 6\}$，判断下列关系是否是从 A 到 B 的函数。

（1）$R_1 = \{\langle 2, 2 \rangle, \langle 2, 4 \rangle, \langle 2, 6 \rangle, \langle 3, 3 \rangle, \langle 3, 6 \rangle, \langle 4, 4 \rangle\}$

（2）$R_2 = \{\langle 1, 2 \rangle, \langle 2, 6 \rangle, \langle 3, 6 \rangle, \langle 4, 4 \rangle\}$

(3) $R_3=\{\langle1,3\rangle,\langle2,2\rangle,\langle3,6\rangle,\langle4,5\rangle\}$

解 (1) R_1 不是从 A 到 B 的函数，因为 $\mathrm{dom}f\neq A$。

(2) 由定义知，R_2 是从 A 到 B 的函数。

(3) R_3 不是从 A 到 B 的函数，因为 $\mathrm{ran}f$ 中的元素 5 不是 B 中的元素。

定义 4.32 设函数 $f: A\rightarrow B$，$A_1\subseteq A$，$B_1\subseteq B$。

(1) 令 $f(A_1)=\{f(x)\mid x\in A_1\}$，称 $f(A_1)$ 为 A_1 在 f 下的像。当 $A_1=A$ 时，称 $f(A_1)=f(A)=\mathrm{ran}f$ 是函数的像。

(2) 令 $f^{-1}(B_1)=\{x\mid x\in A\wedge f(x)\in B_1\}$，称 $f^{-1}(B_1)$ 为 B_1 在 f 下的**完全原像**。

例 4.29 设 $f: \mathbf{N}\rightarrow\mathbf{N}$，且 $f(x)=2x$。若 $A_1=\{1,2,3\}$，$A_2=\mathbf{N}$，$B=\{2\}$，求 A_1 和 A_2 在 f 下的像，B 在 f 下的完全原像。

解
$$f(A_1)=\{f(1),f(2),f(3)\}=\{2,4,6\}$$
$$f(A_2)=\{y\mid y=2n\wedge n\in\mathbf{N}\}$$
$$f^{-1}(B)=f^{-1}(2)=\{1\}$$

2. 函数的性质

定义 4.33 设函数 $f: A\rightarrow B$。

(1) 若 $\mathrm{ran}(f)=B$，即对任意 $b\in B$，必存在 $a\in A$，使 $f(a)=b$，则称 $f: A\rightarrow B$ 是**满射**的；

(2) 若对任意 $x_1,x_2\in A(x_1\neq x_2)$，都有 $f(x_1)\neq f(x_2)$，则称 $f: A\rightarrow B$ 是**单射**的；

(3) 若 $f: A\rightarrow B$ 既是满射的，又是单射的，则称 $f: A\rightarrow B$ 是**双射**的。

例 4.30 判断下列函数是否为单射、满射或双射的，并说明理由。

(1) $f: \mathbf{R}\rightarrow\mathbf{R}$，$f(x)=x-1$

(2) $f: \mathbf{R}\rightarrow\mathbf{R}$，$f(x)=\begin{cases}0,&x=1\\x-3,&x\neq1\end{cases}$

(3) $f: \mathbf{Z}^+\rightarrow\mathbf{R}$，$f(x)=\ln x$，$\mathbf{Z}^+$ 为正整数集

(4) $f: \mathbf{R}\rightarrow\mathbf{Z}$，$f(x)=\lfloor x\rfloor$

解 (1) $f(x)$ 是双射函数。因为它是单调函数，而且 $\mathrm{ran}(f)=\mathbf{R}$。

(2) $f(x)$ 不是满射函数，因为 $-2\notin\mathrm{ran}(f)$；也不是单射函数，因为 $f(1)=f(3)=0$。

(3) $f(x)$ 是单调上升的，因此是单射函数；但不是满射函数，因为 $\mathrm{ran}(f)=\{\ln1,\ln2,\cdots\}\neq\mathbf{R}$。

(4) $f(x)$ 是满射函数，但不是单射函数，因为 $f(1.8)=f(1.5)=f(1.1)=1$。

在实际问题中，有一些非常重要的常见函数。

(1) 常函数。设 $f: A\rightarrow B$，如果存在 $c\in B$，对 $\forall x\in A$，都有 $f(x)=c$，则称 $f: A\rightarrow B$ 为**常函数**。

(2) 恒等函数。称集合 A 上的恒等关系 I_A 为 A 上的**恒等函数**，对于 $\forall x\in A$，都有 $I_A(x)=x$。

(3) 特征函数。设 A 为集合，对于任意的 $A'\subseteq A$，令
$$\chi_{A'}(a)=\begin{cases}1,&a\in A'\\0,&a\in A-A'\end{cases}$$

则称 $\chi_{A'}: A\rightarrow[0,1]$ 为 A' 的**特征函数**。

（4）自然映射。设 R 是 A 上的等价关系，令 $g(a)=[a]$，则称 $g: A \rightarrow A/R$ 为从 A 到商集 A/R 的**自然映射**。

4.7.2　函数的复合和反函数

1. 函数的复合

函数的复合就是关系的复合。一切和关系复合有关的定理都适用于函数的复合。以下着重考虑函数在复合中的特有性质。类似于关系的左复合，以下的函数复合都采用左复合的规则。

定理 4.15　设 F，G 为函数，则 $F \circ G$ 也是函数，且满足以下条件：

（1）$\mathrm{dom}(F \circ G)=\{x \mid x \in \mathrm{dom}G \wedge G(x) \in \mathrm{dom}F\}$；

（2）对于任意的 $x \in \mathrm{dom}(F \circ G)$，有 $F \circ G(x)=F(G(x))$。

推论 1　设 F，G，H 为函数，则 $(F \circ G) \circ H$ 和 $F \circ (G \circ H)$ 都是函数，且
$$(F \circ G) \circ H=F \circ (G \circ H)$$

推论 2　设 $f: B \rightarrow C$，$g: A \rightarrow B$，则 $f \circ g: A \rightarrow C$，且对任意的 $x \in A$，有 $f \circ g(x)=f(g(x))$。

例 4.31　设 f，g 为实数上的函数，且
$$f(x)=\begin{cases} 0, & x>1 \\ x^2, & x \leqslant 1 \end{cases}, \quad g(x)=x-2$$
求 $f \circ g(x)$，$g \circ f(x)$。

解
$$f \circ g(x)=f(g(x))=\begin{cases} 0, & x>3 \\ (x-2)^2, & x \leqslant -3 \end{cases}$$
$$g \circ f(x)=g(f(x))=\begin{cases} -2, & x>1 \\ x^2-2, & x \leqslant 1 \end{cases}$$

定理 4.16　设 $f: B \rightarrow C$，$g: A \rightarrow B$。

（1）如果 f，g 是单射的，则 $f \circ g: A \rightarrow C$ 也是单射的。

（2）如果 f，g 是满射的，则 $f \circ g: A \rightarrow C$ 也是满射的。

（3）如果 f，g 是双射的，则 $f \circ g: A \rightarrow C$ 也是双射的。

该定理说明函数的复合运算能够保持单射、满射、双射的性质，但该定理的逆命题不一定成立，即如果 $f \circ g: A \rightarrow C$ 是单射（满射、双射）的，则 $f: B \rightarrow C$，$g: A \rightarrow B$ 不一定都是单射（满射、双射）的。

2. 反函数

定义 4.34　设函数 $F: A \rightarrow B$，若其逆关系 F^{-1} 是 $B \rightarrow A$ 的函数，则称 F^{-1} 是函数 F 的**逆函数**或**反函数**，记为 $F^{-1}: B \rightarrow A$。并称"-1"为函数的逆运算。

说明　（1）关系 F 都可以进行逆运算得到逆关系，但是函数 F 逆运算的结果不一定仍是一个函数。

（2）若 $F: A \rightarrow B$ 为单射函数，F^{-1} 不一定是 $B \rightarrow A$ 上的单射函数。

定理 4.17　设 $F: A \rightarrow B$ 是双射的，则 $F^{-1}: B \rightarrow A$ 也是双射函数，且满足
$$F^{-1} \circ F=I_A, \ F \circ F^{-1}=I_B$$

例 4.32 考虑例 4.31，如果 f 和 g 存在反函数，求出它们的反函数。

解 因为 $f: \mathbf{R} \to \mathbf{R}$ 不是双射的，所以不存在反函数。

因为 $g: \mathbf{R} \to \mathbf{R}$ 是双射的，所以它的反函数为

$$g^{-1}(x) = x + 2$$

4.8 关系的应用

4.8.1 拓扑排序

1. 相关概念

根据某个集合上的偏序关系 $\langle A, R \rangle$ 构造该集合上的一个全序关系 $\langle A, R' \rangle$，这个操作称为**拓扑排序**。拓扑排序被广泛地应用在项目安排和工作调度中。

这类算法通常描述为：一项工作由若干个任务构成，这些任务构成集合 T。T 上存在偏序关系 $\leqslant$，$\langle t_1 \prec t_2 \rangle$ 表示任务 t_2 只能在任务 t_1 完成后才能开始，根据这个偏序关系找到与其相容的全序关系，这个全序关系就是求解的任务完成顺序。可以通过画出哈斯图，保证每个任务的所有前驱都排在该任务前面，并逐步求出哈斯图及其子图的极小元。

2. 问题描述

例 4.33 某高校计算机专业学生学习课程之间存在一些内在联系，一些课程的学习需要另外一些课程作基础，课程之间的先后关系如表 4-2 所示。

构造课程集合上的偏序关系，用偏序关系代表课程之间的优先顺序，即 $C_1 \prec C_2$ 代表课程 C_1 结束后课程 C_2 才能开始，如〈高等数学，离散结构〉，〈程序设计基础，数据结构〉，〈软件工程，软件测试技术〉等。我们画出以课程为结点，课程之间先后次序为边的哈斯图，如图 4-10 所示。通过逐步输出哈斯图及其子图的极小元次序来安排每学期开设的课程，这样安排的课程次序一定满足课程之间的内在联系。

表 4-2 课程之间的先后关系

课程编号	课程名称	先修课程
C_1	高等数学	NONE
C_2	程序设计基础	NONE
C_3	离散结构	C_1
C_4	数据结构	C_2
C_5	数据库原理及应用	C_2, C_3, C_4
C_6	软件工程	C_5
C_7	软件测试技术	C_4, C_6

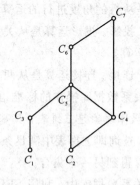

图 4-10 优先关系哈斯图

算法描述如下（C 是课程集合）：

(1) $k = 1$；

(2) 若 $C \neq \varnothing$，求出集合中的极小元 C_k 并输出；

（3）$C=C-\{C_k\}$；

（4）$k++$；

（5）转（2）执行。

得到的$\{\{C_1，C_2\}，\{C_3，C_4\}，\{C_5\}，\{C_6\}，\{C_7\}\}$序列就是所求的课程学习次序。

4.8.2　数据库和关系

1. 关系数据库简介

在一个给定的应用领域中，所有关系的集合构成一个**关系数据库**。关系数据库中使用关系模型组织和存储数据，一个关系就是一个二维表。二维表的形式如表 4-3 所示。数据表中的每一行即为一个元组（记录），数据表中的每一列称为一个**属性**（字段）。表是由其包含的各种字段定义的，每个字段描述了它所包含数据的意义。

表 4-3　学生信息二维表

学号(id)	姓名(name)	性别(sex)	年龄(age)	所在系(dep)
19407401	李勇	男	20	计算机系
19407402	刘晨	女	19	计算机系
19414101	高晓妍	女	18	生物系
19421302	李喆	男	19	数学系

元组的集合构成一张数据表。一个元组有 n 个分量，代表数据表中有 n 列，因此这个元组又叫 n 组，可视为一个 n 元有序组。故一张二维表是 n 元有序组的集合，也是一个 n **元关系**。关系的运算可分为集合运算和专门的关系运算。集合运算是二目运算，即传统的并、交、差、笛卡儿积 4 种运算。专门的关系运算包括选择、投影、连接等运算。

（1）选择。设关系 R 有 m 个 n 元组，选择运算是从关系 R 中选择满足给定条件的诸元组，这是从行的角度进行的运算。

（2）投影。投影运算是从关系 R 中选择出若干属性列组成新的关系，这是从列的角度进行的运算。

（3）连接。连接运算是从两个关系的笛卡儿积中选取属性间满足一定条件的元组。

对关系数据库操作的标准语言是结构化查询语言 SQL（Structured Query Language）。SQL 的操作对象是二维表，其基本操作包括插入、查询、删除、修改等。其中查询是最常用的操作。查询即选择表中满足条件的行和列。查询可以看作一种一元运算，即从一个集合通过运算得到另一个集合。

在关系数据库中，利用 SELECT 语句查询表中的全部数据。数据查询可分为单表查询、连接查询和集合查询等。

（1）单表查询。查询结果的数据列来自一个数据表，称作**单表查询**。其基本语句格式为

SELECT Col FROM Tab［WHERE F］

说明 SELECT Col 用于选择需要输出的列，如果选择一个表中的全部列，则可以用通配符"＊"；FROM Tab 用于指定输出列所在的数据表；WHERE F 指明输出数据需满足的条件，即筛选条件。当有多个条件时根据语义用"and"或"or"将多个条件连接起来。如果缺省该项，则查询全部信息的指定列。

（2）多表查询。查询结果的数据列来自多个数据表，称作**多表查询**或**连接查询**。其基本语句格式为

  SELECT Tabi. Coli FROM Tabi WHERE Tab1. A＝Tab2. A［and F］i＝1,2,…

其中"A"为两个表的公共属性名。

说明 ① 当查询信息涉及的数据列来自不同数据表时，需用"表名. 列名"指明对应列所在的数据表，且在 FROM 子句指定从哪些表中查询，表名之间用","分隔。

② 多表查询时 WHERE 子句至少有一个条件作为两个表查询的链接条件，链接条件一般用"两个表的公共属性值相同"来表示。

③ WHERE 子句除链接条件，还可以包含若干个筛选条件。链接条件和筛选条件之间用"and"连接。

（3）嵌套查询。嵌套在另一个查询语句中的查询语句称作**嵌套查询**。外部的 SELECT 语句叫外层查询或父查询，内部的 SELECT 语句叫内层查询或子查询。

（4）集合查询。两个查询语句的查询结果的结构完全一致时，可以让这两个查询执行并、交、差操作，运算符为 UNION、INTERSECT 和 EXCEPT。其基本语句格式为

  （SELECT 查询语句 1）UNION/INTERSECT/EXCEPT（SELECT 查询语句 2）

其中每个 SELECT 语句符合查询基本语句格式。

选择运算、投影运算和连接运算即为二元关系中的限制运算、像运算和复合运算。SQL 查询中允许使用普通的并、交、差运算，笛卡儿积运算可以使用 SQL 语句中的多表连接查询实现。

如"检索数学系和计算机系的所有学生"可以用如下两种 SQL 语句完成，两种查询语句的查询结果完全相同。

语句 1：

  SELECT Sname FROM S

  WHERE dep＝"数学系" or dep＝"计算机系"

语句 2：

  SELECT Sname FROM S WHERE dep＝"数学系" UNION

  SELECT Sname FROM S WHERE dep＝"计算机系"

2. 问题描述

例 4. 34 某高校学生管理数据库中有三个表：学生信息表 S(Sid, Sname, sex, age, dep)，课程信息表 C(Cid, Cname, credit)，学生选课信息表 SC(Sid, Cid, grade)，按要求在数据库中查询数据。

（1）写出下列 SQL 查询语句。

① 查询计算机系的所有学生的姓名；

② 查询所有学生的学号、姓名、所在系；

③ 查询学生的选课情况，包括学号、姓名、课程名、成绩；

④ 查询数学系和计算机系的所有学生的姓名、所在系；

⑤ 查询既选修"高等数学"又选修"离散结构"课程的学生的学号；

⑥ 查询选修"高等数学"但不选修"离散结构"课程的学生的学号。

(2) 分别给出一个学生信息表、课程信息表和学生选课信息表，在表中分析①～⑥的查询结果，并指明每个查询语句对哪些关系表做了哪些关系运算或集合运算。

解 (1) 查询语句如下：

① SELECT Sname FROM S WHERE dep＝"计算机系"

② SELECT Sid，Sname，dep FROM S

③ SELECT S. Sid，S. Sname，C. Cname，SC. grade FROM S，C，SC

WHERE S. Sid＝SC. Sid and C. Cid＝SC. Cid

④ SELECT Sname，dep FROM S WHERE dep＝"数学系" UNION

SELECT Sname，dep FROM S WHERE dep＝"计算机系"

⑤ SELECT Sid FROM SC WHERE Cid in

(SELECT Cid FROM C WHERE course＝"高等数学")

INTERSECT SELECT Sid FROM SC WHERE Cid in

(SELECT Cid FROM C WHERE course＝"离散结构")

⑥ SELECT Sid FROM SC WHERE Cid in

(SELECT Cid FROM C WHERE course＝"离散结构")

EXCEPT SELECT Sid FROM SC WHERE Cid in

(SELECT Cid FROM C WHERE course＝"操作系统")

(2) 给出学生信息表、课程信息表和学生选课信息表，如表 4－4～表 4－6 所示。

表 4－4　学生信息表 S

学号 Sid	姓名 Sname	性别 sex	年龄 age	所在系 dep
19407401	李勇	男	20	计算机系
19407402	刘晨	女	19	计算机系
19407403	王敏	女	18	计算机系
19407405	张立	男	19	计算机系
19414101	高晓妍	女	18	生物系
19414102	郭晖	男	18	生物系
19414103	黄露	女	18	生物系
19421301	景鹏	男	19	数学系
19421302	李喆	男	19	数学系

表 4 - 5　课程信息表 C

课程号 Cid	课程名 Cname	学分 credit
1	离散结构	4
2	高等数学	2
3	操作系统	3
4	大学英语	4

表 4 - 6　学生选课信息表 SC

学号 Sid	课程号 Cid	成绩 grade
19407401	1	92
19407401	2	85
19407401	3	88
19414101	1	72
19414101	2	80
19421301	2	65

查询结果如图 4 - 11～图 4 - 16 所示。

查询2		
Sid	Sname	dep
19407401	李勇	计算机系
19407402	刘晨	计算机系
19407403	王敏	计算机系
19407405	张立	计算机系
19414101	高晓妍	生物系
19414102	郭晖	生物系
19414103	黄露	生物系
19421301	景鹏	数学系
19421302	李喆	数学系

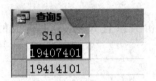

图 4 - 13　查询③结果

图 4 - 14　查询④结果

查询5
Sid
19407401
19414101

图 4 - 15　查询⑤结果

图 4 - 16　查询⑥结果

查询语句①对 S 表执行了选择运算和投影运算，即关系的限制运算和像运算。查询语句②对 S 表执行了投影运算。查询语句③对 S 表、C 表和 SC 表执行了连接运算、选择运算和投影运算。查询语句④对 S 表执行了集合的并运算、选择运算和投影运算。查询语句⑤对 C 表和 SC 表执行了集合的交运算、连接运算、选择运算和投影运算。查询语句⑥对 C 表和 SC 表执行了集合的差运算、连接运算、选择运算和投影运算。

习　题　4

4.1　已知集合 $A=\{1,2,3,4\}$，用集合法表示下述 A 上元素之间的关系。

(1) x^2 是 y 的倍数

(2) $(x-y)^2$ 是 A 中的元素

(3) $x\neq y$

4.2　已知集合 $A=\{0,1\}$，$B=\{1\}$，写出集合 A 到 B 上的所有关系。

4.3　已知集合 $A=\{1,2,3,4\}$，$B=\{0,1,2\}$，用关系矩阵和关系图表示下列从 A 到 B 的二元关系。

(1) $R_1=\{\langle 1,1\rangle,\langle 2,0\rangle,\langle 3,0\rangle,\langle 4,2\rangle\}$

(2) $R_2=\{\langle 1,0\rangle,\langle 1,1\rangle,\langle 2,0\rangle,\langle 3,1\rangle,\langle 4,0\rangle,\langle 4,1\rangle,\langle 4,2\rangle\}$

4.4　已知关系 $R=\{\langle 1,1\rangle,\langle 1,0\rangle,\langle 2,4\rangle,\langle 3,2\rangle,\langle 4,3\rangle\}$，求：

(1) $\mathrm{dom}(R)$，$\mathrm{ran}(R)$，$\mathrm{fld}(R)$

(2) R^{-1}

(3) $R\circ R$

(4) $F\upharpoonright\{1,2\}$，$F[\{2,3\}]$

4.5　已知关系 $R=\{\langle 1,1\rangle,\langle 1,2\rangle,\langle 2,3\rangle,\langle 3,4\rangle\}$，求 R^3。

4.6　已知集合 $A=\{1,2,3\}$，R_1，R_2 和 R_3 为 A 上的关系。$R_1=\{\langle 1,2\rangle,\langle 2,3\rangle\}$，$R_2=\{\langle 1,3\rangle\}$，$R_3=\{\langle 1,1\rangle,\langle 1,2\rangle,\langle 2,2\rangle,\langle 2,3\rangle,\langle 3,1\rangle,\langle 3,3\rangle\}$。说明 R_1，R_2 和 R_3 有何性质并说明理由。

4.7　已知集合 $A=\{1,2,3,4\}$，在 A 上的关系 $R=\{\langle 1,2\rangle,\langle 2,3\rangle,\langle 3,2\rangle,\langle 3,3\rangle,\langle 4,3\rangle\}$，求 $r(R)$，$s(R)$，$t(R)$ 以及 $t(s(r(R)))$。

4.8　设 R_1 和 R_2 为非空集合 A 上的关系，且 $R_1\subseteq R_2$，试证：

(1) $r(R_1)\subseteq r(R_2)$

(2) $s(R_1)\subseteq s(R_2)$

(3) $t(R_1)\subseteq t(R_2)$

4.9　已知集合 $A=\{1,2,3,4\}$，R 是 A 上的等价关系且 R 在 A 上构成的等价类是 $\{1,2\}$，$\{3,4\}$，求：

(1) R

(2) $r(R)$，$s(R)$，$t(R)$

4.10　证明：实数集上的关系 $S=\{\langle x,y\rangle\mid x,y\in R\wedge(x-y)/3\ \text{是整数}\}$ 是一个等价

关系。

4.11　已知集合 $A=\{1, 2, 3, \cdots, 19, 20\}$，$R$ 是 A 上模 5 同余的等价关系，求商集 A/R。

4.12　证明集合 $A=\{2, 3, 6, 12, 24, 36\}$ 上的整除关系是偏序关系。

4.13　已知 $A=\{1, 2, 3, \cdots, 10, 11, 12\}$，画出 $\langle A, 整除\rangle$ 的哈斯图。

4.14　设 $\langle A, R\rangle$ 为偏序集，其中 $A=\{1, 2, 3, 4, 6, 9, 24, 54\}$，$R$ 是 A 上的整除关系。

(1) 画出 $\langle A, R\rangle$ 的哈斯图；

(2) 求 A 中的极大元；

(3) 令 $B=\{4, 6, 9\}$，求 B 的上确界和下确界。

4.15　判断下列关系中哪些是函数？

(1) $R_1=\{\langle x, y\rangle | x\in \mathbf{R} \wedge y\in \mathbf{R} \wedge y=x^3\}$

(2) $R_2=\{\langle x, y\rangle | x\in \mathbf{Z} \wedge y\in \mathbf{Z} \wedge x+y \rangle 100\}$

4.16　对于以下给定的每组集合 A 和 B，构造从 A 到 B 的双射函数。

(1) $A=\{1, 2, 3\}$，$B=\{a, b, c\}$

(2) $A=\{x | x\in \mathbf{Z} \wedge x < 0\}$，$B=\mathbf{N}$

4.17　设 $\mathbf{Z}$ 为整数集，函数 $f: \mathbf{Z}\times \mathbf{Z}\to \mathbf{Z}$，且 $f(x, y)=x+y$：

(1) 判断函数 f 的性质，并说明理由；

(2) 求 $f(x, x)$，$f(x, -x)$。

4.18　已知 f, g 为实数上的函数，且 $f(x)=2x^2+1$，$g(x)=-x+7$，求 $g\circ f$，$f\circ g$，$f\circ f$，$g\circ g$ 的解析式。

4.19　某城市电话号码由地区码-区内编码两部分组成，组成规则如表 4-6 所示。地区码：空白或者三位数字；区内编码：非 0 和 1 开头的四位数字。试按照编码规则校验电话号码的合法性，采用等价类测试法设计有效等价类测试用例和无效等价类测试用例。

表 4-6　电话号码组成规则的等价类表

输入条件	有效等价类	无效等价类
地区码	(1) 空白 (2) 三位数字	(4) 有非数字字符 (5) 少于三位数字 (6) 多于三位数字
区内编码	(3) 2000～9999 四位数字	(7) 有非数字字符 (8) 起始数字为 0 (9) 起始数字为 1 (10) 少于四位数字 (11) 多于四位数字

4.20　某高校计算机科学与技术专业开设的课程以及课程之间的先后关系如表 4-7

所示，试根据该表的课程关系，安排该专业这些课程的开设顺序。

表 4 - 7　课程关系表

课程编号	课程名称	先修课程
C_1	程序设计基础	NONE
C_2	离散数学	C_1
C_3	数据结构	C_1，C_2
C_4	汇编语言	C_1
C_5	高级语言	C_3，C_4
C_6	计算机组成原理	C_1
C_7	编译原理	C_5，C_3
C_8	操作系统	C_3，C_6
C_9	高等数学	NONE
C_{10}	线性代数	C_9
C_{11}	普通物理	C_9
C_{12}	数值分析	C_9，C_1，C_{10}

第三篇 图 论 基 础

　　图论是一门古老的学科,它最早起源于一些数学游戏的难题研究,如1736年欧拉所解决的哥尼斯堡七桥问题等。随着近年来社交网络、神经网络等研究领域的蓬勃发展,其研究价值也愈发重要。图论的许多研究成果已在各科技领域得到广泛应用,在解决运筹学、网络理论、信息论、控制论、博弈论等经典领域显示出其强大的功能,在人工智能、计算机视觉等新兴领域也扮演着愈发重要的角色。

　　本篇仅介绍图论的一些基本概念和定理,以及图论的一些典型的应用实例,目的是在今后对计算机有关学科的学习研究时,可以用图论的基本知识作为工具。本篇主要内容有:第5章,图的基本概念;第6章,一些特殊的图;第7章,树。由于这些章节的定义定理繁多,内容抽象,许多读者会感觉不适应,为此,我们引入了更多的应用实例来帮助读者理解相关概念,对于几类典型的问题(如最短路径问题,中国邮递员问题等)还附上了相应的算法及步骤详解,并寄希望于有兴趣的读者以该章节为起点去研究更高深的图论知识。

第 5 章　图的基本概念

5.1　无向图及有向图

5.1.1　无向图

无序积　设 A, B 为两集合，称 $\{\{a, b\} \mid a \in A \land b \in B\}$ 为 A 与 B 的无序积，记作 $A \& B$。将无序对 $\{a, b\}$ 记作 (a, b)。

定义 5.1　一个无向图 G 是一个二元组 $\langle V, E \rangle$，即 $G = \langle V, E \rangle$，其中：

(1) V 是一个非空的集合，称为 G 的**顶点集**，V 中元素称为顶点或结点；

(2) E 是无序积 $E \& E$ 的一个多重子集，称 E 为 G 的**边集**，E 中元素称为**无向边**或简称**边**。

5.1.2　有向图

定义 5.2　一个有向图 D 是一个二元组 $\langle V, E \rangle$，即 $D = \langle V, E \rangle$，其中：

(1) V 同无向图中的顶点集；

(2) E 是笛卡尔积的多重子集，其元素称为**有向边**，简称**边**。

例 5.1　给定无向图和有向图的图形如图 5-1(a) 和 (b) 所示，试写出各图的顶点集和边集。

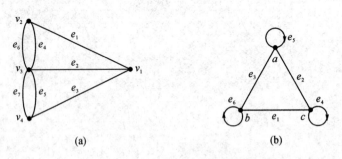

(a)　　　　　　　　　　　　　(b)

图 5-1　无向图和有向图

解

(a) 对应无向图 $G = \langle V, E \rangle$，其中顶点集 $V = \{v_1, v_2, v_3, v_4\}$，边集 $E = \{(v_1, v_2),$ $(v_1, v_3), (v_1, v_4), (v_2, v_3), (v_2, v_3), (v_3, v_4), (v_3, v_4)\}$，边集也可写成 $E = \{e_1, e_2,$ $e_3, e_4, e_5, e_6, e_7\}$；

(b) 对应有向图 $D = \langle V, E \rangle$，其中顶点集 $V = \{a, b, c\}$，边集 $E = \{\langle c, b \rangle, \langle c, a \rangle,$

$\langle b, a\rangle, \langle c, c\rangle, \langle a, a\rangle, \langle b, b\rangle\}$，边集也可写成 $E=\{e_1, e_2, e_3, e_4, e_5, e_6\}$。

5.1.3 相关概念

1. 几种特殊的图

设 $G=\langle V, E\rangle$ 为一无向图或有向图：

(1) 若 V, E 都是有穷集合，则称 G 是有限图。

(2) 若 $|V|=n$，则称 G 为 n 阶图。

(3) 若 $E=\varnothing$，则称 G 为**零图**。特别地，若此时又有 $|V|=1$，则称 G 为**平凡图**。

(4) 若 $V=\varnothing$，则称图 G 为**空图**。

2. 关联

定义 5.3 设 $e_k=(v_i, v_j)$ 为无向图 $G=\langle V, E\rangle$ 中的一条边，称 v_i 和 v_j 为 e_k 的端点，e_k 与 v_i（或 v_j）是彼此关联的。

(1) 无边关联的顶点称为孤立点；

(2) 若一条边所关联的两条边重合，则称此边为环；

(3) e_k 与 v_i（或 v_j）的关联次数可用于表达关联矩阵。

3. 相邻和邻接

定义 5.4 设无向图 $G=\langle V, E\rangle$，v_i, $v_j\in V$，e_k, $e_l\in E$。

(1) 若存在一条边 e 以 v_i, v_j 为端点，即 $e=(v_i, v_j)$，则称 v_i, v_j 是彼此相邻的，简称相邻的。

(2) 若 e_k, e_l 至少有一个公共端点，则称 e_k, e_l 是彼此相邻的，简称相邻的。

类似可对有向图进行定义，只是这时若 $e_k=(v_i, v_j)$，除称 v_i, v_j 是 e_k 的端点外，还称 v_i 是 e_k 的始点，v_j 是 e_k 的终点，v_i 邻接到 v_j，v_j 邻接于 v_i。

4. 顶点的度

定义 5.5 设 $G=\langle V, E\rangle$ 为一无向图，$v_j\in V$，称 v_j 作为边的端点的次数之和为 v_j 的度数，简称度，记作 $d(v_j)$。

设 $D=\langle V, E\rangle$ 为一有向图，$v_j\in V$，称 v_j 作为边的始点的次数之和为 v_j 的**出度**，记作 $d^+(v_j)$；称 v_j 作为边的终点的次数之和为 v_j 的**入度**，记作 $d^-(v_j)$；称 v_j 作为边的端点的次数之和为 v_j 的**度数**，简称度，记作 $d(v_j)$。显然，$d(v_j)=d^+(v_j)+d^-(v_j)$。

称度数为 1 的顶点为**悬挂顶点**，它所对应的边为**悬挂边**。

例如在图 5-1(a)中，顶点 v_3 的度数为 5，记作 $d(v_3)=5$，图 5-1(b)中，顶点 a 的入度为 3，出度为 1，有向环同时提供一个入度和一个出度，记作 $d^-(a)=3$, $d^+(a)=1$, $d(a)=d^+(a)+d^-(a)=4$。

对于图 $G=\langle V, E\rangle$，记 $\Delta(G)=\max\{d(v)|v\in V\}$，$\delta(G)=\min\{d(v)|v\in V\}$，分别称为 G 的**最大度**和**最小度**。

若 $D=\langle V, E\rangle$ 是有向图，除了 $\Delta(D)$, $\delta(D)$ 外，还有最大出度、最大入度、最小出度、最小入度，分别定义为

$$\Delta^+(D)=\max\{d^+(v)|v\in V\} \qquad \Delta^-(D)=\max\{d^-(v)|v\in V\}$$

$$\delta^+(D)=\min\{d^+(v)\,|\,v\in V\} \qquad \delta^-(D)=\min\{d^-(v)\,|\,v\in V\}$$

例 5.2　给定图 5-2，试分别写出图(a)、(b)的最大度和最小度。

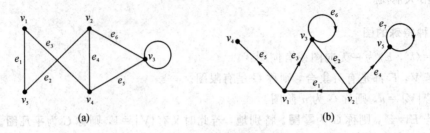

图 5-2　最大度和最小度

解　从图 5-2 知，(a)是无向图，只有最大度和最小度，$\Delta(G)=4$，$\delta(G)=2$，最大度在 v_3 处取得，$d(v_3)=4$，其中环提供两度；最小度分别在 v_1 或 v_5 处取得，$d(v_1)=d(v_5)=2$。

(b)是有向图，具有 6 个度，最大度 $\Delta(D)=4$ 在 v_3 处取得，最小度 $\delta(D)=1$ 在 v_4 处取得；最大入度 $\Delta^-(D)=3$，在 v_3 处取得，其中环提供一个入度和一个出度；最大出度 $\Delta^+(D)=3$，在 v_2 处取得；最小入度 $\delta^-(D)=0$，在 v_2 处取得；最小出度 $\delta(D)=0$，在 v_4 处取得；另外 v_4 是悬挂顶点，e_5 是悬挂边。

那么知道一个图的出度和入度，对于指导我们生产或生活有什么帮助呢？举个例子，当下抖音小视频异常火爆，很多人都梦想着当网红，如果你稍加留心一些较成功的网红，你会发现关注她的粉丝量是非常多的。如果把关注行为视为一条有向边，那么受关注的结点一般拥有很高的"入度"，于是我们可以把一个结点的入度看作是结点中心性的度量指标。"中心性"是社交网络中的重要概念，它定义了一个结点的重要性。通俗地讲，在一个社交网络中一个结点的"中心性"越高，意味着该结点是中心角色，也即具有影响力的用户。如果我们想成为自己生活圈中更具影响力的人，不妨去提高自身结点的"入度"。

5.1.4　平行边、重数、多重图、简单图

定义 5.6　在无向图中，关联一对顶点的无向边如果多于 1 条，称这些边为**平行边**。平行边的条数称为**重数**。在有向图中，关联一对顶点的有向边如果多于 1 条，且它们的始点与终点相同，则称这些边为有向平行边，简称平行边。含平行边的图称为**多重图**。既不含平行边，也不含环的图称为**简单图**。

例 5.3　观察图 5-3，指出哪些图是简单图？哪些图是多重图？为什么？

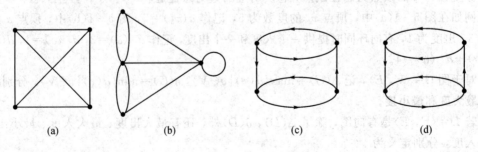

图 5-3　简单图和多重图

解 据简单图和多重图的定义知：(a)、(c)是简单图，因为它们无环且不含平行边；(b)、(d)是多重图，因为(b)既有环又有平行边，(d)上边存在一对有向平行边。

5.1.5 基本定理(握手定理)

定理 5.1 设图 $G=\langle V,E\rangle$ 为无向图或有向图，$V=\{v_1,v_2,\cdots,v_n\}$，$|E|=m$(m 为边数)，则

$$\sum_{i=1}^{n}d(v_i)=2m$$

证明 设图 G 有 m 条边，每条边均连接 2 个结点，即每条边提供 2 度，m 条边总共提供 $2m$ 度。

定理 5.2 设有向图 $D=\langle V,E\rangle$，$V=\{v_1,v_2,\cdots,v_n\}$，$|E|=m$，则

$$\sum_{i=1}^{n}d^+(v_i)=\sum_{i=1}^{n}d^-(v_i)=m$$

证明 对于每条有向边，箭头一头指入，一头背出，故所有入度和必等于出度和，再结合握手定理，两者平分 $2m$ 度，皆得 m 度。

推论 任何图(无向的或有向的)中，度为奇数的顶点个数为偶数。

度数序列：设 $V=\{v_1,v_2,\cdots,v_n\}$ 为图 G 的顶点集，称 $(d(v_1),d(v_2),\cdots,d(v_n))$ 为 G 的度数序列。

定理 5.3 设非负整数序列 $d=(d_1,d_2,\cdots,d_n)$，则 d 是可图画的当且仅当 $\sum_{i=1}^{n}d_i$ 是偶数。

证明 必要性显然，定理 5.1 即可证明，下面证明充分性。

由于 $\sum_{i=1}^{n}d_i$ 是偶数，则必有偶数个奇度顶点，不妨设它们分别为 $d_1,d_2,\cdots,d_k,d_{k+1}$，$\cdots,d_{2k}$，构造以 d 为度数列的 n 阶无向图 $G=\langle V,E\rangle$ 有 $V=\{v_1,v_2,\cdots,v_n\}$，在顶点 v_r 和 v_{r+k} 之间连边，$r=1,2,\cdots,k$。若 d_i 为偶数，令 $d_i'=d_i$，若 d_i 为奇数，令 $d_i'=d_i-1$，得新度数列 $d'=(d_1',d_2',\cdots,d_n')$，则 d_i' 均为偶数。再在 v_i 处画 $d_i'/2$ 条环，$i=1,2,\cdots,n$。这就证明了 d 是可图画的。

定理 5.4 设 G 为任意 n 阶无向简单图，则 $\Delta(G)\leqslant n-1$。

例 5.4 判断下列各度数列哪些是可图画的，哪些是可简单图画的。

(1) $(3,3,3,3)$
(2) $(3,3,3,2,2)$
(3) $(5,4,3,2,2)$
(4) $(5,5,5,5,5,1)$

解 由可图画的充分必要条件知，除(2)的度数列和为奇数不可图画外，其余皆可图画。(3)不可简单图画，因为 $\Delta(G)=5>4$，与 $\Delta(G)\leqslant n-1$ 矛盾；(4)不可简单图画，因为前五点的度数是 5，意味着它们要与不相邻的每个顶点有关联，但最后一个顶点的度数为 1，

不能为前五点提供 5 度；(1)可简单图画，只需四点互连即可。

5.1.6　无向完全图、有向完全图

定义 5.7　设 $G=\langle V,E\rangle$ 是 n 阶无向简单图，若 G 中任何顶点都与其余的 $n-1$ 个顶点相邻，则称 G 为 n 阶**无向完全图**，记作 K_n。

设 $D=\langle V,E\rangle$ 为 n 阶有向简单图，若对于任意的顶点 $u,v\in V(u\neq v)$，既有有向边 $\langle u,v\rangle$，又有 $\langle v,u\rangle$，则称 D 是 n 阶**有向完全图**。

设 $D=\langle V,E\rangle$ 为 n 阶有向简单图，若 D 的基图为 n 阶无向完全图 K_n，则称 D 为 n 阶**竞赛图**。

注意　后文中 K_n 均指无向完全图。

例 5.5　在图 5-4 中(a)为 K_4，(b)所示为 K_5，(c)所示为 3 阶有向完全图，(d)为 4 阶竞赛图。

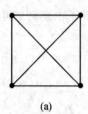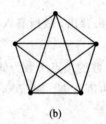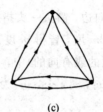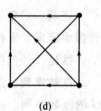

(a)　　　　　　(b)　　　　　　(c)　　　　　　(d)

图 5-4　完全图、竞赛图

5.1.7　子图

1. 子图和真子图

设 $G=\langle V,E\rangle$，$G'=\langle V',E'\rangle$ 是两个图。若 $V'\subseteq V$，且 $E'\subseteq E$，则称 G' 是 G 的子图，G 是 G' 的母图，记作 $G'\subseteq G$。

若 $G'\subseteq G$ 且 $G'\neq G$，即 $(V'\subset V$ 或 $E'\subset E)$，则 G' 是 G 的真子图。

2. 生成子图和导出子图

若 $G'\subseteq G$ 且 $V'=V$，则称 G' 是 G 的生成子图。

设 $V_1\subset V$ 且 $V_1\neq\varnothing$，以 V_1 为顶点集，以 G 中两端点均在 V_1 中的全体边为边集的 G 的子图，称为 V_1 导出的导出子图。

设 $E_1\subset E$，且 $E_1\neq\varnothing$，以 E_1 为边集，以 E_1 中关联的顶点的全体为顶点集的 G 的子图，称为 E_1 导出的导出子图。

例 5.6　在图 5-5 中，若将(a)视作母图，则(b)是生成子图，(c)是由顶点集 $V_1=\{v_1,v_2,v_3,v_5\}$ 导出的子图，(d)是由边集 $E_1=\{e_1,e_4,e_5\}$ 导出的子图。同时(b)也是由边集 $E_1=\{e_1,e_4,e_5,e_6\}$ 导出的子图，但不是由顶点导出的子图，因为 $V_2=\{v_1,v_2,v_3,v_4,v_5\}$ 不是 V 的真子集。

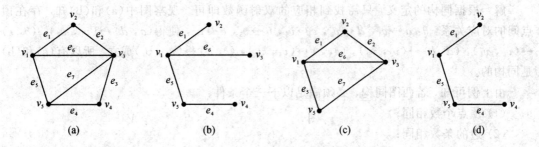

图 5-5 母图、生成子图、导出子图

5.1.8 补图

设 $G = \langle V, E \rangle$ 是 n 阶无向简单图。以 V 为顶点集,以所有能使 G 成为完全图 K_n 的添加边组成的集合为边集的图,称为 G 相对于完全图 K_n 的补图,简称 G 的补图,记作 $\bar{G}$。有向简单图的补图可类似定义。

在图 5-6 中,依据补图的定义可知:图中(a)与(b)互补,(c)与(d)互补。

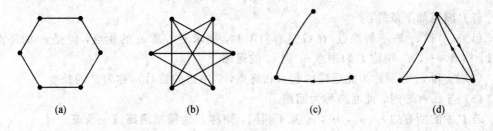

图 5-6 补图

5.1.9 图的同构

定义 5.8 设两个无向图 $G_1 = \langle V_1, E_1 \rangle$,$G_2 = \langle V_2, E_2 \rangle$,如果存在双射函数 $\theta: V_1 \rightarrow V_2$,使得对于任意的 $e = (v_i, v_j) \in E_1$ 当且仅当 $e' = (\theta(v_i), \theta(v_j)) \in E_2$,并且 e 与 e' 的重数相同,则称 G_1 与 G_2 是同构的,记作 $G_1 \cong G_2$。

若 G_1 与 G_2 为两个有向图,也可以类似地定义同构的概念,只是注意将无向边改为有向边,即 $\langle v_i, v_j \rangle \in E_1$ 当且仅当 $\langle f(v_i), f(v_j) \rangle \in E_2$ 且 $\langle v_i, v_j \rangle$ 与 $\langle f(v_i), f(v_j) \rangle$ 重数相同。

例 5.7 试说明图 5-7 中(a)和(b)是同构的。

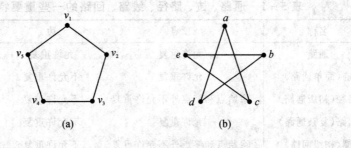

图 5-7 图的同构

解　根据同构的定义，只需找到相应的双射函数即可。观察图中(a)和(b)知，存在顶点间的对应关系：θ：$a\leftrightarrow v_1$，$d\leftrightarrow v_2$，$c\leftrightarrow v_5$，$b\leftrightarrow v_3$，$e\leftrightarrow v_4$，使得$(a,d)\leftrightarrow(v_1,v_2)$，$(b,e)\leftrightarrow(v_3,v_4)$，$(d,b)\leftrightarrow(v_2,v_3)$，$(e,c)\leftrightarrow(v_4,v_5)$，$(c,a)\leftrightarrow(v_5,v_1)$成立。所以有(a)和(b)是同构的。

由上例可知，若两图同构，必须满足以下三个条件：

(1) 顶点个数相同；

(2) 边的条数相同；

(3) 度数相同的结点数相同。

5.2　通路、回路、图的连通性

5.2.1　通路和回路

定义 5.9　给定图 $G=\langle V,E\rangle$，设 G 中顶点和边的交替序列为
$$\Gamma=v_0e_1v_1e_2v_2e_3,\cdots,v_{n-1}e_nv_n$$

若 Γ 满足如下条件：

(1) v_{i-1} 和 v_i 是 e_i 的端点（在 G 是有向图时，要求 v_{i-1} 是 e_i 的始点，v_i 是 e_i 的终点），$i=1,2,3,\cdots,n$，则称 Γ 为顶点 v_0 到 v_n 的**通路**。

(2) v_0 和 v_n 分别称为此通路的起点和终点，Γ 中边的数目 n 称为 Γ 的长度。

(3) 当 $v_0=v_n$ 时，此通路称为**回路**。

若 Γ 中的所有边 e_1，e_2，$\cdots$，e_n 互不相同，则称 Γ 为**简单通路**或一条**迹**。

若回路中的所有边互不相同，则称此回路为**简单回路**或一条**闭迹**。

若通路的所有顶点 v_0，v_1，v_2，$\cdots$，v_n 互不相同（从而所有边互不相同），则称此通路为**初级通路**或一条**路径**。

若回路中，除 $v_0=v_n$ 外，其余顶点各不相同，所有边也各不相同，则称此回路为**初级回路**或**圈**。

有边重复出现的通路称为**复杂通路**，有边重复出现的回路称为**复杂回路**。

注意　初级通路(回路)是简单通路(回路)，但反之不真。

由于上文的定义繁多，表 5-1 中总结了通路、迹、路径、回路和圈的一些重要特征，以帮助读者理解。

表 5-1　通路、迹、路径、线路、回路的一些重要特征

名称	顶点	边	说明
通路	允许重复	允许重复	
迹(简单通路)	允许重复	不允许重复	
路径(初级通路)	除始点和终点外不允许重复	不允许重复	
回路(复杂通路)	允许重复	不允许重复	非平凡闭迹
圈(初级回路)	除始点和终点外不允许重复	不允许重复	非平凡闭迹

为了加强读者对该节内容的理解，不妨考虑以下两个例题。

例 5.8 考虑图 $5-8$ 中 v_1 到 v_6 的通路有哪些？举出三个即可，并说明它们的长度以及是哪种通路。

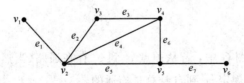

图 $5-8$ 无向图的通路

解 在图 $5-8$ 中，从 v_1 到 v_6 的通路有：

$\Gamma_1 = v_1 e_1 v_2 e_5 v_5 e_7 v_6$ 长度 3，初级通路

$\Gamma_2 = v_1 e_1 v_2 e_2 v_3 e_3 v_4 e_4 v_2 e_5 v_5 e_7 v_6$ 长度 6，简单通路

$\Gamma_3 = v_1 e_1 v_2 e_5 v_5 e_6 v_4 e_4 v_2 e_5 v_5 e_7 v_6$ 长度 6，复杂通路

例 5.9 考虑图 $5-9$ 中 v_2 到 v_2 的回路有哪些？举出三个即可，并说明它们是哪种回路。

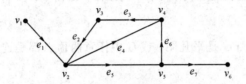

图 $5-9$ 有向图的通路

解 在图 $5-9$ 中，从 v_2 到 v_2 的回路有：

$\Gamma_1 = v_2 e_4 v_4 e_3 v_3 e_2 v_2$ 初级回路（圈）

$\Gamma_2 = v_2 e_5 v_5 e_6 v_4 e_3 v_3 e_2 v_2$ 初级回路（圈）

$\Gamma_3 = v_2 e_4 v_4 e_3 v_3 e_2 v_2 e_5 v_5 e_6 v_4 e_3 v_3 e_2 v_2$ 复杂回路

定理 5.5 在一个 n 阶图中，若从顶点 v_j 到 $v_k(v_j \neq v_k)$ 存在通路，则从 v_j 到 v_k 存在长度小于等于 $n-1$ 的通路。

证明 事实上，若 v_j 到 v_k 存在 $l \geqslant n$ 的通路，表明通路上有相同的顶点出现，即形成了回路，不妨把回路删除，则长度至少减 1。若还不满足要求，说明还有回路存在，依次删除之，只要是有限图，经有限步后必得小于等于 $n-1$ 的通路。

推论 在一个 n 阶图中，若从顶点 v_i 到 $v_j(v_i \neq v_j)$ 存在通路，则从 v_i 到 v_j 存在长度小于等于 $n-1$ 的初级通路。

证明 反证法。v_j 到 v_k 存在 $l \geqslant n$ 的初级通路，一条边关联两个顶点，则必有 $n+1$ 个顶点出现在初级通路上，这与图 G 只有 n 个顶点矛盾。

类似可证明下列定理及推论，读者不妨一试。

定理 5.6 在一个 n 阶图中，如果存在 v_i 到自身的回路，则从 v_i 到自身存在长度小于等于 n 的回路。

推论 在一个 n 阶图中，如果 v_i 到自身存在一条简单回路，则从 v_i 到自身存在长度小于等于 n 的初级回路。

5.2.2 图的连通性

1. 连通

定义 5.10 在无向图 G 中，若从顶点 v_i 到 v_j 存在通路（当然从 v_j 到 v_i 也存在通路），则称 v_i 到 v_j 是连通的。规定 v_i 到自身总是连通的。

在有向图 D 中，若从顶点 v_i 到 v_j 存在通路，则称 v_i 可达 v_j。规定 v_i 到自身总是可达的。

2. 短程线

设 v_i，v_j 为无向图 G 中的任意两点，若 v_i 与 v_j 是连通的，则称 v_i 与 v_j 之间长度最短的通路为 v_i 与 v_j 之间的短程线；短程线的长度称为 v_i 与 v_j 之间的距离，记作 $d(v_i, v_j)$。

设 v_i，v_j 为有向图 D 中任意两点，若 v_i 可达 v_j，则称从 v_i 到 v_j 长度最短的通路为 v_i 到 v_j 的短程线；短程线的长度称为 v_i 到 v_j 的距离，记作 $d\langle v_i, v_j \rangle$。

3. 图的连通性

定义 5.11 若无向图 G 是平凡图，或 G 中任意两顶点都是连通的，则称 G 是**连通图**；否则，称 G 是**非连通图**。

无向图中，顶点之间的连通关系是等价关系。设 G 为一个无向图，R 是 G 中顶点之间的连通关系，根据 R 可将 $V(G)$ 划分成 $k(k \geqslant 1)$ 个等价类，记成 V_1，V_2，…，V_k，由它们导出的导出子图 $G[V_1]$，$G[V_2]$，…，$G[V_k]$，称为 G 的**连通分支**，其个数记为 $p(G)$。

定义 5.12 设 D 是一个有向图，如果略去 D 中各有向边的方向后所得无向图 G 是连通图，则称 D 是**连通图**，或称 D 是**弱连通图**。

若 D 中任意两顶点至少一个可达另一个，则称 D 是**单向连通图**。

若 D 中任何一对顶点都是相互可达的，则称 D 是**强连通图**。

例 5.10 在图 5-10 中，据连通图的相关定义可知三图去掉有向边后的无向图都是连通的，所以 (a)、(b)、(c) 至少都是弱连通的；(a) 中 a 到 d 是不可达的且 d 到 a 也是不可达的，所以 (a) 只是弱连通的；(b) 中有通路 $afedbc$，但是 c 到其余各点皆不可达，所以 (b) 是单向连通的；(c) 中存在回路 $afedcba$，各点都是可达的，所以 (c) 是强连通的。

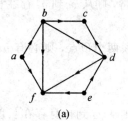
(a)

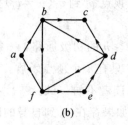
(b)

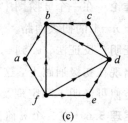
(c)

图 5-10　图的连通性

5.2.3　割集

1. 点割集

定义 5.13　设无向图 $G=\langle V, E\rangle$，若存在顶点子集 $V'\subset V$，使 G 删除 V'（将 V' 中顶点及其关联的边都删除）后，所得子图 $G-V'$ 的连通分支数与 G 的连通分支数满足 $p(G-V')>p(G)$，而删除 V' 的任何真子集 V'' 后，$p(G-V'')=p(G)$，则称 V' 为 G 的一个点割集。

若点割集中只有一个顶点 v，则称 v 为**割点**。

2. 边割集

定义 5.13(续)　若存在边集子集 $E'\subset E$，使 G 删除 E'（将 E' 中的边从 G 中全删除）后，所得子图的连通分支数与 G 的连通分支数满足 $p(G-E')>p(G)$，而删除 E' 的任何真子集 E'' 后，$p(G-E'')=p(G)$，则称 E' 是 G 的一个**边割集**。

若边割集中只有一条边 e，则称 e 为**割边**或**桥**。

例 5.11　考虑图 5-11，找出图中所有的边割集和点割集。

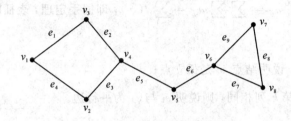

图 5-11　边割集和点割集

解　由点割集的定义可知 V' 是 V 的真子集，删除 V' 后连通分支数变大，但删除 V' 的任意真子集 V'' 后连通分支数不变。在图 5-11 中 $\{v_2, v_3\}$ 是点割集，因为删除 $\{v_2, v_3\}$ 后连通分支数变大，删除 $\{v_2, v_3\}$ 任意的真子集后连通分支数仍然是 1。同理可知，$\{v_5\}$、$\{v_4\}$、$\{v_6\}$ 也是点割集，且 v_5、v_4、v_6 都是割点。

同理，由边割集的定义，在图 5-11 中 $\{e_2, e_3\}$ 是边割集，因为删除 $\{e_2, e_3\}$ 后连通分支数变为 2，删除 $\{e_2, e_3\}$ 的任意真子集，其连通分支数仍然是 1，类似的还有 $\{e_1, e_4\}$、$\{e_1, e_2\}$、$\{e_3, e_4\}$、$\{e_7, e_9\}$、$\{e_8, e_9\}$、$\{e_7, e_8\}$、$\{e_5\}$、$\{e_6\}$ 等，其中 e_5，e_6 是割边(桥)。

5.3　图的矩阵表示

5.3.1　无向图的关联矩阵

设无向图 $G=\langle V, E\rangle$，$V=\{v_1, v_2, \cdots, v_n\}$，$E=\{e_1, e_2, \cdots, e_m\}$，令 m_{ij} 为顶点 v_i 与边 e_j 的关联次数，则称 $(m_{ij})_{n\times m}$ 为 G 的关联矩阵，记为 $\boldsymbol{M}(G)$，其中

$$m_{ij}=\begin{cases}0, & v_i \text{ 与 } e_j \text{ 无关联} \\ 1, & v_i \text{ 与 } e_j \text{ 关联 1 次} \\ 2, & v_i \text{ 与 } e_j \text{ 关联 2 次，即 } e_j \text{ 是以 } v_i \text{ 为端点的环}\end{cases}$$

例 5.12 考虑图 5-12 的关联矩阵。

解 考虑此图顶点和边顺序的关联矩阵，将行标设为 v_1、v_2、v_3 和 v_4，将列标设为 e_1、e_2、e_3、e_4 和 e_5，则对于上述顶点和边顺序的关联矩阵 $M(G)$ 为 4×5 矩阵，即

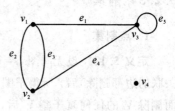

$$M(G) = \begin{array}{c} \\ v_1 \\ v_2 \\ v_3 \\ v_4 \end{array} \begin{array}{c} \begin{array}{ccccc} e_1 & e_2 & e_3 & e_4 & e_5 \end{array} \\ \begin{bmatrix} 1 & 1 & 1 & 0 & 0 \\ 0 & 1 & 1 & 1 & 0 \\ 1 & 0 & 0 & 1 & 2 \\ 0 & 0 & 0 & 0 & 0 \end{bmatrix} \end{array}$$

图 5-12 无向图

试观察关联矩阵中元素 m_{ij}，不难发现有以下性质：

(1) $\sum\limits_{i=1}^{n} m_{ij} = 2$，即每列元素的和等于 2，表征每条边对应两度；

(2) $\sum\limits_{j=1}^{m} m_{ij} = d(v_i)$，即每行元素的和对应该结点的度数和；

(3) $2m = \sum\limits_{j=1}^{m}\sum\limits_{i=1}^{n} m_{ij} = \sum\limits_{i=1}^{m}\sum\limits_{j=1}^{n} m_{ij} = \sum\limits_{i=1}^{n} d(v_i)$，即握手定理，表征所有元素之和为该图总度数；

(4) $\sum\limits_{j=1}^{m} m_{ij} = 0$，说明结点 v_i 是孤立点；

(5) 若第 j 列与第 k 列相同，则说明 e_j 与 e_k 为平行边。

5.3.2 有向图的关联矩阵

设有向图 $D = \langle V, E \rangle$ 中无环存在，$V = \{v_1, v_2, \cdots, v_n\}$，$E = \{e_1, e_2, \cdots, e_m\}$，令 m_{ij} 为顶点 v_i 与边 e_j 的关联次数，则称 $(m_{ij})_{n \times m}$ 为 D 的关联矩阵，记作 $M(D)$，其中

$$m_{ij} = \begin{cases} 1, & v_i \text{ 为 } e_j \text{ 的始点} \\ 0, & v_i \text{ 与 } e_j \text{ 不关联} \\ -1, & v_i \text{ 为 } e_j \text{ 的终点} \end{cases}$$

例 5.13 考虑图 5-13，试写出 $M(D)$。

解 考虑此图顶点和边顺序的关联矩阵，将行标设为 v_1、v_2、v_3 和 v_4，将列标设为 e_1、e_2、e_3、e_4 和 e_5，则对于上述顶点和边顺序的关联矩阵 $M(D)$ 为 4×5 矩阵，即

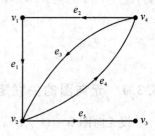

$$M(D) = \begin{bmatrix} 1 & -1 & 0 & 0 & 0 \\ -1 & 0 & -1 & 1 & 0 \\ 0 & 0 & 0 & 0 & -1 \\ 0 & 1 & 1 & -1 & 0 \end{bmatrix}$$

图 5-13 有向图

试观察关联矩阵中元素 m_{ij}，不难发现有以下性质：

(1) $\sum\limits_{i=1}^{n} m_{ij} = 0$，即每列的元素和为零，表征每条有向边都提供一个入度和出度；

(2) $\displaystyle\sum_{j=1}^{m}|m_{ij}|=d(v_i)$，每行元素绝对值的和表征该结点的度数和；

(3) $\displaystyle\sum_{j=1}^{m}\sum_{i=1}^{n}m_{ij}=0$，即所有元素的和为零，表征度出入守恒。

5.3.3　有向图的邻接矩阵

1. 表示法

设有向图 $D=\langle V,E\rangle$，$V=\{v_1,v_2,\cdots,v_n\}$，$E=\{e_1,e_2,\cdots,e_m\}$。令 $a_{ij}^{(1)}$ 为 v_i 邻接到 v_j 的边数，称 $(a_{ij}^{(1)})_{n\times n}$ 为 D 的**邻接矩阵**，记作 $\boldsymbol{A}(D)$。

例 5.14　考虑图 5-14，试写出该图的邻接矩阵 $\boldsymbol{A}(D)$。

解　此图的顶点为 v_1、v_2、v_3 和 v_4，则对于此顶点顺序的邻接矩阵为

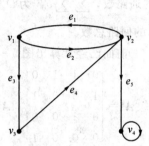

图 5-14　有向图

$$\boldsymbol{A}(D)=\begin{bmatrix}0&1&1&0\\1&0&0&1\\0&1&0&0\\0&0&0&1\end{bmatrix}$$

试观察邻接矩阵中元素 m_{ij}，不难发现有以下性质：

(1) $\displaystyle\sum_{j=1}^{n}a_{ij}^{(1)}=d^{+}(v_i)$，即行和为对应结点的出度；

(2) $\displaystyle\sum_{i=1}^{n}a_{ij}^{(1)}=d^{-}(v_j)$，即列和为对应结点的入度；

(3) $\displaystyle\sum_{i=1}^{n}\sum_{j=1}^{n}a_{ij}^{(1)}=\sum_{i=1}^{n}d^{+}(v_i)=\sum_{j=1}^{n}\sum_{i=1}^{n}a_{ij}^{(1)}=\sum_{j=1}^{n}d^{-}(v_j)=m$，即 $\boldsymbol{A}(D)$ 中所有元素之和为边数，也印证了有向图中的握手定理；

(4) $\displaystyle\sum_{i=1}^{n}a_{ii}^{(1)}$ 为图 D 中环的个数。

2. 计算从结点 v_i 到 v_j 的长度为 2 的路的数目

注意　每条 v_i 到 v_j 的长度为 2 的路，中间必须经过一个结点 v_k，即：$v_i\to v_k\to v_j(1\leqslant k\leqslant n)$，如果图 G 中有 $v_i\to v_k\to v_j$ 存在，那么 $a_{ik}=a_{ki}$，即 $a_{ki}\cdot a_{ik}=1$；反之，如果图 G 中 $v_i\to v_k\to v_j$ 不存在，那么 $a_{ik}=0$ 或 $a_{ki}=0$，即 $a_{ik}\cdot a_{ki}=0$。于是，从结点 v_i 到结点 v_j 的长度为 2 的路的数目等于：

$$a_{ij}^{(2)}=a_{i1}\cdot a_{1j}+a_{i2}\cdot a_{2j}+\cdots+a_{in}\cdot a_{nj}$$

$$=\sum_{k=1}^{n}a_{ik}\cdot a_{kj}=\begin{bmatrix}a_{i1}&a_{i2}&\cdots&a_{in}\end{bmatrix}\cdot\begin{bmatrix}a_{1j}&a_{2j}&\cdots&a_{nj}\end{bmatrix}^{T}$$

可见：图中所有的长度为 2 的通路为 $\boldsymbol{A}(D)^2$ 中所有元素的和，以下简记为 A^2。

定理 5.7　设 A 为有向图 D 的邻接矩阵，$V=\{v_1,v_2,\cdots,v_n\}$，则 $A^l(l\geqslant 1)$ 中元素 $a_{ij}^{(l)}$ 为 v_i 到 v_j 长度为 l 的通路数，$\displaystyle\sum_{i=1}^{n}\sum_{j=1}^{n}a_{ij}^{(l)}$ 为 D 中长度为 l 的通路总数，其中 $\displaystyle\sum_{i=1}^{n}a_{ii}^{(l)}$ 为 D 中长度为 l 的回路总数。

证明　用数学归纳法证明。

当 $k=1$ 时，显然成立；

假设当 $k=l-1$ 时成立，即 $A^{l-1}(l\geqslant1)$ 中元素 $a_{ij}^{(l-1)}$ 为 v_i 到 v_j 长度为 $l-1$ 的通路数。

由于 $A^l=A^{l-1}A$，所以有 $a_{ij}^l=\sum\limits_{t=1}a_{it}^{(l-1)}a_{tj}^{(1)}$。由于 D 中每条从 v_i 到 v_j 且长度为 l 的通路都是长度 $l-1$ 的从 v_i 到 $v_t(1\leqslant t\leqslant n)$ 的通路再接上边 $\langle v_t,v_j\rangle$ 而得到，故定理得证。

若再令矩阵 $B_1=A$，$B_2=A+A^2$，$\cdots$，$B_r=A+A^2+\cdots+A^r$，则有以下推论：

推论　设 $B_r=A+A^2+\cdots+A^r(r\geqslant1)$，则 B_r 中元素 $b_{ij}^{(r)}$ 为 D 中 v_i 到 v_j 长度小于等于 r 的通路数，$\sum\limits_{i=1}^n\sum\limits_{j=1}^n b_{ij}^{(l)}$ 为 D 中长度小于等于 r 的通路总数，其中 $\sum\limits_{i=1}^n b_{ii}^{(l)}$ 为 D 中长度小于等于 r 的回路总数。

前面已经计算出图 5-14 所示的有向图 D 的邻接矩阵 A，接下来分别给出 A^2，A^3，A^4。

$$A^1=\begin{bmatrix}0&1&1&0\\1&0&0&1\\0&1&0&0\\0&0&0&1\end{bmatrix}\quad A^2=\begin{bmatrix}1&1&0&1\\0&1&1&1\\1&0&0&1\\0&0&0&1\end{bmatrix}\quad A^3=\begin{bmatrix}1&1&1&2\\1&1&0&2\\0&1&1&1\\0&0&0&1\end{bmatrix}\quad A^4=\begin{bmatrix}1&2&1&3\\1&1&1&3\\1&1&0&2\\0&0&0&1\end{bmatrix}$$

从 $A^1\sim A^4$ 不难看出，D 中 v_1 到 v_4 长度为 $1,2,3,4$ 的通路分别为 $0,1,2,3$。D 中长度小于等于 4 的通路有 46 条。

5.3.4　有向图的可达矩阵

设有向图 $D=\langle V,E\rangle$，$V=\{v_1,v_2,\cdots,v_n\}$，令 $p_{ii}=1$，$i=1,2,\cdots,n$，令

$$p_{ij}=\begin{cases}1,&v_i\text{ 可达 }v_j\\0,&\text{否则}\end{cases}(i\neq j)$$

称 $(p_{ij})_{n\times n}$ 为 D 的可达矩阵，记作 $P(D)$，简记 P。

例 5.15　考虑图 5-13 和图 5-14 的可达矩阵，可分别列为：

$$P_1=\begin{bmatrix}1&1&1&1\\1&1&1&1\\0&0&1&0\\1&1&1&1\end{bmatrix}\quad P_2=\begin{bmatrix}1&1&1&1\\1&1&1&1\\1&1&1&1\\0&0&0&1\end{bmatrix}$$

5.4　图 的 运 算

定义 5.14　设 $G_1=\langle V_1,E_1\rangle$，$G_2=\langle V_2,E_2\rangle$ 为两个图。若 $V_1\cap V_2=\varnothing$，则 G_1 与 G_2 称是不交的。若 $E_1\cap E_2=\varnothing$，则称 G_1 与 G_2 是边不重的或边不交的。

定义 5.15　设 $G_1=\langle V_1,E_1\rangle$，$G_2=\langle V_2,E_2\rangle$ 为不含孤立点的两个图（同为无向图或有向图）

(1) 称以 $E_1\cup E_2$ 为边集，以 $E_1\cup E_2$ 中边关联的顶点为顶点集的图为 G_1 与 G_2 的并图，记作 $G_1\cup G_2$。

（2）称以 $E_1 \bigcap E_2$ 为边集，以 $E_1 \bigcap E_2$ 中边关联的顶点为顶点集的图为 G_1 与 G_2 的交图，记作 $G_1 \bigcap G_2$。

（3）称以 $E_1 - E_2$ 为边集，以 $E_1 - E_2$ 中边关联的顶点为顶点集的图为 G_1 与 G_2 的差图，记作 $G_1 - G_2$。

（4）称以 $E_1 \oplus E_2$ 为边集，以 $E_1 \oplus E_2$ 中边关联的顶点为顶点集的图为 G_1 与 G_2 的环和，记作 $G_1 \oplus G_2$。

（5）在 $G_1 \bigcup G_2$ 的基础上，增加 G_1 的每个结点与 G_2 的每个结点相连接得到的边，这样得到的图称为 G_1 和 G_2 的和，记作 $G_1 + G_2$。

注意

① 若 $G_1 = G_2$，则 $G_1 \bigcup G_2 = G_1 \bigcap G_2 = G_1(G_2)$，而 $G_1 - G_2 = G_2 - G_1 = G_1 \oplus G_2 = \varnothing$。

② 若 G_1 与 G_2 边不重，则 $G_1 \bigcap G_2 = \varnothing$，$G_1 - G_2 = G_1$，而 $G_2 - G_1 = G_2$，$G_1 \oplus G_2 = G_1 \bigcup G_2$。

③ 类似于集合的对称差，图之间的环和也可用并交差给出，$G_1 \oplus G_2 = (G_1 \bigcup G_2) - (G_1 \bigcap G_2)$。

例 5.16　G_1、G_2 分别如图 5-15(a)、(b)所示，$G_1 + G_2$ 如图 5-15(c)所示。

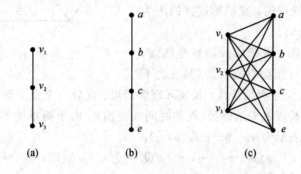

图 5-15　两个图的和

定义 5.16　设 $G_1 = \langle V_1, E_1 \rangle$，$G_2 = \langle V_2, E_2 \rangle$ 为任意简单无向图，G_1 和 G_2 的笛卡尔积为图 $G = G_1 \times G_2$，其中图 G 满足：$V(G) = V(G_1) \times V(G_2)$；$G$ 中的两个顶点 $\langle a, b \rangle$，$\langle c, d \rangle$ 是邻接的当且仅当 $a = c$ 且 $(b, d) \in E(G_2)$，或者 $b = d$ 且 $(a, c) \in E(G_1)$。

例 5.17　图 G_1、G_2 分别如图 5-16(a)、(b)所示，试画出 $G_1 \times G_2$。

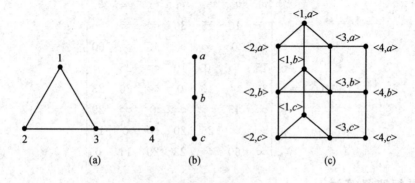

图 5-16　两个图的笛卡尔积

解　由图的笛卡尔积的定义可得 $V(G_1) \times V(G_2) = \{\langle 1, a \rangle, \langle 1, b \rangle, \langle 1, c \rangle, \langle 2, a \rangle,$

$\langle 2, b\rangle$，$\langle 2, c\rangle$，$\langle 3, a\rangle$，$\langle 3, b\rangle$，$\langle 3, c\rangle$，$\langle 4, a\rangle$，$\langle 4, b\rangle$，$\langle 4, c\rangle\}$，如图 $5-16(c)$ 所示。

　　通过图的笛卡尔积，可构造一类重要图——**网格**，还可以递归定义一个重要的图类——**超立方体**，这里不展开讲解，有兴趣的读者可查阅相关资料。

5.5　图的应用

5.5.1　无向图的加权矩阵

　　图论有诸多应用，如显示中国的各省市之间的高速公路、纵向和横向的高铁主动脉、航空路线、春节客流流向、化学里不同化合物的相关性等。连接两个顶点的边通常可以关联一个非负实数，称之为**权**(weight)。若图 $5-17$ 表示中国某地市周围的公路结构，则权可以表示两地之间的距离，抑或表示时间或花销，我们称这样的图为**加权图**(weighted graph)。

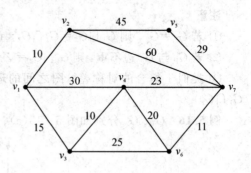

图 $5-17$　加权图

　　本节只考虑简单图，由于实际路线是曲线，所以图中用直线连接可能会引起误解（某三边不能构成三角形），读者无需纠结于此，按实际理解即可。此处一个顶点到另外一个顶点的最短路径指的是顶点间长度最短的路径（而非时间或花销）。由于简单图不含环和平行边，故端点 u 和 v 的边 e 可表示为 uv、$u-v$ 或 (u, v)。

　　设图 $G=\langle V, E\rangle$，$V=\{v_1, v_2, \cdots, v_n\}$，设 $\boldsymbol{W}$ 为 $n\times n$ 矩阵，当 $i=j$ 时，令 $\boldsymbol{W}[i, j]=\boldsymbol{W}[i, i]=0$，当 $i\neq j$ 时，定义 $\boldsymbol{W}[i, j]$ 为

$$\boldsymbol{W}[i, j]=\begin{cases} w_{ij}, & v_i-v_j \text{ 是 } G \text{ 中的边，} w_{ij} \text{ 是边 } v_i-v_j \text{ 的权} \\ \infty, & v_i \text{ 与 } v_j \text{ 之间没有边} \end{cases}$$

　　类似地，可以定义有向图的加权矩阵。

　　矩阵 $\boldsymbol{W}$ 称为图 G 的**加权矩阵**(weighted matrix)。加权矩阵 $\boldsymbol{W}$ 可表示为

$$\boldsymbol{M}(G)=\begin{array}{c} \\ v_1 \\ v_2 \\ v_3 \\ v_4 \\ v_5 \\ v_6 \\ v_7 \end{array}\begin{array}{c} \begin{matrix} v_1 & v_2 & v_3 & v_4 & v_5 & v_6 & v_7 \end{matrix} \\ \begin{bmatrix} 0 & 10 & 15 & 30 & \infty & \infty & \infty \\ 10 & 0 & \infty & \infty & 45 & \infty & 60 \\ 15 & \infty & 0 & 10 & \infty & 25 & \infty \\ 30 & \infty & 10 & 0 & \infty & 20 & 23 \\ \infty & 45 & \infty & \infty & 0 & \infty & 29 \\ \infty & \infty & 25 & 20 & \infty & 0 & 11 \\ \infty & 60 & \infty & 23 & 29 & 11 & 0 \end{bmatrix} \end{array}$$

5.5.2　最短路径算法

　　设 G 是加权图，a, z 为图中顶点，P 为 G 中从 a 到 z 的路径，$L(P)$ 为该路径上所有边

权之和。在图 G 中，从 a 到 z 的路径有很多种，我们的目标是寻找 $L(P)$ 的最小值，即最短路径。一种方法是寻找 a 到 z 的所有可能路径，然后选择距离最短的路径，随着顶点数的增加，这种方法极其耗费时间，所以本节考虑 **Dijkstra 最短路径算法**，也称**贪婪算法**。此外，本节只考虑正实数的权。

Dijkstra 最短路径算法基本思想：如果 $av_{i1}v_{i2}\cdots v_{ik}z$ 是 a 到 z 的最短路径，则对每个 $t(1\leqslant t\leqslant k)$，$av_{i1}v_{i2}\cdots v_{it}$ 是 a 到 v_{it} 的最短路径。于是可设置并逐步扩充一个集合 S，存放已求出最短路径的顶点，设尚未确定最短路径的顶点集合为 $N=V-S$，其中 V 是图中所有顶点的集合。按最短路径长度递增的顺序逐个扫描集合 N 中元素，并加入集合 S，直到 S 包含全部顶点，而 N 变为空集。

对于每个顶点 $v\in V$，约定标记 $L(v)$ 如下：

(1) 最初，$L(a)=0$，对 V 的所有其他顶点有 $L(v)=\infty$。

(2) 若 $v\in S$，则 $L(v)$ 给定了 a 到 v 的最短路径的长度。

Dijkstra 最短路径算法具体描述如下：

输入：带权图 $G=\langle V,E,W\rangle$ 和 $S=\varnothing$，$N=V$

输出：a 到 z 的最短路径长度

1　$\forall u\in V$，若 $u\neq a$，则 $L(u)=\infty$

2　$L(a)=0$

3　while $z\notin S$ do

　　3.a　设 $v\in N$ 使得 $L(v)=\min\{L(u)\,|\,u\in N\}$

　　3.b　$S=S\cup\{v\}$

　　3.c　$N=N-\{v\}$

　　3.d　$\forall w\in V$，只要 v 到 w 有边

　　　　如果 $L(v)+W[v,u]<L(w)$，则 $L(w)=L(v)+W[v,u]$

下面用该算法求图 5-17 中 v_1 到 v_7 的最短路径。已找到最短路径的点用圆圈圈起。

(1) 初始化后（即执行前 2 步后）图 G、集合 S 与 N 和各顶点的标记值如图 5-18 所示。

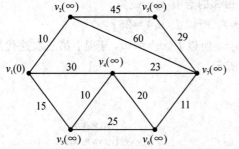

$S=\varnothing$

$N=\{v_1,v_2,v_3,v_4,v_5,v_6,v_7\}$

$L(v_1)$	$L(v_2)$	$L(v_3)$	$L(v_4)$	$L(v_5)$	$L(v_6)$	$L(v_7)$
0	∞	∞	∞	∞	∞	∞

图 5-18　初始化后图 G、集合 S 与 N 和各顶点标记值

(2) 现考虑从第 3 步开始的第一次迭代。

由 3.a，3.b，3.c 知，因为 $v_1\in N$ 且 $L(v_1)=\min\{L(u)\,|\,u\in N\}$，所以 v_1 被选中，且有 $S=\{v_1\}$，$N=\{v_2,v_3,v_4,v_5,v_6,v_7\}$。与 v_1 相邻的点有 v_2,v_3,v_4，于是，第一次迭代后图 G、集合 S 与 N 和各顶点的标记值如图 5-19 所示。

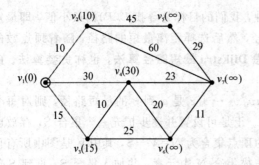

图 5 - 19 第一次迭代后图 G、集合 S 与 N 和各顶点标记值

（3）现考虑从第 3 步开始的第二次迭代。

由 3. a，3. b，3. c 知，因为 $v_2 \in N$ 且 $L(v_2) = \min\{L(u) | u \in N\}$，所以 v_2 被选中，且有 $S = \{v_1, v_2\}$，$N = \{v_3, v_4, v_5, v_6, v_7\}$。与 v_2 相邻的点有 v_5，v_7。

因为 $L(v_2) + W[2,5] = 10 + 45 < \infty = L(v_5)$，所以 $L(v_5) = 55$；

因为 $L(v_2) + W[2,7] = 10 + 60 < \infty = L(v_7)$，所以 $L(v_7) = 70$，于是，第二次迭代后图 G、集合 S 与 N 和各顶点的标记值如图 5 - 20 所示。

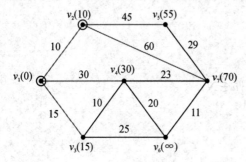

图 5 - 20 第二次迭代后图 G、集合 S 与 N 和各顶点标记值

（4）现考虑从第 3 步开始的第三次迭代。

由 3. a，3. b，3. c 知，因为 $v_3 \in N$ 且 $L(v_3) = \min\{L(u) | u \in N\}$，所以 v_3 被选中，且有 $S = \{v_1, v_2, v_3\}$，$N = \{v_4, v_5, v_6, v_7\}$。与 v_3 相邻的点有 v_4、v_6。

因为 $L(v_3) + W[3,4] = 15 + 10 < 30 = L(v_4)$，所以 $L(v_4) = 25$；

因为 $L(v_3) + W[3,6] = 15 + 25 < \infty = L(v_6)$，所以 $L(v_6) = 40$，于是，第三次迭代后图 G、集合 S 与 N 和各顶点的标记值如图 5 - 21 所示。

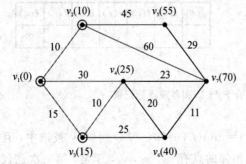

图 5 - 21 第三次迭代后图 G、集合 S 与 N 和各顶点标记值

（5）现考虑从第 3 步开始的第四次迭代。

由 3.a，3.b，3.c 知，因为 $v_4 \in N$ 且 $L(v_4) = \min\{L(u) \mid u \in N\}$，所以 v_4 被选中，且有 $S = \{v_1, v_2, v_3, v_4\}$，$N = \{v_5, v_6, v_7\}$。与 v_4 相邻的点有 v_6、v_7。

因为 $L(v_4) + W[4, 6] = 25 + 20 > 40 = L(v_6)$，所以 $L(v_6) = 40$ 不变；

因为 $L(v_4) + W[4, 7] = 25 + 23 < 70 = L(v_7)$，所以 $L(v_7) = 48$，于是，第四次迭代后图 G、集合 S 与 N 和各顶点的标记值如图 5-22 所示。

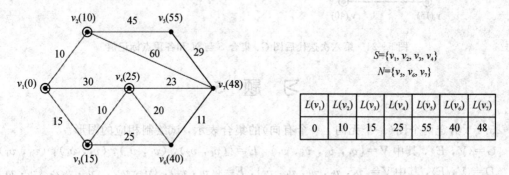

图 5-22　第四次迭代后图 G、集合 S 与 N 和各顶点标记值

（6）现考虑从第 3 步开始的第五次迭代。

由 3.a，3.b，3.c 知，$v_6 \in N$ 且 $L(v_6) = \min\{L(u) \mid u \in N\}$，于是 v_6 被选中，且有 $S = \{v_1, v_2, v_3, v_4, v_6\}$，$N = \{v_5, v_7\}$。与 v_6 相邻的点有 v_7。

因为 $L(v_6) + W[6, 7] = 40 + 11 > 48 = L(v_7)$，所以 $L(v_7) = 48$ 不变；于是，第五次迭代后图 G、集合 S 与 N 和各顶点的标记值如图 5-23 所示。

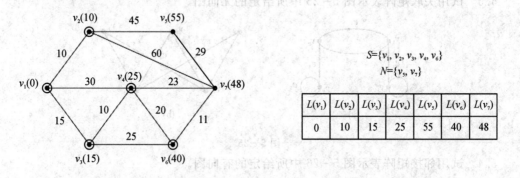

图 5-23　第五次迭代后图 G、集合 S 与 N 和各顶点标记值

（7）现考虑从第 3 步开始的第六次迭代。

由 3.a，3.b，3.c 知，$v_7 \in N$ 且 $L(v_7) = \min\{L(u) \mid u \in N\}$，于是 v_7 被选中，且有 $S = \{v_1, v_2, v_3, v_4, v_6, v_7\}$，$N = \{v_5\}$。由于 v_7 已在集合 S 中，所以程序至此跳出循环，到 v_7 的最短距离便已找到，第六次迭代后图 G、集合 S 与 N 和各顶点的标记值如图 5-24 所示。

本算法输出只给出了最短路径长度，并没有给出最短路径。读者可试着改进程序，使输出既包含最短路径又包含最短路径长度。

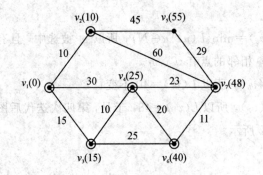

S={v₁, v₂, v₃, v₄, v₆, v₇}

N={v₅}

$L(v_1)$	$L(v_2)$	$L(v_3)$	$L(v_4)$	$L(v_5)$	$L(v_6)$	$L(v_7)$
0	10	15	25	55	40	48

图 5-24　第六次迭代后图 G、集合 S 与 N 和各顶点标记值

习　题　5

5.1　给定两个图(一个无向，一个有向)的集合表示，试绘制相应的图形。

$G=\langle V, E\rangle$，其中 $V=\{v_1, v_2, v_3, v_4\}$，$E=\{(v_1, v_2), (v_1, v_3), (v_2, v_4), (v_3, v_4)\}$

$D=\langle V, E\rangle$，其中 $V=\{v_1, v_2, v_3, v_4, v_5\}$，$E=\{\langle v_1, v_3\rangle, \langle v_3, v_5\rangle, \langle v_5, v_2\rangle, \langle v_2, v_4\rangle,$ $\langle v_4, v_1\rangle\}$

5.2　给定二有向图的邻接矩阵，试分别绘制相应的图。

$$\begin{bmatrix} 0 & 0 & 1 & 1 \\ 0 & 0 & 1 & 0 \\ 1 & 1 & 0 & 1 \\ 1 & 1 & 1 & 0 \end{bmatrix} \qquad \begin{bmatrix} 1 & 2 & 0 \\ 0 & 1 & 1 \\ 1 & 0 & 1 \end{bmatrix}$$

5.3　试用关联矩阵表示图 5-25 中所给定的无向图。

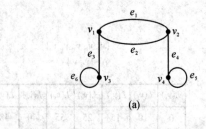
(a)

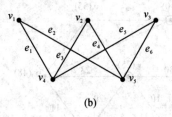
(b)

图 5-25

5.4　试用邻接矩阵表示图 5-26 中所给定的有向图。

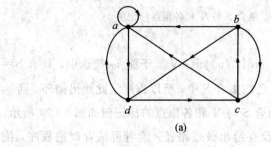
(a)

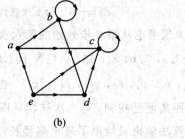
(b)

图 5-26

5.5 先判断下列各度数列哪些是可图画的,再判断哪些是可简单图画的。

(1) (4,4,3,3,2,2)

(2) (6,6,5,5,3,3,2)

(3) (3,3,3,1)

(4) $(d_1, d_2, \cdots, d_n)$, $d_1 > d_2 > \cdots > d_n \geqslant 1$ 且 $\sum_{i=1}^{n} d_i$ 为偶数

5.6 无向图 G 有 21 条边,12 个 3 度结点,其余结点的度数均为 2,求 G 的阶数。

5.7 试说明图 5-27 中两图是同构的。

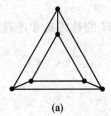 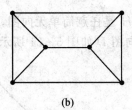

(a)   (b)

图 5-27

5.8 画出图 5-28 的两个生成子图。

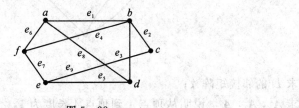

图 5-28

5.9 试判断图 5-29(a)和(b)是否同构。

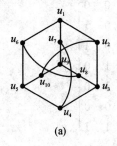 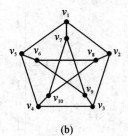

(a)   (b)

图 5-29

5.10 画出所有 4 阶 3 条边的所有非同构的无向简单图。

5.11 画出所有 3 阶 2 条边的所有非同构的有向简单图。

5.12 以图 5-28 为基础,设 $V_1 = \{b, c, e, f\}$,$E_1 = \{e_1, e_7, e_9\}$,试画出 $G[V_1]$,$G[E_1]$。

5.13 画出 4 阶完全图 K_4 的所有非同构的生成子图。

5.14 已知 n 阶无向简单图 G 有 m 条边,各顶点度数均为 3,若 $m = 3n - 6$,证明 G 在同构意义下唯一,并求 m 与 n。

5.15 度数列为 (5,3,2,2,1,1) 的非同构图有几个?

5.16 试证明若无向图 G 是不连通的,则 G 的补图 $\overline{G}$ 是连通的。

5.17　试求出图 5-30 中所有的边割集和点割集。

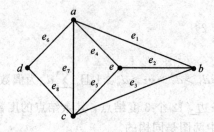

图 5-30

5.18　设 G 与 H 是任意简单无向图，证明 $G+H$ 的补图是非连通图。

5.19　已知有向图 D 如图 5-31 所示。

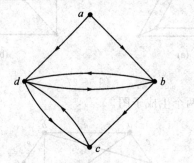

图 5-31

(1) 求 D 的邻接矩阵 A；

(2) 求 A^2，A^3，A^4，说明从顶点 1 到顶点 4 长度为 1，2，3，4 的有向路径各有几条？

5.20　已知无重边的有向图 D 的邻接矩阵为

$$A = \begin{bmatrix} 1 & 1 & 1 & 0 & 0 & 0 & 0 \\ 1 & 0 & 1 & 0 & 1 & 0 & 1 \\ 0 & 0 & 1 & 1 & 0 & 0 & 1 \\ 0 & 0 & 0 & 1 & 1 & 1 & 0 \\ 1 & 1 & 0 & 0 & 0 & 1 & 0 \\ 0 & 0 & 1 & 1 & 1 & 0 & 0 \\ 1 & 0 & 0 & 1 & 0 & 1 & 1 \end{bmatrix}$$

试求图 D 的可达矩阵。

5.21　判断有向图 5-32 的连通性。

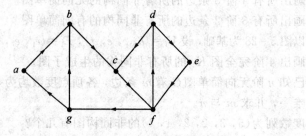

图 5-32

5.22 试证明 $n(n \geqslant 2)$ 阶简单连通图 G 中至少有两个顶点不是割点。

5.23 用 Dijkstra 最短路径法求解图 5-33 中从顶点 a 到其余各顶点的最短路径和距离。

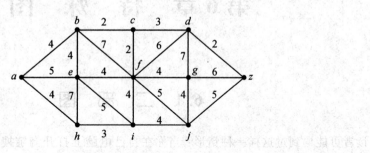

图 5-33

第6章　特　殊　图

6.1　二　部　图

读者可能遇到过这样一种情形：当你在自己电脑上打开淘宝搜索一件商品后，等下一次你再登录淘宝准备搜索东西时，在屏幕的某个角落，你总能看到某个和自己上次搜索相类似的商品在那里晃悠，你可能还情不自禁地点进去瞧了瞧，最后还可能鬼使神差地买下了那件商品。当你打开头条看了某一档历史题材的短片后，当你刷新下一屏时，你会发现该档节目的相关部分很自然地出现在你的眼前。是谁在操纵这一切呢？其实幕后可能是一种推荐算法——协同过滤算法在"捣鬼"。

协同过滤算法分为两类：一类是基于用户的协同过滤，即匹配用户；另一类是基于商品的协同过滤，即匹配商品。那么何谓匹配呢？接下来学习的内容将带我们一探究竟。

6.1.1　二部图的定义

定义 6.1　若能将无向图 $G=\langle V, E\rangle$ 的顶点集 V 划分成两个子集 V_1 和 V_2（$V_1 \bigcap V_2 = \varnothing$），使得 G 中任何一条边的两个端点一个属于 V_1，另一个属于 V_2，则称 G 为**二部图**（也称为偶图）。V_1，V_2 称为互补顶点子集，此时可将 G 记成 $G=\langle V_1, V_2, E\rangle$。

若 V_1 中任一顶点与 V_2 中每个顶点有且仅有一条边相关联，则称二部图 G 为**完全二部图**（或完全偶图）。若 $|V_1|=n$，$|V_2|=m$，则记完全二部图 G 为 $K_{n, m}$。

在图 6-1 中，(a)所示为 $K_{2, 3}$，(b)所示为 $K_{3, 3}$，(c)所示为 K_5。$K_{3, 3}$ 是重要的完全二部图，它与 K_5 一起在平面图中起着重要作用。

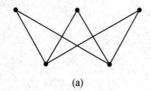 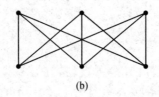

(a)　　　　　　　　　　(b)　　　　　　　　　(c)

图 6-1　常见的二部图

6.1.2　二部图的判断定理

定理 6.1　一个无向图 $G=\langle V, E\rangle$ 是二部图当且仅当 G 中无奇数长度的回路。

证明　必要性。设 G 是一个二部图，设 $C=v_1 v_2 \cdots v_k v_1$ 是 G 中长度为 k 的一个圈，下证 k 为偶数。

G 的两个划分 V_1 和 V_2，则 $G[V_1]$ 和 $G[V_2]$ 为零图。不妨设 $v_1 \in V_1$，由于 v_1 和 v_2 相

邻，故 $v_2 \in V_2$；同样，因为 v_2 和 v_3 相邻，故 $v_3 \in V_1$；类似判断下去，可得 $v_1, v_3, v_5, \cdots \in V_1$，$v_2, v_4, v_6, \cdots \in V_2$，又因为 $v_1 \in V_1$，边 $(v_1, v_k) \in E(G)$，所以 $v_k \in V_2$，即证得 k 为偶数。

充分性。不妨设 G 为连通图，否则可以对每个连通分支进行讨论，孤立点可以根据需要分属 V_1 或 V_2。任取 G 的一个顶点 u，对于 G 中的每个顶点 v，在 G 中存在 $u-v$ 的通路，现利用 u 对 G 的顶点进行分类。令：

$$V_1 = \{v \mid v \in V(G) \wedge d(u, v) \text{ 为偶数}\}$$

$$V_2 = \{v \mid v \in V(G) \wedge d(u, v) \text{ 为奇数}\}$$

显然 $u \in V_1$。由于图 G 中不存在长度为奇数的圈，所以 $\forall v \in V(G)$，G 中所有的 $d(u, v)$ 具有相同的奇偶性，因而 $V_1 \bigcap V_2 = \varnothing$。现对 G 中每一条边 $e = (u_i, u_j)$，若 u_i, u_j 都在 V_1 上，则存在两条路径 $\varGamma_i$ 与 $\varGamma_j$ 分别连接 u 与 u_i，u 与 u_j，且 $\varGamma_i$ 与 $\varGamma_j$ 的长度均为偶数，闭迹 $\varGamma_i \bigcup \varGamma_j \bigcup e$ 的长度为奇数，即存在奇圈，矛盾。类似地可证 u_i, u_j 不能同时含在 V_2 中，故 e 的两个端点分置 V_1 和 V_2 中，即证明了 G 是二部图。

下面介绍一种判别无向图 $G = \langle V, E \rangle$ 是否为二部图的实用算法。

算法描述如下：

（1）任取一结点，标记为 a；

（2）将所有与 a 邻接的结点标记为 b；

（3）对任意已标记的结点 v，将所有与 v 邻接且未标记的结点标记为与 v 相反的标号；

（4）重复步骤（3），直到不存在与已标记结点邻接且还未标记的结点；

（5）若图中还有未标记的结点，那么这些结点一定在一个新的连通分支中，再选择其中一个结点标记为 a，转向步骤（3）；

（6）若得到的图中，所有相邻结点都标记为不同的标号，那么图 G 就是二部图。若存在一对邻接结点标记为同样的标号，那么图 G 就不是二部图。

例 6.1　运用上述算法对图 6 - 2(a) 中的结点进行标记，确定它是否为二部图。

解　如图 6 - 2(b) 所示：

（1）取结点 a，标记为 Ω；

（2）与结点 a 邻接的结点 b, c, f 均标记为 Ψ；

（3）将结点 d, e, g 标记为 Ω。

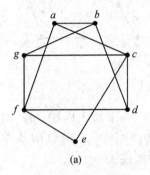
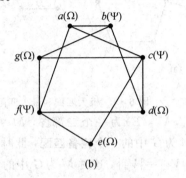
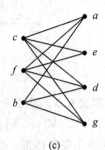

(a)　　　　　　　(b)　　　　　　　(c)

图 6 - 2　二部图的判定

因为图 6-2(b)中所有相邻结点都标记为不同标号,所以图 6-2(a)是二部图,图 6-2 (c)是它的一种显式表达。

6.1.3　匹配

定义 6.2　设 $G=\langle V, E \rangle$ 为无向图,$E^* \subseteq E$,若 E^* 中任意两条边均不相邻,则称 E^* 为 G 中的**匹配**(或边独立集)。

(1) 若在 E^* 中再加入任何 1 条边就都不是匹配了,则称 E^* 为**极大匹配**。

(2) 边数最多的极大匹配称为**最大匹配**,最大匹配中的元素(边)的个数称为 G 的匹配数,记为 $\beta_1(G)$,简记为 β_1。

注意　今后常用 M 表示匹配。设 M 为 G 中一个匹配。$v \in V(G)$,若存在 M 中的边与 v 关联,则称 v 为 M 的饱和点,否则称 v 为 M 非饱和点。若 G 中每个顶点都是 M 饱和点,则称 M 为 G 中的完美匹配。

例 6.2　考虑图 6-3,试给出图中的 2 个极大匹配,1 个最大匹配及完美匹配。

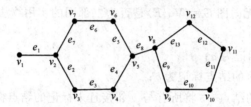

图 6-3　一个二部图

解　由极大匹配和最大匹配的相关定义知,在图 6-3 中 $\{e_7, e_3, e_5, e_9, e_{11}\}$ 和 $\{e_1, e_3, e_6, e_8, e_{10}, e_{12}\}$ 都是极大匹配,因为再多添加一条边即不成匹配,如图 6-4 中(a)、(b)所示,其中 $\{e_1, e_3, e_6, e_8, e_{10}, e_{12}\}$ 为最大匹配,$\beta_1=6$,同时 $\{e_1, e_3, e_6, e_8, e_{10}, e_{12}\}$ 也是完美匹配,因为每个顶点都是饱和点。

另外在图(a)中,由于在匹配 $\{e_7, e_3, e_5, e_9, e_{11}\}$ 中无边与顶点 v_1,v_{12} 关联,因此 v_1,v_{12} 为非饱和点。

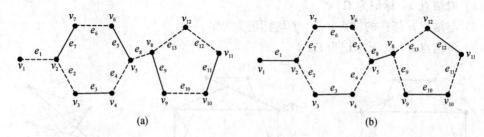

(a)　　　　　　　　　　(b)

图 6-4　极大匹配和最大匹配

定义 6.3　设 $G=\langle V_1, V_2, E \rangle$ 为一个二部图,M 为 G 中一个最大匹配,若 $|M|=\min\{|V_1|, |V_2|\}$,则称 M 为 G 中的一个**完备匹配**,此时若 $|V_1| \leqslant |V_2|$,则称 M 为 V_1 到 V_2 的一个完备匹配。如果 $|V_1|=|V_2|$,这时 M 为 G 中的完美匹配。

例 6.3　考虑图 6-5,分别说明图(a)、(b)、(c)中实线边是哪种匹配。

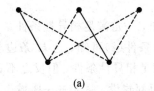 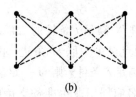 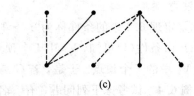

(a)   (b)   (c)

图 6-5 完备匹配的判定

解 根据完备匹配的定义可知：图（a）中实线边为极大匹配，又因为 $|M_a|=2=\min\{|V_1|,|V_2|\}$，所以 M_a 是完备匹配；图（b）中实线边为极大匹配，又因为 $|M_b|=3=\min\{|V_1|,|V_2|\}=|V_1|=|V_2|$，所以 M_b 既是完备匹配，又是完美匹配；图（c）中实线边为极大匹配，但由于 $|M_c|=2<\min\{|V_1|,|V_2|\}=3$，所以 M_c 不是完备匹配。

从上例可知，二部图中完美匹配一定是完备匹配，但反之不然；完备匹配必是极大匹配，但反之不然。于是，下述定理给出二部图有完备匹配的充分必要条件。

6.1.4 Hall 定理

定义 6.4 设 M 为 G 的一个匹配：

（1）从一个未匹配点出发，依次经过非匹配边、匹配边、非匹配边……形成的路径叫**交替路**。

（2）从一个未匹配点出发，走交替路，若途径另一个未匹配点（出发的点不算），则这条交替路称为**增广路**。

定理 6.2 设二部图 $G=\langle V_1,V_2,E\rangle$，$|V_1|\leqslant|V_2|$，$G$ 中存在从 V_1 到 V_2 的完备匹配当且仅当 V_1 中任意 k 个顶点（$k=1,2,3,\cdots,|V_1|$）至少邻接 V_2 中的 k 个顶点。

注意 本定理中的条件称为"相异性条件"。

证明 必要性。若存在 V_1 到 V_2 的完备匹配，则 V_1 中所有点已饱和，任取 k 个顶点，至少邻接 V_2 中 k 个顶点。

充分性。设 M 为 G 的最大匹配，若不是完备匹配，必存在非饱和点 $v_x\in V_1$。根据相异性条件，必存在 $e\in E_1=E-M$ 与 v_x 关联。并且 V_2 中与 v_x 关联的顶点都是饱和点，否则与 M 为 G 的最大匹配矛盾。现考虑从 v_x 出发的尽可能长的所有交替路径，由于 M 是最大匹配，且这些交替路径都不是可增广的，因此每条路径的另一个端点一定是饱和点，从而这些端点全在 V_1 中。令

$$S=\{v|v\in V_1 \text{ 且 } v \text{ 在从 } v_x \text{ 出发的交替路径上}\}$$
$$T=\{v|v\in V_2 \text{ 且 } v \text{ 在从 } v_x \text{ 出发的交替路径上}\}$$

注意 除 v_x 外，S 和 T 中的顶点都是饱和点，且由匹配边给出两者之间的一一对应，因而 $|S|=|T|+1$，这说明 V_1 中有 $|T|+1$ 个顶点与只与 V_2 中 $|T|$ 个顶点相连，与相异性条件矛盾。因此 V_1 中不可能存在非饱和点，故 M 是完备匹配。

定理 6.3 设二部图 $G=\langle V_1,V_2,E\rangle$，如果：

（1）V_1 中每个顶点至少关联 $t(t>0)$ 条边，

（2）V_2 中每个顶点至多关联 t 条边，

则 G 中存在 V_1 到 V_2 的完备匹配。

注意

① 定理 6.3 中的条件称为"t 条件"，满足 t 条件的二部图，一定满足相异性条件。

② 由条件(1)可知，V_1 中 k 个顶点至少关联 kt 条边。由条件(2)可知，这 kt 条边至少关联 V_2 中的 k 个顶点。于是，若 G 满足 t 条件，则 G 一定满足相异性条件，但反之不真。

例 6.4 试考虑下列问题。有 5 名应届毕业生准备支持西部建设，每人去一座城市。设 5 名学生分别为 A_1、A_2、A_3、A_4、A_5，5 座西部城市分别为 C_1、C_2、C_3、C_4、C_5。由于学生对城市有偏好，即他们更愿意去某座城市，意愿表描述如表 6-1 所示。能否找到一种匹配方案，使得 5 名学生都能去到自己想去的城市？

表 6-1 学生意愿表

学生	西部城市
A_1	C_1，C_2
A_2	C_2，C_3
A_3	C_2，C_3
A_4	C_1，C_2，C_3
A_5	C_3，C_4，C_5

解 表 6-1 中的关系可以用一个二部图 $G=\langle V_1，V_2，E\rangle$ 表示，如图 6-6 所示，其中 $V_1=\{A_1，A_2，A_3，A_4，A_5\}$ 表示 5 名应届毕业生，$V_2=\{C_1，C_2，C_3，C_4，C_5\}$ 表示五座西部城市。因为 A_1、A_2、A_3、A_4、A_5 关联的边数分别为 2、2、2、3、3，所以每个顶点至少关联 $t=2$ 条边，而 C_2、C_3 关联了 4 条边，$4>2$，所以不满足 t 条件，于是找不到合适的匹配，使得每个人都能去到自己想去的城市。

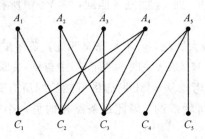

图 6-6 题设对应的二部图

下面介绍协同过滤算法，具体实现方法请读者参考数据挖掘相关知识。

基于用户的协同过滤算法 是通过用户的历史行为(如商品购买、收藏、内容评价或分享)数据发现用户对商品或内容的喜欢程度，并对这些喜好进行度量和打分，然后根据不同用户对相同商品或内容的偏好程度计算用户之间的关系，在有相同喜好的用户之间进行商品推荐。比如：若 A，B 两个用户都购买了 x，y，z 三本图书，并且给出了 5 星好评，那么 A，B 属于同一类用户，可以将 A 看过的书 w 推荐给用户 B，也可以将 B 买过的商品 β 推荐给用户 A。该算法可描述如图 6-7 所示。

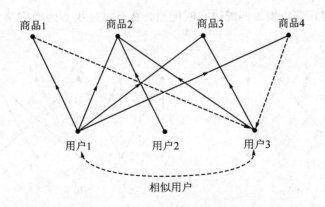

图 6－7　基于用户的协同过滤

基于物品的协同过滤算法与基于用户的协同过滤算法类似，只是将商品和用户互换。通过计算不同用户对不同物品的评分获得物品间的关系，基于物品间的关系对用户进行相似物品的推荐。举个例子：若用户 A 购买了商品 a 和 b，那么说明 a 和 b 的相关度较高。当用户 B 也购买了商品 a，就可以推断用户 B 也有购买商品 b 的需求。该算法可描述如图 6－8所示。

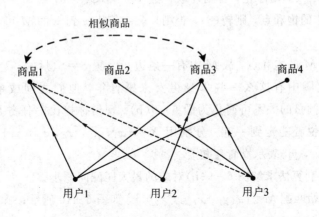

图 6－8　基于商品的协同过滤

在匹配的应用问题中，常常需要求得该问题对应图的最大匹配。下面给出一种有效的求解最大匹配的算法——**匈牙利算法**。该算法是由匈牙利数学家 Egervary 首先提出来的，故名匈牙利算法。匈牙利算法的基本思想是：寻找增广路径。在讲该算法前，我们先来接触一个概念。

邻集：设 S 是图 G 中的任一顶点子集，G 中与 S 的顶点邻接的所有顶点的集合，称为邻集，记作 $N_G(S)$。

例如，在图 6－9(a)中，选实线边 ae，dg 为初始匹配，即 $M_0＝\{ae, dg\}$，$h \to d \to g \to a \to e \to b$ 是一条交替路且是一条增广路，因为它的起始点和终点都是未匹配点。增广路的一个重要特点是：非匹配边比匹配边多一条。因此，研究增广路的意义是为了改进匹配，只要将增广路中匹配边和非匹配边的身份交换即可。由于中间的结点不存在其他相连的匹配边，所以这样做不会破坏匹配的性质，交换后，图中的匹配边数目比原来多一条。于是，我们可以不断寻找增广路以增加匹配边和匹配点，直至再也找不到增广路为止，算法结束时即找到最大匹配。

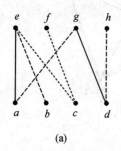 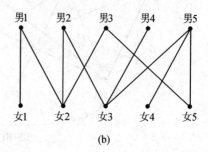

(a)　　　　　　　　　(b)

图 6-9　增广路及男女倾慕关系图

匈牙利算法描述如下：给定二部图 $G = \langle V_1, V_2, E \rangle$，

(1) 任取初始匹配 M；

(2) 若 M 饱和 V_1，则结束，否则转 (3)；

(3) 在 V_1 中找到一个非 M 饱和点 x，置 $S = \{x\}$，$T = \varnothing$；

(4) 若 $N_G(S) = T$，则停止，否则任取一点 $y \in N_G(S) - T$；

(5) 若 y 为 M 的饱和点，则转 (6)，否则，求一条从 x 到 y 的 M 可增广路 P，置 $M = M \oplus P$，转 (2)；

(6) 由于 y 为 M 的饱和点，故 M 中有一条边 yu，置 $S = S \cup \{u\}$，$T = T \cup \{y\}$，转 (4)。

试想你的朋友圈中有这么一些单身男女未婚青年，他们之间或单相思，或互相倾慕，他们之间相互倾慕的关系可简化为图 6-9(b)。现给你提出的任务是如何匹配这些男女青年，使两情相悦者能走到一起。分别用 $X = \{x_1, x_2, x_3, x_4, x_5\}$ 表示男青年集合，$Y = \{y_1, y_2, y_3, y_4, y_5\}$ 表示女青年集合。

下面给出匈牙利算法求解图 6-9(b) 对应的最大匹配问题步骤。

(1) 任取一初始匹配 $M = \{x_1 y_1, x_3 y_5, x_5 y_3\}$，如图 6-10 所示；

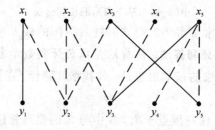

图 6-10　初始匹配

(2) 因为 X 未饱和，转 (3)；

(3) 在 X 中找一个非饱和点 x_2，$S = \{x_2\}$，$T = \varnothing$；

(4) 因为 $N_G(S) = \{y_2, y_3\} \neq T$，所以取 $y_3 \in N_G(S) - T$；

(5) 因为 y_3 已饱和，M 中必有 $x_5 y_3$，置 $S = S \cup \{x_5\} = \{x_2, x_5\}$，$T = T \cup \{y_3\} = \{y_3\}$；

(4) 因为 $N_G(S) = \{y_2, y_3, y_4, y_5\} \neq T$，不妨取 $y_5 \in N_G(S) - T$；

（5）因为 y_5 已饱和，M 中必有 x_3y_5，置 $S=S\cup\{x_3\}=\{x_2, x_3, x_5\}$，$T=T\cup\{y_5\}=$ $\{y_3, y_5\}$；

（4）因为 $N_G(S)=\{y_2, y_3, y_4, y_5\}\neq T$，不妨取 $y_2\in N_G(S)-T$；

（5）因为 y_2 为 M 的非饱和点，求一条从 x_2 到 y_2 的 M 可增广路 $P=\{x_2y_3, y_3x_5,$ $x_5y_5, y_5x_3, x_3y_2\}$，置 $M=M\oplus P=\{x_1y_1, x_2y_3, x_3y_2, x_5y_5\}$，转（2），如图 6-11 所示；

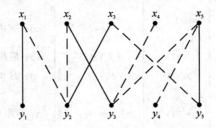

图 6-11　第一次置换增广路后的匹配

（2）因为 X 未饱和，转（3）；

（3）在 X 中取非饱和点 x_4，于是 $S=\{x_4\}$，$T=\varnothing$；

（4）因为 $N_G(S)=\{y_3\}\neq T$，取 $y_3\in N_G(S)-T$；

（5）因为 y_3 已饱和，M 中必有 x_2y_3，置 $S=S\cup\{x_2\}=\{x_2, x_4\}$，$T=T\cup\{y_3\}=\{y_3\}$；

（4）因为 $N_G(S)=\{y_2, y_3\}\neq T$，不妨取 $y_2\in N_G(S)-T$；

（5）因为 y_2 已饱和，M 中必有 x_3y_2，置 $S=S\cup\{x_3\}=\{x_2, x_3, x_4\}$，$T=T\cup\{y_2\}=$ $\{y_2, y_3\}$；

（4）因为 $N_G(S)=\{y_2, y_3, y_5\}\neq T$，不妨取 $y_5\in N_G(S)-T$；

（5）因为 y_5 已饱和，M 中必有 x_5y_5，置 $S=S\cup\{x_5\}=\{x_2, x_3, x_4, x_5\}$，$T=T\cup\{y_5\}=$ $\{y_2, y_3, y_5\}$；

（4）因为 $N_G(S)=\{y_2, y_3, y_4, y_5\}\neq T$，不妨取 $y_4\in N_G(S)-T$；

（5）因为 y_4 为 M 的非饱和点，求一条从 x_4 到 y_4 的 M 可增广路 $P=\{x_4y_3, y_3x_2,$ $x_2y_2, y_2x_3, x_3y_5, y_5x_5, x_5y_4\}$，置 $M=M\oplus P=\{x_1y_1, x_2y_2, x_3y_5, x_4y_3, x_5y_4\}$，转（2），如图 6-12 所示；

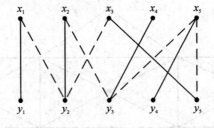

图 6-12　第二次置换增广路后的匹配

（2）因为 X 已饱和，停止；

具体变化情况如表 6-2 所示。

表 6 - 2　匈牙利算法求最大匹配的变化过程

M	x	S	T	$N_G(S)$	$y \in N_G(S) - T$	$y_u \in M$	P
$\{x_1y_1, x_3y_5,$ $x_5y_3\}$	x_2	$\{x_2\}$	$\varnothing$	$\{y_2, y_3\}$	y_3 饱和	y_3x_5	
		$\{x_2, x_5\}$	$\{y_3\}$	$\{y_2, y_3,$ $y_4, y_5\}$	y_2 非饱和		$\{x_2y_3, y_3x_5,$ $x_5y_5, y_5x_3, x_3y_2\}$
$\{x_1y_1, x_2y_3,$ $x_3y_2, x_5y_5\}$	x_4	$\{x_4\}$	$\varnothing$	$\{y_3\}$	y_3 饱和	y_3x_2	
		$\{x_2, x_4\}$	$\{y_3\}$	$\{y_2, y_3\}$	y_2 饱和	y_2x_3	
		$\{x_2, x_3, x_4\}$	$\{y_2, y_3\}$	$\{y_2, y_3, y_4, y_5\}$	y_5 饱和	y_5x_5	
		$\{x_2, x_3,$ $x_4, x_5\}$	$\{y_2, y_3, y_5\}$	$\{y_2, y_3, y_4, y_5\}$	y_4 非饱和		$\{x_4y_3, y_3x_2,$ $x_2y_2, y_2x_3, x_3y_5,$ $y_5x_5, x_5y_4\}$
$\{x_1y_1, x_2y_2,$ $x_3y_5, x_4y_3,$ $x_5y_4\}$			X 中元素皆已饱和，停止				

于是就找到了最大匹配 $M = \{x_1y_1, x_2y_2, x_3y_5, x_4y_3, x_5y_4\}$，因为 X 已饱和，所以 M 是完备匹配，又因为 Y 也已饱和，所以 M 还是完美匹配。

6.2 欧 拉 图

试想若干年后你带着自己的女儿去方特欢乐谷游玩，该主题公园的游玩项目众多，包括恐龙危机、飞越极限、方特卡通城堡、海螺湾、欢乐天地等等。当你拿到旅游手册时，心想，门票颇贵、项目甚多，若规划不善，很可能只玩几个项目就闭园了。你对女儿说："闺女，今天我们得用有限的时间观光和体验完沿途的所有风景和项目，中途不许走重复路，最后回到入口，你觉得我们能做到吗？"女儿面露疑色，说到："爸爸（妈妈），太难了，我们能做到吗？"于是你想起了今天要学习的知识，将旅游手册上的图简化为图 6-13，然后会心一笑，说道："我们可以做到的。"

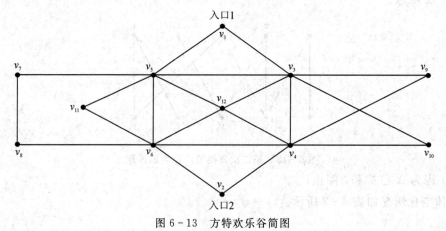

图 6 - 13　方特欢乐谷简图

其实此问题有没有解，早在 1736 年瑞士数学家欧拉(Euler)就"哥尼斯堡七桥问题"发表论文给出了明确的判别方法。他用 4 个点表示两个小岛和两岸，用连接两点的线段表示桥，如图 6-14 所示。

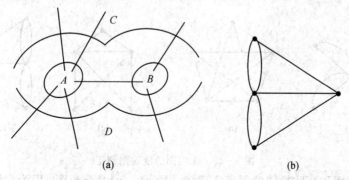

(a)　　　　　　　　　　　　(b)

图 6-14　哥尼斯堡七桥简图

于是，上面提到的问题就等价于能否在图 6-13 中找到一条欧拉回路。那么什么是欧拉回路呢？读者不妨往下一探究竟。

6.2.1　无向图的欧拉图及其判断

定义 6.5　经过图中每条边一次且仅一次并且行遍图中每个顶点的通路(回路)，称为**欧拉通路**或欧拉迹(**欧拉回路**或欧拉闭迹)。存在欧拉回路的图，称为**欧拉图**。只存在欧拉通路的图，称为**半欧拉图**。

定理 6.4　无向图 G 为欧拉图(具有欧拉回路)当且仅当 G 是连通的，且 G 中无奇度顶点。无向图 G 为半欧拉图(具有欧拉通路)，当且仅当 G 是连通的且 G 中有两个奇度顶点。

欧拉图的证明如下：

必要性。设 C 是无向连通图 G 的一条欧拉回路。$\forall v_i \in V$，回路通过某顶点 v_i 时，有进必有出，又因为不走重复路，故进的方向不同，出的方向亦不相同，一进一出或多进多出必提供偶数度。

充分性。设 G 是连通无向图，作 G 的一条最长闭迹 C，并假设闭迹 C 不是欧拉回路，则 $\exists x_k \in V(C)$ 及关联 x_k 的边 $e = (x_k, y_1)$ 且 $e \notin C$；由于 $\deg(y_1)$ 为偶数，于是存在边 $e_1 = (y_1, y_2)$。以此类推，存在边 $e_2 = (y_2, y_3)$，$e_3 = (y_3, y_4)$，$\cdots$，$e_n = (y_n, x_k)$，于是又得到一条闭迹 C_1。把 C 和 C_1 组合起来若恰是 G，则得到 G 的一条欧拉回路；否则，继续上面的过程，总可以组合出 G 的一条闭迹，使其经过 G 中每边一次且仅一次。

半欧拉图的证明如下：

必要性。设 C 是无向连通图 G 的一条从顶点 a 到 b 欧拉通路，但不是欧拉回路。C 经过 G 中任意顶点 v_i，除 a 和 b 外，有进必有出必提供 2 度，多进多出必为偶数。而 C 的第一条边只为 a 提供一度，C 的最后一条边只为 b 提供一度，因此 a 和 b 的度数必为奇数，其余顶点的度数均为偶数。

充分性。设连通图 G 恰有两个奇度顶点，不妨设为 a 和 b，在图 G 中添加一条边 $e = (a, b)$ 得 G'，则 G' 的每个顶点的度数均为偶数，因而 G' 中必存在欧拉回路，故得证 G 一定存在欧拉通路。证毕。

注意 若无奇度顶点，则通路为回路；若有两个奇度顶点，则它们是每条欧拉通路的端点。

例 6.5 考虑图 6-15，指出哪些图是欧拉图，哪些是半欧拉图，哪些不是欧拉图。

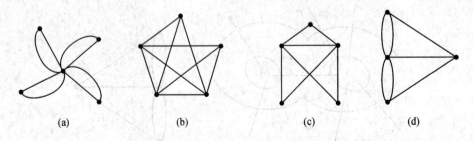

图 6-15 无向图的欧拉图判定

解 由欧拉图和半欧拉图的判定定理知，图(a)、(c)是欧拉图，因为它们是连通的且无奇度顶点；图(b)是半欧拉图，因为它是连通的且有两个奇度顶点；图(d)是非欧拉图，因为它有四个奇度顶点。

回到本节开头提出的问题，可知图 6-13 是欧拉图，因为它是连通的且无奇度顶点，所以必存在欧拉回路，因此可以遍历所有边最后回到入口。

6.2.2 有向图的欧拉回路判定定理

定理 6.5 一个有向图 D 是欧拉图(具有欧拉回路)，当且仅当 D 是强连通的，且所有顶点的入度等于出度。一个有向图 D 是半欧拉图(具有欧拉通路)，当且仅当 D 是单向连通的，且恰有两个奇度顶点，其中一个入度比出度大 1，另一个入度比出度小 1。而其余顶点的入度均等于出度。

例 6.6 考虑图 6-16，判断它们是否是欧拉图或半欧拉图，为什么？

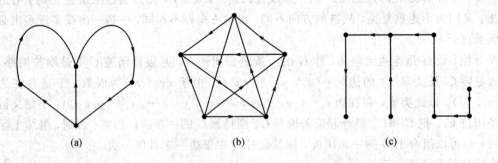

图 6-16 有向图的欧拉图判定

解 由有向图的欧拉图及半欧拉图的判定定理可知：图(a)是半欧拉图，虽然它是强连通的，但是恰有两个奇度顶点，一个入度比出度大 1，另一个入度比出度小 1；图(b)是欧拉图，因为它是强连通的且所有顶点的入度等于出度；图(c)是非欧拉图，因为它仅是弱连通的，不满足欧拉图或半欧拉图的判定条件。

下面介绍一种简易的求解欧拉回路的算法：**Fleury 算法**，它的基本思想是能不走桥就不走桥。

Fleury 算法求解欧拉回路描述如下：

（1）任取一个顶点 v_0，置 $W_0 = v_0$；

（2）假定迹（若是有向图，则是有向迹）$W_i = v_0 e_1 v_1 \cdots e_i v_i$ 已经选出，那么用下列方法从 $E(G) - \{e_1, e_2, \cdots, e_i\}$ 中选出 e_{i+1}：

① e_{i+1} 与 v_i 关联（若是有向图，e_{i+1} 以 v_i 为起点）；

② 除非没有别的边可选，e_{i+1} 不是 $G_i = G - \{e_1, e_2, \cdots, e_i\}$ 的割边；

（3）当（2）不能执行时，停止。否则让 $i+1 \rightarrow i$，转（2）。

可以证明，若 G 是欧拉图，当算法停止时所得的简单图 $W_m = v_0 e_1 v_1 e_2 \cdots e_m v_m (v_m = v_0)$ 为 G 中的一条欧拉回路。

例 6.7 用 Fleury 算法求解图 6-17(a) 所示欧拉图的欧拉回路。

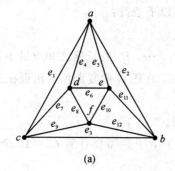 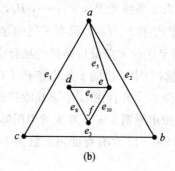

(a)　　　　　　　　　　(b)

图 6-17　欧拉图及迹的选取

解　按照 Fleury 算法有以下步骤来选取欧拉回路：

（1）任取一点 a 作为起始点，置 $W_0 = a$；

（2）接下来不妨构造一条迹 $W_5 = a e_4 d e_7 c e_9 f e_{12} b e_{11} e$；

（3）因为 e_5 是图 $G - \{e_4, e_7, e_9, e_{12}, e_{11}\}$ 的割边（桥），如图 6-17(b) 所示，所以不能走 e_5，任选与顶点 e 关联的另外两条边 e_6、e_{10} 中的一条，构造迹 $W_8 = a e_4 d e_7 c e_9 f e_{12} b e_{11} e e_6 d e_8 f e_{10} e$；

（4）接下来便可直接构造得到迹 $W_{12} = a e_4 d e_7 c e_9 f e_{12} b e_{11} e e_6 d e_8 f e_{10} e e_5 a e_2 b e_3 c e_1 a$，该闭迹即为图 6-17(a) 所求的欧拉回路。

6.2.3　中国邮递员问题

中国邮递员问题（Chinese Postman Problem，CPP）是由中国管梅谷教授在 20 世纪 60 年代提出并首先研究的。该问题之概义为：邮递员装好邮件从邮局出发，行遍其所辖街道，最后再回到邮局。对于该问题，邮递员希望寻找到一条最短路线。观察图 6-18，试设计一种有效的算法帮邮递员找到最优路径。

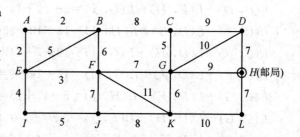

图 6-18　中国邮递员问题简图

解决中国邮递员问题的算法颇多，这里只介绍一种行之有效的算法——**奇偶点图上作业法**。首先明确该问题是寻找至少包含每条边一次且权重最小的路径。显然，若该图是欧拉图，则每一条路径都是最优解；若该图不是欧拉图，则必然要重复某些边。对此，管梅谷教授曾证明，若图的边数为 m，则所求回路的长度至少为 m，至多不超过 $2m$，并且每条边至多出现 2 次。于是可复制其中的某些边，使每个顶点变成偶度顶点，然后在所求图中找一条欧拉回路，只是这里有个约束，即添加的边的权和应最小。关键问题是应该复制哪些边。

该算法描述如下：

(1) 若 G 不含奇度顶点，则任一欧拉回路都是最优解。

(2) 若 G 含 $2k(k>0)$ 奇度顶点，则先求出任意两个奇度顶点间的最短路径，然后在这些路径中找出 k 条路径 $P_1, P_2, \cdots, P_k$，使之满足以下条件：

① 任何 P_i 和 $P_j (i \neq j)$ 没有相同的起点和终点；

② 在满足①的 k 条最短路径的集合中，$P_1, P_2, \cdots, P_k$ 的长度之和应最小。

(3) 根据(2)中求出的 k 条路径 $P_1, P_2, \cdots, P_k$，在图 G 中复制所有出现在这条路径上的边后得到图 G'，并在图 G' 中寻找欧拉回路即可。

下面开始求解图 6-18 对应的中国邮递员问题。

首先，图 6-18 含有奇度顶点数为 $2k=6(k=3)$，于是需要计算 $C_6^2=15$ 个最短距离，分别为：

$L(C, D)=9, L(C, F)=12, L(C, G)=5, L(C, H)=14, L(C, J)=19,$

$L(D, F)=17, L(D, G)=10, L(D, H)=7, L(D, J)=24,$

$L(F, G)=7, L(F, H)=16, L(F, J)=7,$

$L(G, H)=9, L(G, J)=14,$

$L(H, J)=23$

接着选满足条件①的 $k=3$ 条路径 P_1, P_2, P_3，并使其和最小。

6 个点平均分 3 堆的方法有 $\dfrac{C_6^2 C_4^2 C_2^2}{A_3^3}=15$ 种，于是需要计算 15 组路径和。各路径和如下所示：

$L(C, D)+L(F, G)+L(H, J)=9+7+23=39$

$L(C, D)+L(F, J)+L(G, H)=9+7+9=25$

$L(C, D)+L(F, H)+L(G, J)=9+16+14=39$

$L(C, F)+L(D, G)+L(H, J)=12+10+23=45$

$L(C, F)+L(D, H)+L(G, J)=12+7+14=33$

$L(C, F)+L(D, J)+L(G, H)=12+24+9=45$

$L(C, G)+L(D, F)+L(H, J)=5+17+23=45$

$L(C, G)+L(D, H)+L(F, J)=5+7+7=19$

$L(C, G)+L(D, J)+L(F, H)=5+24+16=45$

$L(C, H)+L(D, F)+L(G, J)=14+17+14=45$

$$L(C, H)+L(D, G)+L(F, J)=14+10+7=31$$
$$L(C, H)+L(D, J)+L(G, F)=14+24+7=45$$
$$L(C, J)+L(D, F)+L(G, H)=19+17+9=45$$
$$L(C, J)+L(D, G)+L(F, H)=19+10+16=45$$
$$L(C, J)+L(D, H)+L(F, G)=19+7+7=33$$

比较上面 15 组的大小可知，路径 $L(C, G)+L(D, H)+L(F, J)=5+7+7=19$ 最小，于是需要复制的边为 (C, G)，(D, H)，(F, J)，构造的图如图 6-19 所示。

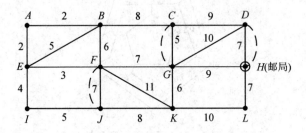

图 6-19 最优欧拉图

于是，在图 6-19 中可任取一条欧拉回路作为最优解，如：$H \to L \to K \to J \to I \to E \to A \to B \to E \to F \to J \to F \to K \to G \to F \to B \to C \to G \to D \to C \to G \to H \to D \to H$。

6.3　哈密尔顿图

试想你的祖父辈中还有一些保留红色记忆的老人，在你小的时候给你讲红军长征的故事、解放军推翻蒋家王朝的故事、志愿军抗美援朝的故事等。但提到的地名可能他们这一辈子都没去过，于是你决定在他们有生之年带他们重温一下红军、解放军、志愿军走过的路线，以了祖辈的心愿。你摊开中国地图，密密麻麻的地名映入眼帘，你抽丝剥茧般终于找到了那些地名，井冈山、瑞金、韶山、遵义、延安、西柏坡、丹东等等，并绘制成一幅简图，如图 6-20 所示。看着简图，你心想能否行遍图中所有的地点而不重复，最后还能回到出发点呢？于是你想到了今天要学习的内容，经过一番推敲后终于找到了答案。

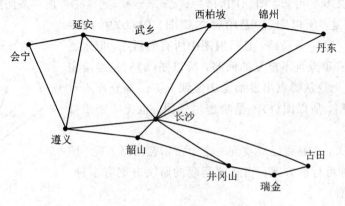

图 6-20　设想的环游图

　　其实这个问题的本质就是著名的"环球"游戏。由爱尔兰数学家 Sir William Rowan Hamilton(哈密尔顿)提出,这个游戏由木头的正十二面体构成,每个角上标代表一个城市的名字,问题是从任意一个城市出发,沿边拜访其他每个城市一次,最后又回到出发地。图 6-21 给出了该十二面体的平面展开形式。如果在该图中能找到一条包含所有顶点各一次(除出发和结束的顶点)的回路,即可解决哈密尔顿难题。在学习下面的知识之前,读者不妨先试着找一找,看能否轻易找到答案。

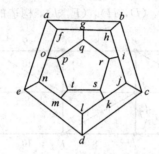

图 6-21　环球平面展开图

6.3.1　概念

　　定义 6.6　经过图中每个顶点一次且仅一次的通路(回路)称为哈密尔顿通路(回路)。存在哈密尔顿回路的图称为**哈密尔顿图**。只存在哈密尔顿通路的图称为**半哈密尔顿图**。

　　例 6.8　考虑图 6-22,分别指出哪些图是哈密尔顿图或半哈密尔顿图。

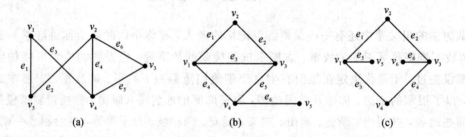

图 6-22　哈密尔顿图的判定

　　解　根据定义 6.6 可知:图(a)中 $\Gamma_1 = v_1 e_3 v_4 e_5 v_3 e_6 v_2 e_3 v_5 e_1 v_1$ 是一条回路,行遍图中所有的顶点且无重复,所以图(a)是哈密尔顿图。图(b)中 $\Gamma_2 = v_5 e_6 v_4 e_5 v_3 e_2 v_2 e_1 v_1$ 是一条通路,且行遍图中所有的顶点,但永远也找不到行遍所有顶点且不重复的回路,所以图(b)只是半哈密尔顿图。图(c)中无论从哪点出发都无法做到 v_5, v_6 兼至而不重复其他顶点的通路,所以图(c)不是哈密尔顿图,也无哈密尔顿通路。

　　回到本节开头,你是否已经找到一个哈密尔顿回路了呢?图 6-23 提供了一种可行的方案。当然此问题的解决方案有多种,读者不妨多试试看。

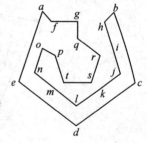

图 6-23　哈密尔顿回路

6.3.2 无向图的哈密尔顿图

定理 6.6(必要条件) 若无向图 $G=\langle V, E\rangle$ 是哈密尔顿图,则对 V 的任意的非空真子集 V_1,都有 $p(G-V_1)\leqslant|V_1|$。

其中,$p(G-V_1)$ 为从 G 中删除 V_1(删除 V_1 中各顶点及关联的边)后所得图的连通分支数。

证明 设 C 为 G 中的任意一条哈密尔顿回路。当 V_1 中的顶点在 C 上均不相邻时,$p(C-V_1)$ 达到最大值 $|V_1|$,而当 V_1 中的顶点在 C 有彼此相邻的情况时,均有 $p(C-V_1)<|V_1|$,所以有 $p(C-V_1)\leqslant|V_1|$。而 C 为 G 的生成子图,所以有 $p(G-V_1)\leqslant p(C-V_1)\leqslant|V_1|$。

推论 若无向图 $G=\langle V, E\rangle$ 是半哈密尔顿图,则对 V 的任意的非空真子集 V_1,都有 $p(G-V_1)\leqslant|V_1|+1$。

此推论可通过构造哈密尔顿回路来证明,读者不妨一试。

注意 利用该定理可以判断某些图不是哈密尔顿图。到目前为止,只能根据定义判断一个图是否为哈密尔顿图,只有在特殊情况下才有判断方法。

下面不加证明地给出哈密尔顿通路判别的充分条件及推论,有兴趣的读者可以查阅相关资料。

定理 6.7(充分条件) 设 $G=\langle V, E\rangle$ 是 $n(n\geqslant3)$ 阶无向简单图。如果 G 中任意两个不相邻的结点 $u, v\in V$,均有:$d(u)+d(v)\geqslant n-1$,则 G 中存在哈密尔顿通路。

推论 设 $G=\langle V, E\rangle$ 是 $n(n\geqslant3)$ 阶无向简单图,如果对任意两个不相邻的结点 $u, v\in V$,均有:$d(u)+d(v)\geqslant n$,则 G 中存在哈密尔顿回路,即 G 是哈密尔顿图。

6.3.3 货郎担(旅行商)问题

货郎担问题也叫旅行商问题(Traveling Saleman Problem,TSP),是数学领域著名问题之一。

货郎担问题的基本描述是:某售货员要到若干个村庄售货,各村庄之间的路程是已知的,为了提高效率,售货员决定从所在的商店出发,到每个村庄售一次货然后返回商店,问他选择一条什么路线才能使所走的总路程最短。图 6-24 给出了该问题的图示及各点间的带权矩阵。

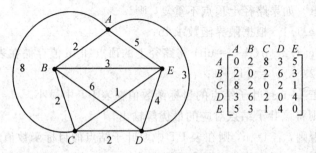

图 6-24 货郎担问题简图及其带权矩阵

求解货郎担问题的方法众多,有穷举法、分支限界法、启发式法、遗传算法、粒子群算法、神经网络等等。由于货郎担问题是 NP 难问题,用穷举法求解该问题的复杂度为

$(n-1)!$，当 n 较大时，计算量惊人，所以传统的穷举法、分支限界法就会显得有心无力。这也是为什么该领域会出现各类基于概率的算法和基于人工智能的算法的原因。由于基于概率和基于人工智能的算法只能以某一概率收敛到最优解，也就意味着可能找不到最优解，但在误差允许范围内可用次优解代替最优解。

下面用分支限界法求解该问题。分支限界法的基本思想是：首先确定一个合理的限界函数，并根据限界函数确定目标函数的界[down，up]。然后按照广度优先策略遍历问题的解空间树，在分支结点上，依次搜索该结点的所有孩子结点，分别估算这些孩子结点的目标函数的可能取值。如果某孩子结点的目标函数可能取得的值超出目标函数的界，则将其丢弃，因为从这些结点生成的解不会比目前已经得到的解更好；否则，将其加入待处理结点表(简称 PT)中。依次从 PT 表中选取使目标函数的值取得极值的结点成为当前扩展结点，重复上述过程，直至找到最优解。

货郎担问题的数学描述是：设 $G = \langle V, E, W \rangle$ 为一个 n 阶完全带全图 K_n，各边的权非负，某些边的权可以 ∞，求 G 中的一条最短的哈密尔顿。对于图 6-24，可选限界函数为

$$lb = \frac{2\sum_{i=1}^{k-1} L[r_i, r_j] + \sum_{r_i \in U} r_i \text{ 行不在路径上的最小元素} + \sum_{r_j \notin U} r_j \text{ 行最小的俩元素)}}{2}$$

分支限界算法描述如下：

输入：城市数量 n 和城市之间路程的带权矩阵

输出：城市之间固定起点的哈密尔顿回路的最短路程

1　根据限界函数计算目标函数的下界 down；采用贪心算法得到上界 up；

2　将待处理结点表 PT 初始化为空；

3　for(i=1;i<=n;i++)

　　　x[i]=0；

4　k=1；x[1]=1；　　　　//从顶点 1 出发求解 TSP 问题

5　while(k>=1)

5.a　i=k+1；

5.b　x[i]=1；

5.c　while(x[i]<=n)

　　5.c.1　如果路径上顶点不重复，则

　　　5.c.1.1　根据限界函数求 lb；

　　　5.c.1.2　if(lb<=up) 将路径上的顶点和 lb 值存储在表 PT 中；

　　5.c.2　x[i]=x[i]+1；

5.d　若 i=n 且叶子结点的目标函数值在表 PT 中最小

　　　则将该叶子结点对应的最优解输出；

5.e　否则，若 i=n，则在表 PT 中取叶子结点的目标函数值最小的结点 lb，

　　　令 up=lb，将表 PT 中目标函数值 lb 超出 up 的结点删除；

5.f　k=PT 表中 lb 最小路径上顶点个数。

下面用分支限界——广度优先法来求解图 6 - 24 所示的货郎担问题。其对应的搜索空间如图 6 - 25 所示。

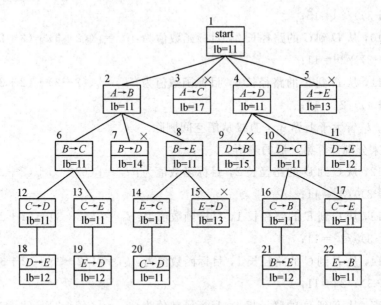

图 6 - 25　货郎担问题对应的搜索空间

① 首先用贪心算法从 A 点出发寻找一个次优解作为上界。即：$A \leftrightarrow B \leftrightarrow C \leftrightarrow E \leftrightarrow D \leftrightarrow A$，该路径的权和为 12，所以选 up＝12。由于每个点有进必有出，所以可选与各点相连的最短的两条边相加后除以 2 后向上取整作为下界，即 lb＝$[((2+3)+(2+2)+(2+1)+(2+3)+(1+3))/2]=11$。以下用 l_{ij} 替代 lb。

② 接下来由 A 点（将其视作结点 1）出发向下遍历的第一层。

在结点 2，从 A 到 B 的路径长 2，目标函数值为：$l_{11}=[((2+3)+(2+2)+(2+1)+(2+3)+(1+3))/2]=11$；

在结点 3，从 A 到 C 的路径长 8，目标函数值为：$l_{12}=[((8+3)+(2+2)+(8+1)+(2+3)+(1+3))/2]=17$；

在结点 4，从 A 到 D 的路径长 3，目标函数值为：$l_{13}=[((2+3)+(2+2)+(2+1)+(2+3)+(1+3))/2]=11$；

在结点 5，从 A 到 E 的路径长 5，目标函数值为：$l_{14}=[((2+5)+(2+2)+(2+1)+(2+3)+(1+5))/2]=13$；

由于 l_{12}，l_{14} 皆大于上界 up，所以此二条路径从解空间移除。

③ 接下来分别计算从 B 和 D 向下遍历的第二层。

在结点 6，从 B 到 C 的路径长 2，目标函数值为：$l_{21}=[((2+3)+(2+2)+(2+1)+(2+3)+(1+3))/2]=11$；

在结点 7，从 B 到 D 的路径长 6，目标函数值为：$l_{22}=[((2+3)+(2+6)+(2+1)+(2+6)+(1+3))/2]=14$；

在结点 8，从 B 到 E 的路径长 3，目标函数值为：$l_{23}=[((2+3)+(2+3)+(2+1)+$

$(2+3)+(1+3))/2]=11$；

　　在结点 9，从 D 到 B 的路径长 6，目标函数值为：$l_{24}=[((2+3)+(6+2)+(2+1)+(6+3)+(1+3))/2]=15$；

　　在结点 10，从 D 到 C 的路径长 2，目标函数值为：$l_{25}=[((2+3)+(2+2)+(2+1)+(2+3)+(1+3))/2]=11$；

　　在结点 11，从 D 到 E 的路径长 4，目标函数值为：$l_{26}=[((2+3)+(2+2)+(2+1)+(4+3)+(1+4))/2]=12$；

　　由于 l_{22}，l_{24} 皆大于上界 up，直接从解空间删除。

　　④ 接下来分别计算第三层的遍历。

　　在结点 12，从 C 到 D 的路径长 2，目标函数值为：$l_{31}=[((2+3)+(2+2)+(2+2)+(2+3)+(1+3))/2]=11$；

　　在结点 13，从 C 到 E 的路径长 1，目标函数值为：$l_{32}=[((2+3)+(2+2)+(2+1)+(2+3)+(1+3))/2]=11$；

　　在结点 14，从 E 到 C 的路径长 1，目标函数值为：$l_{33}=[((2+3)+(2+3)+(2+1)+(2+3)+(1+3))/2]=11$；

　　在结点 15，从 E 到 D 的路径长 4，目标函数值为：$l_{34}=[((2+3)+(2+3)+(2+1)+(2+4)+(4+3))/2]=13$；

　　在结点 16，从 C 到 B 的路径长 2，目标函数值为：$l_{35}=[((2+3)+(2+2)+(2+2)+(2+3)+(1+3))/2]=11$；

　　在结点 17，从 C 到 E 的路径长 1，目标函数值为：$l_{36}=[((2+3)+(2+2)+(2+1)+(2+3)+(1+3))/2]=11$；

　　由于 l_{34} 皆大于上界 up，直接从解空间删除。

　　⑤ 接下来分别计算第四层的遍历。

　　在结点 18，从 D 到 E 的路径长 4，目标函数值为：$l_{41}=[((2+3)+(2+2)+(2+2)+(2+4)+(1+4))/2]=12$；

　　在结点 19，从 E 到 D 的路径长 4，目标函数值为：$l_{42}=[((2+3)+(2+2)+(2+1)+(2+4)+(1+4))/2]=12$；

　　在结点 20，从 C 到 D 的路径长 2，目标函数值为：$l_{43}=[((2+3)+(2+3)+(2+1)+(2+3)+(1+3))/2]=11$；

　　在结点 21，从 B 到 E 的路径长 3，目标函数值为：$l_{44}=[((2+3)+(2+3)+(2+2)+(2+3)+(1+3))/2]=12$；

　　在结点 22，从 E 到 B 的路径长 3，目标函数值为：$l_{45}=[((2+3)+(2+3)+(2+1)+(2+3)+(1+3))/2]=11$；

　　由于 l_{41}，l_{42}，l_{44} 皆等于上界 up 且遍历已至叶结点，无需再往下遍历，l_{43}，l_{45} 对应的路径即为所求。于是输出最短哈密尔顿回路 $A\leftrightarrow D\leftrightarrow C\leftrightarrow E\leftrightarrow B\leftrightarrow A$ 和 $A\leftrightarrow B\leftrightarrow E\leftrightarrow C\leftrightarrow D\leftrightarrow A$，其实它们对应的是同一个哈密尔顿回路。于是最优解即为下界 11。

图 6 - 26 所示为扩展各结点后 PT 表的状态。

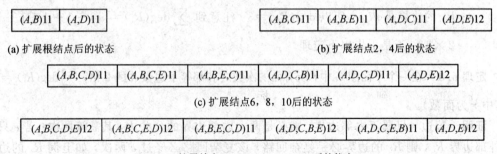

(A,B)11	(A,D)11

(a) 扩展根结点后的状态

(A,B,C)11	(A,B,E)11	(A,D,C)11	(A,D,E)12

(b) 扩展结点2，4后的状态

(A,B,C,D)11	(A,B,C,E)11	(A,B,E,C)11	(A,D,C,B)11	(A,D,C,D)11	(A,D,E)12

(c) 扩展结点6，8，10后的状态

(A,B,C,D,E)12	(A,B,C,E,D)12	(A,B,E,C,D)11	(A,D,C,B,E)12	(A,D,C,E,B)11	(A,D,E)12

(d) 扩展结点12，13，14，16，17后的状态

图 6 - 26　扩展各结点后 PT 表的状态

受货郎担问题的启发，现今该问题的求解方法已用于如何规划最合理高效的道路交通，以减少拥堵；如何更好的规划物流，以减少运营成本；在互联网环境中如何更好地设置结点，以更好地让信息流动等。

6.4　平　面　图

相信读者都见过中国地图，那么你对其用色了解多少呢？也许我们听过"四色猜想"（即任何地图都可用 4 种颜色进行着色而使相邻的区域不同色），那么答案就是 4 种了吗？其实中国地图用色为黄、橙、绿、紫、粉 5 种颜色。那么 4 种颜色能完成的事情为何要用 5 种颜色呢？读者不妨学习完该节内容后给出合理的解释。

6.4.1　平面图的基本概念

1. 基本概念

定义 6.7　一个图 G 如果能以这样的方式画在平面上：除顶点外没有边交叉出现，则称 G 为**平面图**。画出的没有边交叉出现的图称为 G 的一个平面嵌入。无平面嵌入的图称为非平面图。

定义 6.8　设 G 是一个连通的平面图（指 G 的某个平面嵌入），G 的边将 G 所在的平面划分成若干个区域，每个区域称为 G 的一个面。其中面积无限的区域称为**无限面**或**外部面**，常记成 R_0，而**内部面**常记作 $R_1, R_2, \cdots, R_k$ 的形式。包围每个面的所有边所构成的回路称为该面的边界，边界的长度称为该面的次数，R 的次数记为 $\deg(R)$。

对于非连通的平面图 G 有 $k(k \geqslant 2)$ 个连通分支，则 G 的无限面 R_0 的边界由 k 个回路围成。

例 6.9　考虑图 6 - 27，该图的连通分支数为 2，内部面分别有 R_1，R_2，R_3，R_4，R_5，外部面是 R_0。R_0 的边界可视作两条复杂回路组成，分别是 $cfghgedbab$ 和 $lmijik$，$\deg(R_0) = 10 + 6 = 16$；其中 R_1，

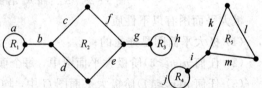

图 6 - 27　内部面和外部面

R_3，R_4 的边界是环，所以 $\deg(R_1)=\deg(R_3)=\deg(R_4)=1$；$R_2$ 的边界是 $cdef$，所以 $\deg(R_2)=4$；R_5 的边界是 klm，所以 $\deg(R_5)=3$。注意到 $\sum\limits_{i=0}^{5}\deg(R_i)=16+1+4+1+1+3=26=2\times13$，于是引出以下定理。

定理 6.8　在一个平面图 G 中，所有面的次数之和都等于边数 n 的 2 倍，$\sum\limits_{i=0}^{r}\deg(R_i)=2m$（其中 r 为面数）。

证明　若边 e 只属于内部边界，则必是两个内部边界的公共边，其需算两次；若 e 只属于外部边界 R_0，则 R_0 的边界必是复杂回路，该复杂回路必经过 e 两次，如上例 R_0 的边界中的 b 和 g；若 e 既属于内部边界又属于外部边界，则算次数时，外部和内部都要算一次。综上，算次数之和时，所有的边必算两次，于是定理得证。

2. 极大平面图、极小非平面图

定义 6.9　设 G 为一个简单平面图，如果在 G 中任意不相邻的两个顶点之间再加一条边，所得图为非平面图，则称 G 为**极大平面图**。

若在非平面图 G 中任意删除一条边，所得图为平面图，则称 G 为**极小非平面图**。

例 6.10　图 6-28 中 $K_{3,3}$，K_5 是极小非平面图，因为 $K_{3,3}$，K_5 任意删除一条边后所得图是平面图（注意，删完之后不一定是极大平面图）。不妨删掉图中标记的边 e，展成无交线的形式如图 6-29 所示。至于为何 $K_{3,3}$，K_5 不是极大平面图，可由下面的欧拉公式给出证明。

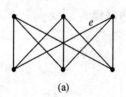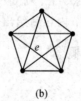

(a)　　　　　　　　　　(b)

图 6-28　$K_{3,3}$ 和 K_5

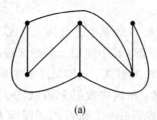

(a)　　　　　　　　　　(b)

图 6-29　$K_{3,3}$ 和 K_5 各删去一边后的平面展开

极大平面图有以下性质：

(1) 极大平面图是连通的；

(2) 任何 $n(n\geqslant3)$ 阶极大平面图中，每个面的次数均为 3；

(3) 任何 $n(n\geqslant4)$ 阶极大平面图 G 中，均有 $\delta(G)\geqslant3$。

6.4.2 欧拉公式

定理 6.9 设 G 为任意的连通的平面图,则有 $n-m+r=2$ 成立。其中,n 为 G 中顶点数,m 为边数,r 为面数。

证明 对边数 m 用数学归纳法进行证明。

(1)当 $m=0$ 时,由于 G 是连通的,则 G 必是平凡图,即 $n=1$,$r=1$,只有一个外部面 R_0,于是有 $n-m+r=1-0+1=2$ 成立;

(2)假设当 $m=k(k\geqslant0)$ 时成立,只需证明当 $m=k+1$ 时也成立即可。

若 G 是树,则 G 是非平凡的,至少有 2 片树叶。设 v 为树叶,令 $G'=G-v$,则 G' 仍然是连通的,且 G' 的边数 $m'=m-1=k$,由归纳假设

$$n'-m'+r'=2$$

式中 n',m',r' 分别为 G' 的顶点数、边数和面数。而 $n'=n-1$,$r=r'$。于是

$$n-m+r=(n'+1)-(m'+1)+r'=n'-m'+r'=2$$

若 G 不是树,则 G 中含圈,设边 e 在 G 的某个圈上,令 $G'=G-e$,则 G' 仍连通且 $m'=m-1=k$。由归纳假设有

$$n'-m'+r'=2$$

而 $n'=n$,$r'=r-1$。于是

$$n-m+r=n'-(m'+1)+(r'+1)=n'-m'+r'=2$$

得证当 $m=k+1$ 时结论也成立。

欧拉公式中,平面图 G 的连通性是必不可少的。对于非连通的平面图有以下定理。

欧拉公式推广:对于任意 $k(k\geqslant2)$ 个连通分支的平面图 G,有 $n-m+r=k+1$ 成立。

证明 不妨设平面图 G 的连通分支分别为 G_1,G_2,$\cdots$,G_k,并设 G_i 的顶点数、边数和面数分别为 n_i,m_i 和 r_i,$i=1,2,\cdots,k$,由欧拉公式有

$$n-m+r=2$$

由于各 G_i 均有一个外部面,而 G 只有一个外部面,所以 G 的面数 $r=\sum\limits_{i=1}^{k}r_i-k+1$,而 $m=\sum\limits_{i=1}^{k}m_i$,$n=\sum\limits_{i=1}^{k}n_i$。于是,

$$2k=\sum_{i=1}^{k}(n_i-m_i+r_i)=\sum_{i=1}^{k}n_i-\sum_{i=1}^{k}m_i+\sum_{i=1}^{k}r_i$$
$$=n-m+(r+k-1)$$

整理后得

$$n-m+r=k+1$$

根据欧拉公式,可得到如下平面图的性质:

定理 6.10 设 G 是连通的平面图,且每个面的次数至少为 $l(l\geqslant3)$,则 $m\leqslant\dfrac{l}{l-2}(n-2)$。

证明 由定理 6.4 有

$$2m=\sum_{i=1}^{r}\deg(R_i)\geqslant l\cdot r$$

由欧拉公式有

$$r = 2 + m - n$$

代入上式得

$$2m \geqslant l(2 + m - n)$$

经整理得

$$m \leqslant \frac{l}{l-2}(n-2)$$

推广　设 G 是 $p(p \geqslant 2)$ 个连通分支的平面图，每个面的次数至少为 $l(l \geqslant 3)$，则 $m \leqslant \frac{l}{l-2}(n-p-1)$。

该推广可类似上述定理证明。

例 6.11　试证明 $K_{3,3}$ 与 K_5 不是平面图。

证明　由于 $K_{3,3}$ 最短圈的长度为 4，所以每个面的次数均大于等于 4，据定理 6.10 知边数 9 应该满足

$$9 \leqslant \frac{4}{4-2}(6-2) = 8$$

矛盾，于是 $K_{3,3}$ 不是平面图。

类似地，K_5 中无环和平行边，所以每个面的次数都大于等于 3，据定理 6.10，于是边数 10 应该满足

$$10 \leqslant \frac{3}{3-2}(5-2) = 9$$

矛盾，于是 K_5 不是平面图。

6.4.3　平面图的判断

1. 消去和插入

在图 6-30(a)中，从左到右的变换称为消去 2 度顶点 w。图 6-30(b)中从左到右的变换称为插入 2 度顶点 w。

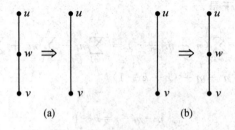

图 6-30　消去与插入顶点

2. 同胚

定义 6.10　如果两个图 G_1 和 G_2 同构，或经过反复插入或消去 2 度顶点后同构，则称 G_1 与 G_2 同胚。

图 6-31 所示的三个图(a)、(b)和(c)都是同胚的。

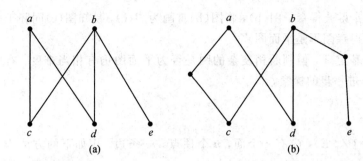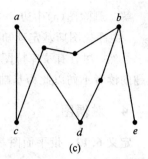

图 6-31 同胚图

3. 初等收缩

定义 6.11 图 G 中相邻顶点 u,v 之间的初等收缩由下面方法给出：删除边 (u,v)，用新的顶点 w 取代 u,v，使 w 关联 u,v 关联的一切边（除 (u,v) 外）。

例 6.12 图 6-32 中给出的 $K_{3,3}$ 和 K_5 两个图无论如何做初等收缩都无法使所有边不相交。$K_{3,3}$ 又称为管道图，表示三个源和三个目的地，每个源和每个目的地都有通路，K_5 是 5 个顶点的完全图。这是两个最典型的非平面图，合称库氏（Kuratowski）图。

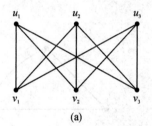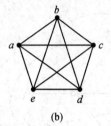

图 6-32 库氏图

下面引出库氏图在平面图判定中的重要定理。

4. 库拉图斯基定理

下面不加证明地给出平面图的两个充分必要条件，证明都超出了本书的范围。

定理 6.11 一个图是平面图当且仅当它不含与 K_5 同胚子图，也不含与 $K_{3,3}$ 同胚子图。

定理 6.12 一个图是平面图当且仅当它既没有可以收缩到 K_5 的子图，也没有收缩到 $K_{3,3}$ 的子图。

例 6.13 如图 6-33(a) 所示，试说明彼得森（petersen）图不是平面图。

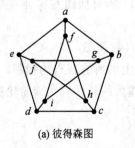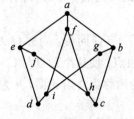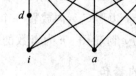

(a) 彼得森图　　　　(b) 彼得森子图　　　　(c) $K_{3,3}$ 的同胚图

图 6-33 例 6.13 图

解 删除图(a)中边 dc，jg 得彼得森子图(b)，将图(b)重画为图(c)，易知图(c)同胚于 $K_{3,3}$，由库拉图斯基定理知彼得森图不是平面图。

显然，尽管有了库拉图斯基定理，但判断稍复杂的图是否为平面图仍有相当难度，有兴趣的读者不妨以此为基础作进一步的探索。

6.4.4 对偶图

定义 6.12 设平面图 $G=\langle V,E \rangle$，G 有 r 个面，n 个顶点，m 条边。用如下的方法构造 G^*：

(1) 在 G 的面 R_i 中放置 G^* 的顶点 v_i^*，这样 G^* 的顶点集 $V^*=\{v_1^*,v_2^*,\cdots,v_r^*\}$；

(2) 若面 R_i 和 R_j 的边界中有公共边 e_k，连接对应顶点 v_i^* 和 v_j^*，得 G^* 的边 e_k^* 与 e_k 相交。当 e_k 只在 G 的一个面 R_j 的边界中出现时，以 R_i 中的顶点 v_i^* 为顶点做环 e_k^*，e_k^* 为 G^* 中一个环。设 G^* 的边集为 E^*，由于 G^* 的边数与 G 的边数相同，则 $E^*=\{e_1^*,e_2^*,\cdots,e_m^*\}$，称 $G^*=\langle V^*,E^* \rangle$ 为 G 的对偶图。

例 6.14 图 6-34(a)给出了一个平面嵌入的对偶图。实线和空心点是平面嵌入，虚线和实心点是对偶图。图 6-34(b)是将对偶图移出重画的结果。

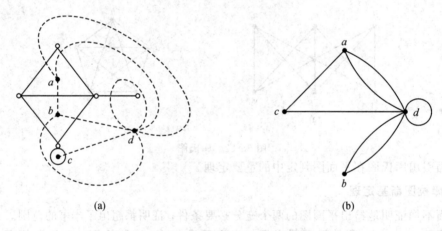

(a)   (b)

图 6-34 平面嵌入及对偶图

注意

① 对于任意的连通的平面图 G，有 $n^*=r$，$m^*=m$，$r^*=n$ 成立，其中 n，m，r 分别为 G 的顶点数，边数和面数。n^*，m^*，r^* 分别为 G 的对偶图 G^* 的顶点数，边数和面数。

② 同构平面图的对偶图，不一定是同构的。G 的对偶图 G^* 的对偶图 G^{**} 不一定与 G 同构。

③ G^* 是平面图 G 的对偶图，若 G^* 与 G 同构，则称 G 为自对偶图。

④ 在 $n-1$ 边形 C_{n-1} 内放置一个顶点，使这个顶点与 C_{n-1} 上的所有顶点均相邻，所得 n 阶简单图称为 n 阶轮图。n 为奇数的轮图称为奇阶轮图，n 为偶数的轮图称为偶阶轮图。

6.4.5 图的着色

① 点着色：一个图用彩色将每个顶点着色，相邻顶点染不同颜色。

② 面着色：一个平面图用彩色将每个面着色，相邻面染不同颜色。

可以发现：面着色可以转换成其对偶图的点着色。

定义 6.13　对无环图的每个顶点涂一种颜色，使相邻顶点有不同的颜色，称为对 G 的一种着色。若能用 k 种颜色给 G 的顶点着色，就称对 G 进行了 k 着色，也称 G 是 k -可着色的。若 G 是 k -可着色的，但不是 $(k-1)$ -可着色的，就称 G 为 k 色图，并称这样的 k 为 G 的色数，记作 $\chi(G)$，简记为 χ。

定理 6.13　① $\chi(G)=1$ 当且仅当 G 为零图；

② $\chi(K_n)=n$；

③ 奇圈和奇阶轮图的色数均为 3，而偶阶轮图的色数为 4；

④ 设 G 中至少含一条边，$\chi(G)=2$ 当且仅当 G 为二部图；

⑤ 对任意的图 $G(G$ 中不含环)，均有 $\chi(G)<\Delta(G)+1$。

前四条性质不难证明，这里仅给出第五条的证明。

证明　对 G 的阶数做归纳证明。

当 $n=1$ 时，结论显然成立，假设 $n=k(k \geqslant 1)$ 时结论成立。

现考虑 $n=k+1$ 的情况。任取 G 的一个顶点 v，令 $G'=G-v$，G' 的阶数为 k。由归纳假设，可用 $\Delta(G')+1 \leqslant \Delta(G)+1$ 种颜色给 G' 着色。而 v 至多与 $\Delta(G)$ 个顶点相邻，在 G' 的点着色中最多用了 $\Delta(G)$ 种颜色，因此在这 $\Delta(G)+1$ 种颜色中至少存在一种颜色可以给 v 着色，使 v 与相邻顶点着不同的颜色。于是得证 $n=k+1$ 时也成立。

定理 6.14(布鲁克斯定理)　设连通图不是完全图 $K_n(n \geqslant 3)$，也不是奇圈，则 $\chi(G) \leqslant \Delta(G)$。

定理 6.15　地图 G 是 k -可着色的当且仅当它的对偶图 G^* 是 k -可着色的。

由于平面图的对偶图仍是平面图，地图的面着色问题可以转化为平面图的点着色问题。具体情况详见下文的应用——给湖南省地图着色。

定理 6.16(四色猜想)　任何一个平面图都是**四色图**。

定理 6.17(五色定理)　G 是任意一个平面图，则 $\chi(G) \leqslant 5$。

四色猜想问题提出来已经近 170 年了，1890 年希伍德证明任何平面图都是 5 -可着色的，此后一直没有太大进展，直到 1976 年两位美国数学家阿佩尔和黑肯用计算机才证明了四色猜想问题。但该证明的过程存在很大争议，因为计算机都消耗 1000 多小时，远非人类能想象，所以该问题的研究远远没有结束，人们仍试图寻找更为简洁且易懂的方法来证明四色猜想问题。

给图的顶点着色，要求使用的颜色数量最少，这是图论的又一难题，目前还没有一个有效算法，即便是判断一个图是否可 3 着色也是 NP 完全问题。1979 年 Brelaz 提出**最大色度着色算法**，该算法的基本思想是：尽可能早地将度数高的结点着色，同时，若某结点有许多邻接结点已着色，算法也将尽可能早的处理该结点。

在介绍概算前，先来接触一个概念——**色度**。给定图 G，假设图 G 的部分结点已经着色，则结点 v 的色度就是 v 的邻接结点已经使用的颜色数量。

最大色度着色算法描述如下：

(1) 将图 G 的所有结点按其度数从大到小排序，存放在集合 S 中；

(2) 将 S 中的第一个结点 v 着色为 1，并从 S 中删除结点 v；

(3) 若 $S = \varnothing$，则算法结束。否则转步骤 (4)；

(4) 若 S 中最靠前且色度最大的结点 u，将 u 着为最小可用色，并从 S 中删除结点 u；再转步骤 (3)。

例 6.15　试用最少颜色给图 6-35(a) 中各点进行着色。

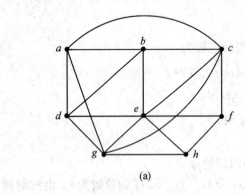 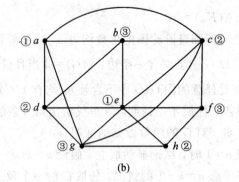

图 6-35　点着色

解　下面讲述用最大色度算法对图 6-35(a) 着色的步骤，其最优着色方案是 3 种颜色。着色方案如图 6-35(b) 所示。

首先：$S = \{e, c, g, a, b, d, f, h\}$，将结点 e 着色为①；

1 次迭代：$S = \{c, g, a, b, d, f, h\}$，$u = c$，将结点 c 着色为最小可用色②；

2 次迭代：$S = \{g, a, b, d, f, h\}$，$u = g$，将结点 g 着色为最小可用色③；

3 次迭代：$S = \{a, b, d, f, h\}$，$u = a$，将结点 a 着色为最小可用色①；

4 次迭代：$S = \{b, d, f, h\}$，$u = b$，将结点 b 着色为最小可用色③；

5 次迭代：$S = \{d, f, h\}$，$u = d$，将结点 d 着色为最小可用色②；

6 次迭代：$S = \{f, h\}$，$u = f$，将结点 f 着色为最小可用色③；

7 次迭代：$S = \{h\}$，$u = h$，将结点 h 着色为最小可用色②；

最后：$S = \varnothing$，算法结束。

例 6.16　湖南省地图如图 6-36(a) 所示，试用最少的颜色给其着色，要求每个相邻地级市的颜色不同。

解　因为面着色问题等价于其对偶图的点着色问题。于是把每一个区域收缩为一个顶点，把相邻两个区域用一条边相连接，就可以把一个区域图抽象为一个平面图。于是可用最大色度着色算法对其进行着色。度数为 6 的地级市有衡阳、怀化、娄底；度数为 5 的地级市有长沙、益阳；度数为 4 的地级市有株洲、湘潭、常德、邵阳；度数为 3 的地级市有张家界、岳阳、永州、郴州；度数为 2 的地级市只有吉首一个。按照度数大的优先着色，每次都取最小可着色序号，着色完毕后可知该图最少需要四种颜色。其中一种可行着色方案如图 6-36(b) 所示。

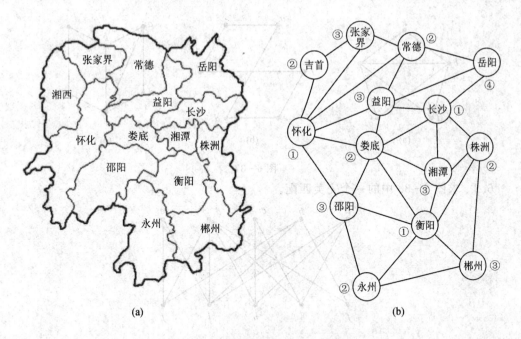

图 6-36　湖南省地图及其对偶图着色

图着色有着广泛的应用。当试图在有冲突的情况下分配资源时，就会产生此问题。例如：

储藏问题：某工厂生产 n 种化学制品 C_1，C_2，…，C_n，其中某些制品是互不相容的，若它们互相接触，则会引起爆炸。作为一种预防措施，该工厂必须把仓库分成若干个间隔，以便把不相容的化学制品储藏在不同的间隔里，那么我们该把仓库至少分成几个间隔可满足要求呢？我们可以构造简单无向图 $G=\langle V,E\rangle$，其中 $V(G)=\{C_1,C_2,\cdots,C_n\}$，边 (C_i,C_j) $\in E(G)\Leftrightarrow$ 化学制品 C_i 与 C_j 互不相容。于是仓库的最小间隔数问题就转化为图 G 的色数 $\chi(G)$。

电视频道分配问题：某地区内有 n 家电视发射台 T_1，T_2，…，T_n，主管部门为每家电视台分配一个频道。为排除干扰，使用同一个频道的发射台之间的距离必须大于指定的正数 d。那么该地区至少需要多少频道呢？我们可以构造简单无向图 $G=\langle V,E\rangle$，其中 $V(G)=\{T_1,T_2,\cdots,T_n\}$，边 $(v_i,v_j)\in E(G)\Leftrightarrow T_i$ 与 T_j 之间的距离 $\leqslant d$。于是需要的最小频道数就转化为图 G 的色数 $\chi(G)$。

考试安排问题：某高校有 n 门选修课 v_1，v_2，…，v_n 需要进行期末考试。同一学生不能在同一天里参加两门课的考试。那么该校的期末考试至少需要安排几天呢？我们可以构造简单无向图 $G=\langle V,E\rangle$，其中 $V(G)=\{C_1,C_2,\cdots,C_n\}$，边 $(v_i,v_j)\in E(G)\Leftrightarrow v_i$ 和 v_j 被同一学生选修。于是考试需要的最小天数问题就转化为图 G 的色数 $\chi(G)$。

当然，现实生活中还会有其他很多的问题可以转化为图着色问题，如变址寄存器问题、调度问题等等，这里不再一一展开，读者可以查阅相关资料慢慢体会。

习　题　6

6.1　试指出图 6-37 中哪些图是二部图。

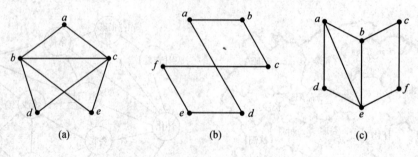

图 6 - 37

6.2　求图 6 - 38 中的一个完美匹配。

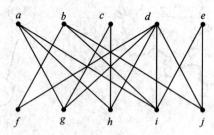

图 6 - 38

6.3　试画出 6 个 4 阶二部图。

6.4　试证明 8 阶二部图至多有 16 条边。

6.5　证明 K_{2n} 的完美匹配个数为 $1 \times 3 \times 5 \times \cdots \times (2n-1)$。

6.6　设图 G 与图 H 都是二部图，试证明笛卡尔积 $G \times H$ 也是二部图。

6.7　某中学有 3 个课外小组：物理组、化学组、生物组。今有张、王、李、赵、陈 5 名同学。若已知：

（1）张、王为物理组成员，张、李、赵为化学组成员，李、赵、陈为生物组成员；

（2）张为物理组成员，王、李、赵为化学组成员，王、李、赵、陈为生物组成员；

（3）张为物理组和化学组成员，王、李、赵、陈为生物组成员。

问在以上 3 种情况下能否各选出 3 名不兼职的组长？

6.8　设 A, B, C, D, E 都在应聘工作 a, b, c, d, e。其中 A 能胜任工作 a, b, c；B 能胜任工作 b, d, e；C 能胜任工作 b, c；D 能胜任工作 c, d；E 能胜任工作 b。

（1）试画出该问题对应的二分图。

（2）为了实现最大工作分配，试用匈牙利算法找出图中的最大匹配。

6.9　试判断下列汉字能否一笔画，为什么？

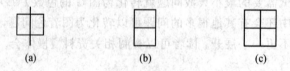

图 6 - 39

6.10　在图 6 - 40 中，先判断哪些具有欧拉通路，再判断哪些具有欧拉回路，为什么？

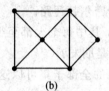

$$(a) \qquad (b) \qquad (c)$$

图 6-40

6.11 图 6-41 是一幢房子的平面图形，前门进入一个客厅，由客厅通向 4 个房间。若要求每扇门只能进一次，现在你由前门进去，问能否通过所有的门走遍所有的房间和客厅，然后从后门走出？

6.12 图 6-42 是著名的穆罕默德短弯刀，能否从某一点出发，行遍图中所有的边，最后又回到该点？

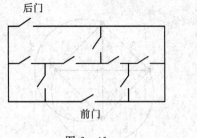

图 6-41 图 6-42

6.13 当 m 与 n 为何值时，$K_{m,n}$ 是欧拉图。

6.14 试证明，若 G 和 H 都是欧拉图，则 $G \times H$ 也是欧拉图。

6.15 试用奇偶点图上作业法求解图 6-43 对应的中国邮递员问题。

6.16 中国象棋中将、帅是敌我双方攻防所在，问在没有士(仕)干扰的情况下，老帅(将)能否遍历米字格中各顶点仅一次最后又回到主位。

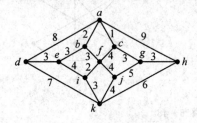

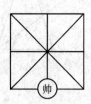

图 6-43 图 6-44

6.17 首先判断图 6-45 中各图是否具有哈密尔顿通路，再判断是否具有哈密尔顿回路，为什么？

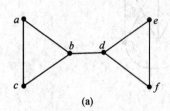

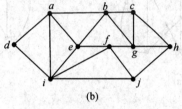

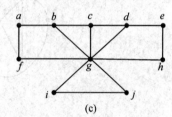

(a) (b) (c)

图 6-45

6.18　证明图 6 - 46 中没有哈密尔顿通路。

6.19　某次会议有 20 人参加，其中每个人都至少有 10 个朋友，这 20 个人围一圆桌入席，能否使与每个人相邻的两位都是朋友？

6.20　试证明任一个有限集合的全部子集可以这样排序，使任何相邻的两个子集仅相差一个元素。

6.21　试证明若无向图连通图 G 中有桥或割点，则 G 不是哈密尔顿图。

6.22　有七名科学家参加一个会议，已知 A 会讲英语，B 会讲英语和中文，C 会讲英语、意大利语、俄语，D 会讲日语、中文，E 会讲德语和意大利语，F 会讲法语、日语、俄语，G 会讲德语、法语。是否可以安排他们在一个圆周围桌，使得相邻的科学家都可以用相同的语言交流？（提示：用哈密尔顿图相关知识解题）

6.23　试用分支限界法求解图 6 - 47 对应的旅行商问题。

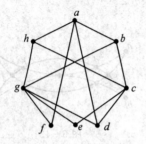　　　　　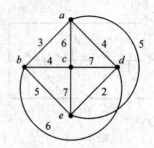

　　　　图 6 - 46　　　　　　　　　　　　　　图 6 - 47

6.24　重画图 6 - 48 中各图，使得边不相交，以此来说明这些图是平面图。

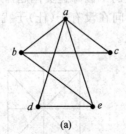　　　　　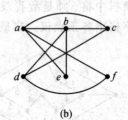

　　　　(a)　　　　　　　　　　　　　　　(b)

图 6 - 48

6.25　试判断图 6 - 49 中各图是否同胚于 $K_{3,3}$。

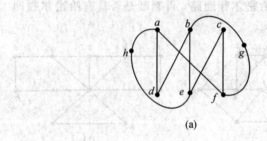　　　　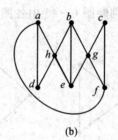

　　　(a)　　　　　　　　　　　　　　(b)

图 6 - 49

6.26 找出图 6-50 所示地图的对偶图,并证明对其染色,除边界区域,至少需要 3 种颜色。

6.27 求图 6-51 中各图的点色素。

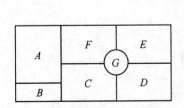

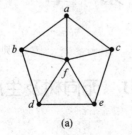

(a)

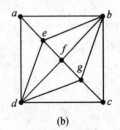

(b)

图 6-50 图 6-51

6.28 用最大色度算法求图 6-52 的点最小着色方案。

6.29 用尽量少的颜色给完全图 K_4 和 K_5 的边着色。

6.30 设简单图 G 的顶点数 $v=7$,边数 $e=15$,证明 G 是连通图。

6.31 试证明阶数不小于 3 的简单可平面图 G 是极大平面图,当且仅当 $3r=2e$,其中 e 为边数,r 为面数。

6.32 试证明阶数不小于 3 的简单可平面图 G 是极大平面图,当且仅当 $e=3v-6$,其中 e 为边数,v 为顶点数。

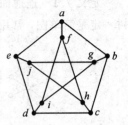

图 6-52

6.33 试证明阶数不小于 3 的简单可平面图 G 是极大平面图,当且仅当 $r=2v-4$,其中 v 为顶点数,r 为面数。

6.34 试证明完全图的边色数有如下关系:

$$\chi'(K_{2n})=\chi'(K_{2n-1})=2n-1$$

6.35 试证明平面图地图的对偶图一定是平面图。

6.36 设 G 是连通图,证明 G 为二部图当且仅当 G 的对偶图为欧拉图。

6.37 某大学中某学院的 8 名教师本学期所开设课程的课程表如表 6-3 所示。

表 6-3 课 程 表

教师	主讲课程(课程编码)	教师	主讲课程(课程编码)
丁一	32, 36, 11	王五	31, 38, 54
钱二	27, 31, 53	孙六	32, 36, 01
张三	31, 32, 11	朱七	27, 31, 38
李四	27, 31, 05	秦八	53, 54, 05

在安排考试时,已确定每门课程都将考试,且同一编码的课程必须同时考试,每位老师必须主考自己所讲授的课程。学校教室足够多,且每位教师都希望考试能尽早结束,这样他们就能尽情地投入寒假中,完成科研项目或发表一些有价值的论文。问整个考试最少需要多少时段?

第7章　树

7.1　无向树及生成树

7.1.1　无向树

定义 7.1　连通而不含回路的无向图称为**无向树**(Undirected Tree)，简称**树**(Tree)。树一定是简单图，常用 T 表示树。图7-1给出了具有7个顶点的所有互不同构的树。

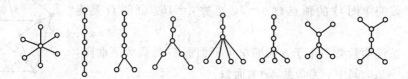

图 7-1　不同构的树

(1) 连通分支数大于等于 2，且每个连通分支均是树的非连通无向图称为**森林** (Forest)。

(2) 平凡图称为**平凡树**(Ordinary Tree)，即只有一个顶点的树。

(3) 设 $T=\langle V, E\rangle$ 为一棵无向树，$v\in V$，若 $d(v)=1$，则称 v 为 T 的**树叶**(Leaf)。若 $d(v)>1$，则称 v 为 T 的**分支点**(Branch Point)。

定理 7.1　设 $G=\langle V, E\rangle$ 是 n 阶无向图，G 中有 m 条边，则下面关于 G 是树的命题是等价的：

(1) G 连通而不含回路；

(2) G 的每对顶点之间具有唯一的一条路径；

(3) G 中无回路且 $n=m+1$；

(4) G 是连通的且 $n=m+1$；

(5) G 中无回路，但在 G 中任意两个不相邻的顶点之间增加一条边，就形成唯一的一条初级回路；

(6) G 是连通的且 G 中每条边都是桥；

(7) G 是连通的，但删除任何 $G=\langle V, E\rangle$ 一条边后，就不连通了。

证明　(1)根据无向树的定义，(1)是显然的。

(2) 根据(1)推证(2)。

由 G 的连通性及定理 5.5 的推论可知，$\forall u, v\in V$，u 与 v 之间存在一条路径。若路径不是唯一的,设 T_1 和 T_2 都是 u 到 v 的路径,则必定存在由 T_1 和 T_2 上的边构成的回路,这与 G 中无回路矛盾。

(3) 根据(2)推证(3)。

首先证明 G 中无回路。如果 G 中存在关联某顶点 v 的环,则 v 到 v 存在长为 0 和 1 的两条路径,这与已知条件矛盾;如果 G 中存在长度大于或等于 2 的回路,则回路上任何两个顶点之间都存在两条不同的路径,这也与已知矛盾。

接下来用归纳法证明 $n=m+1$。

$m=0$ 时,G 为平凡图,结论显然成立。设 $n \leqslant k(k \geqslant 1)$ 时结论成立。当 $n=k+1$ 时,设 $e=(u, v)$ 为 G 中的一条边,由于 G 中无回路,因此 $G-e$ 为两个连通分支 G_1、G_2。设 n_i、m_i 分别为 G_i 中的顶点数和边数,则 $n_i \leqslant k$。由归纳假设可知,$n_i=m_i+1$,$i=1, 2$。于是有 $n=n_1+n_2=m_1+m_2+2=m-1+2=m+1$。因此,当 $n=k+1$ 时,结论也成立。

(4) 根据(3)推证(4)。

只要证明 G 是连通的即可。设 G 有 $x(x \geqslant 2)$ 个连通分支 $G_1, G_2, \cdots, G_x$,每个 G_i 中均无回路,因此 G_i 全为树。由(1)$\Rightarrow$(2)和(2)$\Rightarrow$(3)可知,$n_i=m_i+1$。于是有 $n=\sum\limits_{i=1}^{x} n_i=\sum\limits_{i=1}^{x} m_i+x=m+x$。由于 $x \geqslant 2$,这与 $n=m+1$ 矛盾,故 G 是连通的。

(5) 根据(4)推证(5)。

只要证明 G 中每条边均无回路即可。对 n 作归纳证明。

当 $n=1$ 时,由 $n=m+1$ 可知 $m=0$,显然无回路。

假设顶点数为 $n-1$ 时无回路,那么考虑 n 时的情况。这时至少有一个结点 u 的度数 $\deg(u)=1$。删除 u 及其关联边得到新图 T',根据归纳假设 T' 无回路,再加回 u 及其关联边又得到图 T,则 T 也无回路。

其次,如果在连通图 T 中增加一条新边 (u_i, u_j),则由于 T 中由 u_i 到 u_j 存在一条通路,故必有一个回路通过 u_i、u_j。如果这样的回路有两个,则去掉边 (u_i, u_j),T 中仍存在通过 u_i、u_j 的回路,与 T 无回路矛盾。所以,加上边 (u_i, u_j) 得到一个且仅有一个回路。

(6) 根据(5)推证(6)。

由连通性可知,任意两点间有一条路径,也就有一条通路。如果此路不唯一,则 T 中含有回路,删除此回路上任一边,图仍连通,这与假设矛盾,所以通路是唯一的。

(7) 根据(6)推证(7)。

若 T 不连通,则存在两个结点 u_i 和 u_j,在 u_i 和 u_j 之间没有通路,若加边 (u_i, u_j) 不会产生回路,但这与假设矛盾,故 T 是连通的。又因为 T 无回路,所以删除任一边,图便不连通了。

说明 定理中的回路是指初级回路或简单回路。本章均如此约定。

例 7.1 图 7-2 所示的无向图:图(a)是一棵树,其中 b、c、d 是树叶,a、e 是分支点;图(b)是一棵树,其中 b、c、e 是树叶,a、d 是分支点;图(c)不是树,因为 a、e、d、c、a 是这个图中的简单回路;图(d)不是树,因为它不连通。

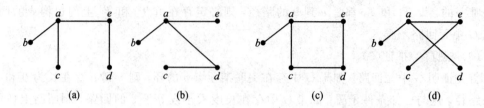

(a)　　　　　　　(b)　　　　　　　(c)　　　　　　　(d)

图 7 - 2　无向图

定理 7.2　设 $T = \langle V, E \rangle$ 是 n 阶非平凡的无向树，则 T 中至少有 2 片树叶。

证明　设 T 中有 x 片树叶，由假设知，对每个 $v \in V(T)$，由握手定理及定理 7.1 可知：

$$2(n-1) = \sum d(v_i) \geqslant x + 2(n-x)$$

从而解得 $x \geqslant 2$。

由此可见，一旦顶点数确定的所有图中，树是边数最少的连通图，也是边数最多的无回路图。在一个 (n, m) 的图 G 中，如果 $m < n-1$，则 G 是不连通的；如果 $m > n-1$，则 G 必有回路。

例 7.2　设 T 是一棵树，它有三个 2 度结点，两个 3 度结点，一个 4 度结点，求 T 的树叶数。

解　设树 T 有 x 片树叶，则 T 的结点数为

$$n = 3 + 2 + 1 + x$$

T 的边数为

$$m = n - 1 = 5 + x$$

又因为

$$2m = \sum_{i=1}^{n} \deg(v_i)$$

即

$$2(5+x) = 3 \times 2 + 2 \times 3 + 1 \times 4 + x$$

解得 $x = 6$，故树 T 有 6 片树叶。

7.1.2　生成树的概念与性质

1. 生成树的概念

定义 7.2　设 $G = \langle V, E \rangle$ 是无向连通图，T 是 G 的生成子图，并且 T 是树，则称 T 是 G 的生成树（Spanning Tree），记为 T_G。

（1）G 在 T 中的边称为 T_G 的**树枝**。

（2）G 不在 T 中的边称为 T_G 的**弦**。

（3）T_G 的所有弦的集合的导出子图称为 T_G 的**余树**（或补），记作 $\overline{T}_G$。

例 7.3　如图 7 - 3 所示，图(b)为图(a)的一棵生成树 T，图(c)为 T 的余树。

注意　余树不一定是树。

考虑生成树图(b)，可知 e_1、e_2、e_3、e_4 是图(b)的树枝，e_5、e_6、e_7、e_8 是图(b)的弦，集合 $\{e_5, e_6, e_7, e_8\}$ 是图(b)的补。生成树在生活中有一定的实际意义。

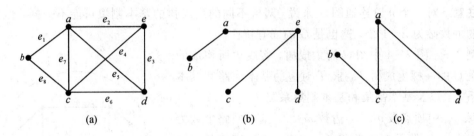

图7-3 生成树及余树

例7.4 某地区需建筑6个水塔,并且这6个水塔间都有道路相通,那么至少要修筑几条道路?

解 此问题实际上是求G的生成树的边数的问题。

通常情况下,假设连通图G有n个结点,m条边。由树的性质可知,T有n个结点,$n-1$条树枝,$m-n+1$条弦。

问题中$n=6$,则有$n-1=6-1=5$,所以至少要修筑5条路才行。

定理7.3 无向图G具有生成树当且仅当G是连通的。

证明 (1)必要性。

如果G不连通,则它的任何生成子图也不连通,因此不可能有生成树,与G有生成树矛盾,故G是连通图。

(2)充分性。

设G连通,则G必有连通的生成子图。令T是G的含边数最少的生成子图,于是T中必无回路(否则删除回路上的一条边不影响连通性,与T含边数最少矛盾),故T是一棵树,即生成树。另一种说法就是若G中无回路,则G本身就是一棵生成树。若G中有回路,则删去回路上的一条边得到图G_1,G_1仍是连通的且与G有相同的结点集。若G_1仍有回路,则继续删去此回路上的一条边得到图G_2,G_2是连通的且与G有相同的结点集。如此炮制,直到得到连通图T,T无回路且与G有相同的结点集,T就是G的生成树。

上述构造生成树的方法称为"破圈法"。显然若"破圈法"的选边方式不同,那么得到的生成树也不同。

推论1 设n阶无向连通图G有m条边,则$m \geq n-1$。

推论2 设n阶无向连通图G有m条边,T是G的生成树,T'是T的余树,则T'中有$m-n+1$条边。

2. 基本回路和基本割集

定义7.3 设T是n阶连通图$G=\langle V, E \rangle$的一棵生成树,G有m条边。设$e_1, e_2, \cdots, e_{m-n+1}$为$T$的弦,设$C_r$是$T$加弦$e_r$产生的$G$的回路,$r=1, 2, \cdots, m-n+1$,称$C_r$为对应于弦$e_r$的**基本回路**,称$\{C_1, C_2, \cdots, C_{m-n+1}\}$为对应生成树$T$的**基本回路系统**。

定义7.4 设T是n阶连通图$G=\langle V, E \rangle$的一棵生成树,称T的$n-1$个树枝为$e_1, e_2, \cdots, e_{n-1}$,$S_i$是$G$中只含树枝$e_i$的割集(即$S_i$只含一个树枝,其余的边都是弦),$S_1, S_2, \cdots, S_{n-1}$为对应生成树$T$的$G$的基本割集,称$\{S_1, S_2, \cdots, S_{n-1}\}$为对应生成树$T$的**基本割集系统**。

注意　对一个 n 阶连通图 G 来说，对应不同的生成树的基本割集可能不一样，但基本割集的个数必为 $n-1$ 个，这也是 G 的固有特性。

例 7.5　图 7-4 中图 G 的生成树，实线边所构成的子图是 G 的一棵生成树 T，求 T 对应的基本回路和基本回路系统，以及基本割集和基本割集系统。

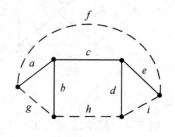

图 7-4　图 G 的生成树

解　G 中顶点数 $n=6$，边数 $m=9$，基本回路个数为 $m-n+1=4$，即 T 有 4 条弦 f、g、h、i。对应的基本回路：$C_f=face$，$C_g=gba$，$C_h=hdcb$，$C_i=ied$。

基本回路系统为 $\{C_f,\ C_g,\ C_h,\ C_i\}$。

T 有 5 个树枝 a、b、c、d、e，因而有 5 个基本割集：

$S_a=\{a,\ g,\ f\}$，$S_b=\{b,\ g,\ h\}$，$S_c=\{c,\ f,\ h\}$，$S_d=\{d,\ i,\ h\}$，$S_e=\{e,\ f,\ i\}$。

基本割集系统为 $\{S_a,\ S_b,\ S_c,\ S_d,\ S_e\}$。

7.1.3　最小生成树

定义 7.5　设无向连通带权图 $G=\langle V,\ E,\ W\rangle$，$T$ 是 G 的一棵生成树。各边带权之和称为 T 的**权**（Weight），记作 $W(T)$。G 的所有生成树中带权最小的生成树称为**最小生成树**（Minimal Spanning Tree）。

最小生成树在实际生活中有许多重要应用。比如建设城市与城市之间的交通网络，每两个城市之间都有直达道路的造价，如果设计一个总造价最小值的交通网络，就是求最小生成树。

下面介绍求最小生成树 T_G 的**克鲁斯克尔**（Kruskal）算法和**普林姆**（Prim）算法。

设 n 阶无向连通带权图 $G=\langle V,\ E,\ W\rangle$ 中有 m 条边 e_1，e_2，…，e_m，它们带的权分别为 a_1，a_2，…，a_m，不妨设 $a_1\leqslant a_2\leqslant\cdots\leqslant a_m$，$e_1\leqslant e_2\leqslant\cdots\leqslant e_m$。

最小生成树求解算法——**Kruskal 算法**（避圈法）：

（1）在 G 中取最小权边 e_1 在 T_E 中（e_1 非环，若 e_1 为环，则弃 e_1），并置边数 $i=1$。

（2）若 e_2 不与 e_1 构成回路，则取 e_2 在 T_E 中，否则弃 e_2，再查 e_3，继续这一过程，已选择的边为 e_1，e_2，…，e_i，在 G 中选取不同于 e_1，e_2，…，e_i 的边 e_{i+1}，使得 e_{i+1} 是满足与 e_1，e_2，…，e_i 不构成回路且权值最小的边。

（3）置 i 为 $i+1$，转向（4）。

（4）当 $i=n-1$ 时结束，否则转向（2）。

由于 Kruskal 算法在求最小生成树时，初始状态为 n 个结点，其基本思想是以边为主导地位，始终选择当前可用（所选的边不可构成回路）的最小权值边逐步进行加边，而此过程一直要避免产生回路，所以又称"避圈法"。

最小生成树求解算法——**Prim 算法**：

（1）在 G 中任意选取一个结点 v_1，并置 $U=\{v_1\}$，置最小生成树的边集 $T_E=\varnothing$。

（2）令 $u\in U$，$v\in V-U$ 的边 $(u,v)\in E$ 中，选取权值最小的边 (u,v)，将 (u,v) 并入 T_E 中，同时将 v 并入 U。

（3）重复（2），直到 $U=V$ 为止。

例 7.6 求图 7-5(a)所示有权图的最小生成树。

解 因为图 7-5(a)中 $n=6$，所以按算法要执行 $n-1=5$ 次。第一步给所有的边按照从小到大的顺序排序，即选边的顺序为 $ab(0.5)$，$ae(1)$，$ao(1.5)$，$ed(2)$，$bc(2.5)$，$cd(3)$，$od(3.5)$，$ac(4)$，$oe(5)$，$oc(6)$。第二步选择权最小的边加入 T_E，循环执行此步，直到构成最小生成树为止。其构造最小生成树的过程如图 7-5(b)~(f)所示。

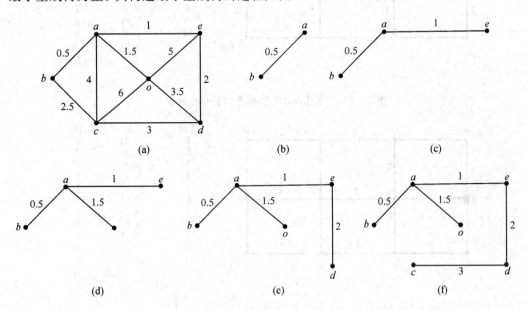

图 7-5 最小生成树的构造过程

T 的权为 $W(T)=0.5+1+1.5+2+3=8$。

例 7.7 分别用 Kruskal 算法和 Prim 算法求图 7-6 中所示带权图的最小生成树。

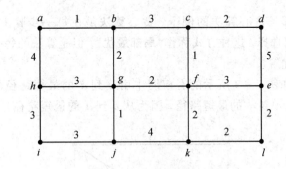

图 7-6 一个带权图

解 (1)图 7-7 显示了这个最小生成树和在 Kruskal 算法中每个阶段上对边的选择过程。

(2)图 7-8 显示了这个最小生成树和在 Prim 算法中每个阶段上对边的选择过程。

从例 7.7 中可以看出 Kruskal 算法和 Prim 算法的区别。在 Kruskal 算法里，为了让每一步过程是确定的，首先对边排序，选择边不一定与已在树里的一个顶点相关联并且不形

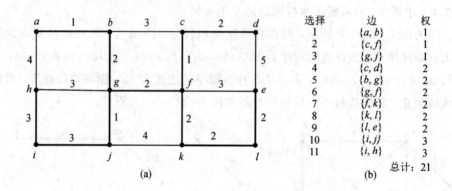

图 7-7 用 Kruskal 算法构造的最小生成树

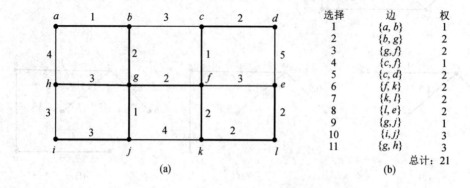

图 7-8 用 Prim 算法构造的最小生成树

成回路的权最小的边。而在 Prim 算法里，没有对边排序，在选择边的过程中，对添加的边可能有多于一种的选择，只要选择与已在树里的一个顶点相关联并且不形成回路的权最小的边即可。

最小生成树算法都是贪心算法的例子。**贪心算法**是在每一步骤上都做最优选择的算法，而不考虑下次如何选择。这种方式称作"**局部最优**"。但是算法的每一步都是最优，并不一定产生的是全局最优解。

如果将算法用在如图 7-9 所示的有权图中由 a 到 d 的最短路径，将会选择 (a, b) 和 (b, d)，但这并不是从 a 到 d 的最短路径，因为从 a 到 d 的最短路径是 (a, c, d)。

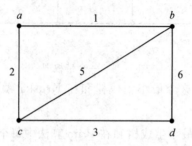

图 7-9 有权图的最短路径

注意 任意一个连通带权简单图可能会有多于一个的最小生成树。

7.2　根树及其应用

7.2.1　根树的概念

定义 7.6　一个有向图 D，如果略去有向边的方向所得的无向图为一棵无向树，则称 D 为**有向树**。换句话说，若有向图的基图是无向树，那么这个有向图为有向树。入度为 0 的顶点称为**树根**（Root），入度为 1 且出度为 0 的顶点称为**树叶**；入度为 1 且出度大于 0 的顶点称为**内点**。内点和树根统称为**分支点**。

有一种特殊结构的有向树叫根树。根树在数据结构、数据库中有着极其重要的应用。下面给出根树的定义。

定义 7.7　一棵非平凡的有向树，如果有一个顶点的入度为 0，其余顶点的入度均为 1，则称此有向树为**根树**（Root Tree）。在根树中，从树根到任意顶点 v 的通路长度称为 v 的**层数**，记为 $l(v)$。层数相同的顶点在同一层上，层数最大的顶点的层数称为**树高**。根树 T 的树高记为 $h(T)$。

例 7.8　图 $7-10$(a)、(b)、(c)、(d)均为有向树，其中只有图(c)和图(d)为根树。在根树图(d)中，a 为树根，b、d、e 为分支点，其余结点均为树叶。

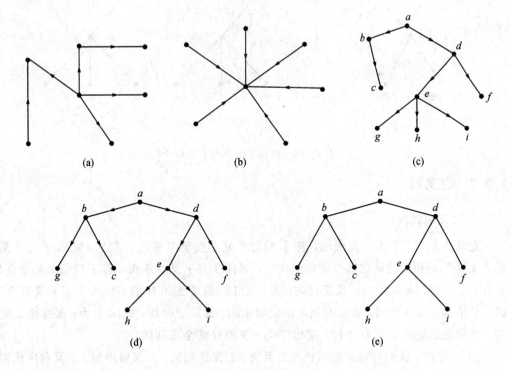

图 $7-10$　有向树

习惯上把根树的根画在上方，叶画在下方，这样就可以省去根树的箭头，如图(d)的根树可以用图(e)表示。

在根树中，称从树根到结点 v 的距离为该点的层次。在图 7-10 所示的根树(e)中，a 的层次为 0，b、d 的层次为 1，g、c、e、f 的层次均为 2，而 h 和 i 的层次为 3。

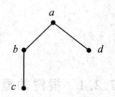

一棵根树可以看成一棵家族树，如图 7-11 所示：

(1) 若顶点 a 邻接到顶点 b，则称 b 为 a 的儿子，a 为 b 的父亲；

(2) 若 b，d 同为 a 的儿子，则称 b，d 为兄弟；

图 7-11　家族树

(3) 若 $a \neq c$，而 a 可达 c，则称 a 为 c 的祖先，c 为 a 的后代。

定义 7.8　设 T 为一棵根树，v 为 T 中一个结点，且 v 不是树根，称 v 及其后代导出的子图 T' 为 T 的以 v 为根的子树，简称**根子树**。

例 7.9　在图 7-12(a)所示的根树里(有根 a)，求 g 的父母，d 的子女，f 的兄弟，m 的所有祖先，b 的所有后代，所有内点以及所有树叶，并画出根在 d 处的子树。

解　g 的父母是 b。d 的子女是 e。f 的兄弟是 h 和 i。m 的所有祖先是 g、b、a。b 的所有后代是 g、k、m。内点是 a、b、g、c、d 和 e。树叶是 k、m、j、h、f 和 i。根在 d 处的子树如图 7-12(b)所示。

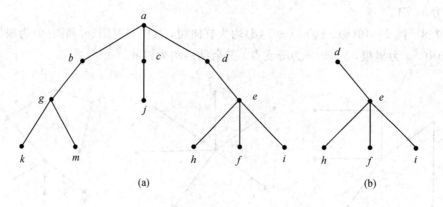

图 7-12　根树 T 及根在 d 处的子树

7.2.2　二叉树

1. 二叉树的概念

定义 7.9　设 T 为一棵根树，若 T 的每个分支点至多有 r 个儿子，则称 T 为 r **叉树**；若 r 叉树 T 的每一层顶点都有规定的次序，则称 T 是 r **叉有序树**；若 T 的每个分支点都恰好有 r 个儿子，则称 T 为 r **叉正则树**；若 r 叉正则树 T 是有序的，则称 T 是 r **叉有序正则树**；若 T 是 r 叉正则树，且所有树叶的层数相同，都等于树高，则称 T 为 r **叉完全正则树**；若 r 叉完全正则树 T 是有序树，则称 T 是 r **叉有序完全正则树**。

当 $r = 2$ 时，我们可以类似地给出**二叉树**、**二叉正则树**、**二叉有序树**、**二叉有序正则树**、**二叉完全正则树**、**二叉有序完全正则树**的概念。二叉树是使用最为广泛的 r 叉树。

例 7.10　图 7-13 所示树中，图(a)是一棵二叉树；图(b)是一棵二叉正则树；图(c)是一棵三叉树；图(d)是一棵三叉完全正则树。

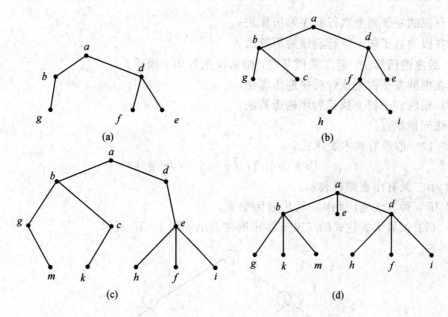

图 7-13 二叉树

生活中有很多实际问题可以用 r 叉树表示。

例 7.11 计算机中存储的文件目录，目录可以包含子目录和文件。图 7-14 用多叉树表示一个文件系统。C 表示根目录，可以表示成根树，内点表示子目录，树叶表示文件或空目录。

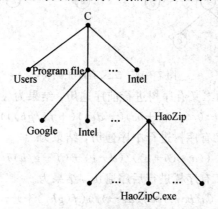

图 7-14 多叉树表示的文件系统

2. 二叉树的遍历

定义 7.10 对于一棵根树的每个结点都访问一次且仅一次称为**行遍**或**周游**一棵树。

对于二叉有序正则树主要有以下 3 种遍历算法。

（1）**中序遍历算法**。若二叉树非空，则依次执行如下操作：

① 在根的左子树上执行中序遍历算法；

② 访问根结点；

③ 在根的右子树上执行中序遍历算法。

（2）**前序遍历算法**。若二叉树非空，则依次执行如下操作：

① 访问根结点；

② 在根的左子树上执行前序遍历算法；

③ 在根的右子树上执行前序遍历算法。

（3）**后序遍历**算法。若二叉树非空，则依次执行如下操作：

① 在根的左子树上执行后序遍历算法；

② 在根的右子树上执行后序遍历算法；

③ 访问根结点。

例 7.12　假设有算术表达式

$$((a*(b+c))/(d-e)-(f+g/h)$$

（1）用二叉有序正则树表示。

（2）用 3 种方法遍历此树，写出遍历结果。

解　（1）该算术表达式的二叉有序正则树表示如图 7-15 所示。

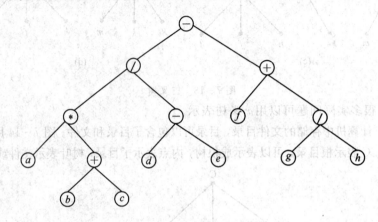

图 7-15　二叉有序正则树

（2）对图 7-15 所示的二叉有序树进行前序遍历，结果为

$$-(/(*a(+bc)(-de))(+f(/gh)))$$

对图 7-15 所示的二叉有序树进行中序遍历，结果为

$$((a*(b+c))/(d-e)-(f+g/h))$$

对图 7-15 所示的二叉有序树进行后序遍历，结果为

$$(a(bc+)*)(de-)/)(f(gh/)+)-$$

3. 二叉搜索树

　　计算机科学的一项重要任务就是在列表里搜索一些项。这个任务可以使用**二叉搜索树**算法来完成。二叉搜索树是一种二叉树，其中任何结点的每个子女都指定为左子女或右子女，每个结点都用一个关键字来标记，同时要求结点的关键字不仅大于它的左子树里的所有结点的关键字，而且小于它的右子树里的所有结点的关键字。

　　这是个递归过程。从只包含一个根结点的树开始，按指定列表中第一项为这个根的关键字，并标记。接下来添加新项，首先比较列表中未被标记的第一个项与已经在树里的结点的关键字，从根开始，如果此项小于所比较结点的关键字且此结点有左子女，则向左移动，如果此项大于所比较结点的关键字且此结点有右子女，则向右移动。当此项小于所比较结点的关键字且此结点无左子女时，直接插入以此项作为关键字的一个新结点，并把刚插入的新结点作为此结点的左子女。同理，当此结点大于所比较结点的关键字且此结点没有右子女时，直接插入以此结点作为关键字的一个新结点，并把新结点作为此结点的右子女。

例 7.13　构造下面的一组词的二叉搜索树（按字母顺序）：

Formal Big Small Languages Plants Data College And Network

解　可以放在如图 7-16 所示给定单词的二叉搜索树上，对于任意结点 v 来说，v 的左子树的任意数据项都比 v 中的数据项小（依据字母表顺序），而 v 的右子树的任意数据项都比 v 中的数据项大。

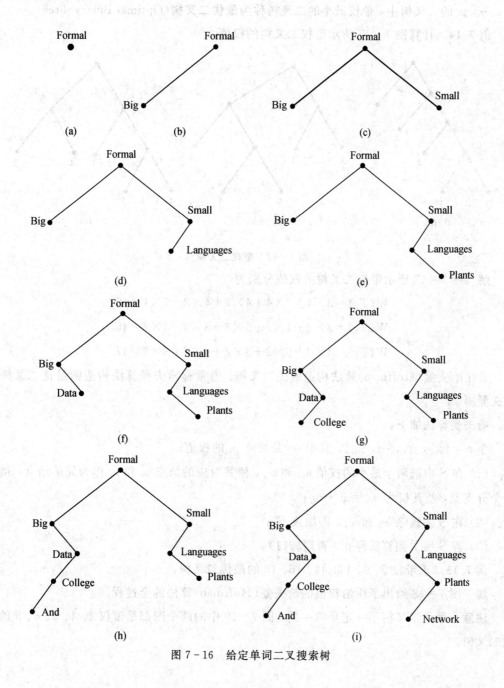

图 7-16　给定单词二叉搜索树

7.2.3　最优二叉树及其应用

1. 哈夫曼树

定义 7.11　设二叉树 T 有 t 片树叶，分别带权为 w_1，w_2，$\cdots$，w_t（w_i 为实数，$i=1,2$，$\cdots$，t），称 $W(T)=\sum\limits_{i=1}^{t}w_i l(v_i)$ 为 T 的权，其中 $l(v_i)$ 为带权 v_i 的层数。在所有的带权 w_1，w_2，$\cdots$，w_t 的二叉树中，带权最小的二叉树称为**最优二叉树**（Optimal Binary Tree）。

例 7.14　计算图 7-17 所示带权二叉树的权值。

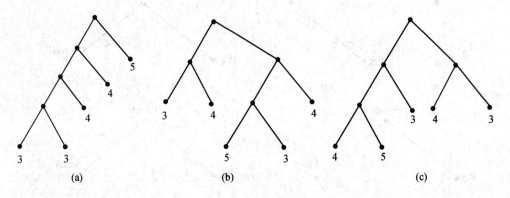

图 7-17　带权二叉树

解　图 7-17 所示带权二叉树的权值分别为

$$W(T_1)=3\times4+3\times4+4\times3+4\times2+5\times1=49$$

$$W(T_2)=3\times2+4\times2+5\times3+3\times3+4\times2=46$$

$$W(T_3)=4\times3+5\times3+3\times2+4\times2+3\times2=47$$

常用哈夫曼（Huffman）算法构造最优二叉树。通常称哈夫曼算法构造的最优二叉树为**哈夫曼树**。

哈夫曼算法如下：

令 $S=\{w_1,w_2,\cdots,w_n\}$，其中 w_i 是树叶 v_i 的权值。

(1) 在 S 中选两个最小的权值 w_i 和 w_j，使其对应的结点 v_i 和 v_j 作为兄弟结点，得到一个分支点，使其权为 $w_k=w_i+w_j$；

(2) 在 S 中删除 w_i 和 w_j，再加入 w_k；

(3) 若 $S=1$，则算法停止，否则转(1)。

例 7.15　求带权 5、9、11、12、16、18 的最优二叉树。

解　图 7-18 给出了所给权值的哈夫曼（Huffman）算法的全过程。

注意　最优二叉树不一定是唯一的，图 7-19 中的两个图都是带权 2、4、5、6、8 的最优二叉树。

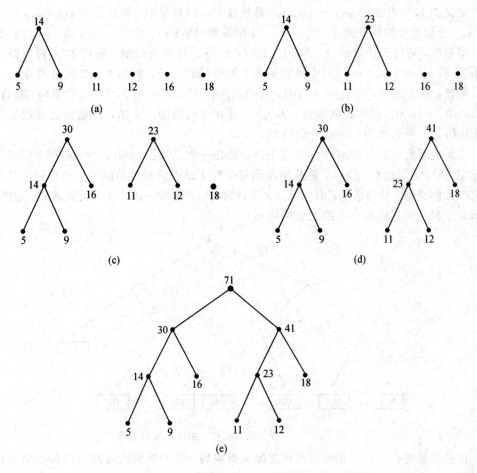

图 7-18　Huffman 算法

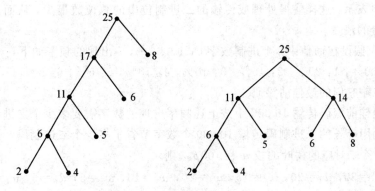

图 7-19　带权最优二叉树

2. Huffman 编码

在计算机和通信系统中，信息处理和传输的载体是由 0 和 1 组成的字符串，通常用前缀码唯一地标识所处理和传输的信息。

定义 7.12　设 $\beta=\alpha_1\alpha_2,\cdots,\alpha_{n-1}\alpha_n$ 是长度为 n 的符号串，称其子串 $\alpha_1,\alpha_1\alpha_2,\cdots,\alpha_1\alpha_2,\cdots,\alpha_{n-1}$ 分别为 β 的长度为 $1,2,\cdots,n-1$ 的**前缀**(Prefix)。设 $B=\{\beta_1,\beta_2,\cdots,\beta_m\}$ 为一个符号串集合，若对于任意的 $\beta_i,\beta_j\in B$，$i\neq j$，β_i 与 β_j 互不为前缀，则称 B 为**前缀码**(Prefix Code)。若 $\beta_i(i=1,2,\cdots,m)$ 中只出现 2 个符号(如 0，1)，则称 β 为**二元前缀码**。

例如，集合{000，001，010，101，11}和{00，001，010，101，11}是前缀码；集合{000，001，010，100，01}则不是前缀码，因为 01 是 010 的前缀。又如，传输和处理西文字符的 ASCII 码是一种长度为 8 的二元前缀码。

二元前缀码与二叉树有一一对应关系。若在一个二叉正则树 T 中，将每个结点的左子树标记为 0，右子树标记为 1，则从树根到每个叶子结点所经过的路径上的标记序列构成了一组二元前缀码。换句话说，由一棵二叉正则树可以产生唯一的一个二元前缀码。如图 7-20 所示为一棵二叉正则树产生的二元前缀码。

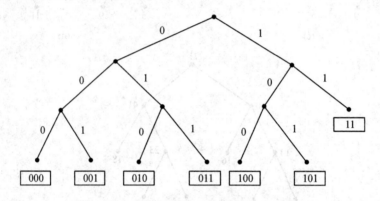

图 7-20　一棵二叉正则树产生的二元前缀码

由哈夫曼树产生的二元前缀码称为**哈夫曼编码**。哈夫曼编码通常用在符号出现频率相差较大的系统中，其基本思想是使用频率高的字符用短小的位串表示，使用频率低的字符用较长的位串表示，这样使得处理或传输的二进制位串的总位数最少，从而避免了传输带宽和存储容量的浪费。

例 7.16　假设在通信中，十进制数字 0，1，2，…，7 出现的频率如下：

0：30%，1：20%，2：15%，3：10%，4：10%，5：5%，6：5%，7：5%

(1) 求传输它们的最佳前缀码。

(2) 用最佳前缀码传输 10 000 个按上述频率出现的数字需要多少个二进制码？

(3) 它比用等长的二进制码传输 10 000 个数字节省了多少个二进制码？

解　(1) 令 i 对应的树叶的权 $w_i=100p_i$，则

$$w_0=30,\ w_1=20,\ w_2=15,\ w_3=10,\ w_4=10,\ w_5=5,\ w_6=5,\ w_7=5$$

构造一棵带权 5，5，5，10，10，15，20，30 的最优二叉树，数字与前缀码的对应关系即所求二叉树 T 如图 7-21 所示。因此，最佳前缀码为{01，11，001，100，101，0001，00000，00001}。

(2) $(2\times(20\%+30\%)+3\times(15\%+10\%+10\%)+4\times5\%+5\times(5\%+5\%))\times10\ 000$
$=27\ 500$

即传输 10 000 个数字需 27 500 个二进制码。

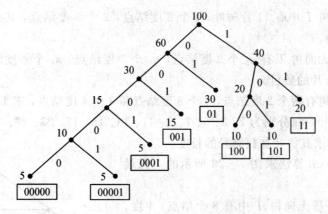

图 7-21　最佳前缀码

（3）因为用等长码传输 8 个数字码长为 3，即用等长的码传输 10 000 个数字需 30 000 个二进制码，故用最佳前缀码传输 10 000 个数字节省了 2500 个二进制位。

例 7.17　有如图 7-22 所示二叉树表示的字母编码，请对位串 01100111 进行解码。

解　按照哈夫曼编码方法，位串的解码过程总是从哈夫曼树的根结点开始，根据读取的数字决定访问左子树还是右子树，直到到达叶子结点，即完成一个字母的解析。如图 7-22 所示：从根结点 T 开始，由于第一位数字是 0，因此首先访问左子树；下一位数字是 1，访问右子树，到达第一个字符"B"，至此完成了字母"B"的识别，读取了位串 01。返回根结点，识别下一个字符，读取剩下位串中的第一位数字，以此类推，直到完成全部位串的读取。最后，识别出位串代表的字符串"BAG"。

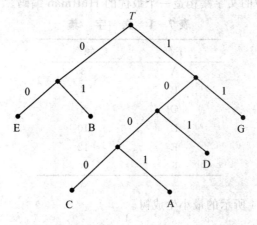

图 7-22　位串 01100111 的 Huffman 解码

习　题　7

7.1　画出所有不同构的一、二、三、四、五、六阶树。

7.2　设一棵树中度为 k 的结点数是 $n_k(k \geqslant 2)$，求它的树叶的数目。

7.3　若简单图 G 仅有两个结点不是割点，证明 G 必是树。

7.4　画出树叶权为 2、4、6、8、10、12 的最优树，并写出此最优树的权。

7.5　设无向树 T 中有 11 片树叶，1 个 2 度结点，2 个 3 度结点，其余全是 4 度结点，求 4 度结点的个数。

7.6　设一棵无向树 T 有 n_2 个 2 度结点，n_3 个 3 度结点，n_4 个 4 度结点，$\cdots$，n_k 个 k 度结点，求 T 中叶片的数目。

7.7　设一棵树有两个 2 度结点，1 个 3 度结点和 3 个 4 度结点，求 1 度结点数目。

7.8　找出树叶的权分别为 2、3、5、7、7、11、13、15、17、23、17、33、37 和 41 的最优加权二叉树，并求其树叶加权路径的长度。

7.9　用 Kruskal 算法求图 7-23 所示的一棵最小生成树。

7.10　已知一棵无向树 T 中有 8 个结点，4 度、3 度、2 度的分支点各一个，求 T 的树叶数目。

7.11　已知一棵无向树 T 中有 10 片树叶，2 个 3 度分支点，其余的分支点都是 4 度顶点，试问 T 有几个 4 度分支点？请画出 3 棵非同构的这种无向树。

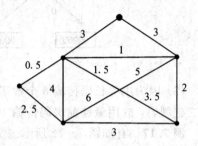

图 7-23

7.12　如何用 Kruskal 算法求赋权连通图的权最大的生成树（称为最大树）。

7.13　编写一个程序，实现 Kruskal 算法。

7.14　编写一个程序，用 Huffman 码编码和解码文本。

7.15　给出贪心算法不能导出最优算法的一个例子。

7.16　给表 7-1 中的文字集构造一个最优的 Huffman 编码。

表 7-1　文　字　集

字符	频率
A	3
B	5
C	8
D	10
E	12
F	16

7.17　给出图 7-24 所示的最小生成树。

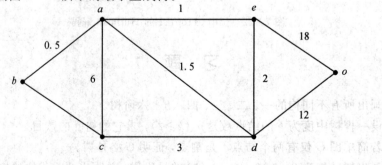

图 7-24

7.18 至少给出三个例子说明如何在建模中使用树。

7.19 什么是树的高度？什么是平衡树？高度为 h 的 m 叉树可以有多少片树叶？

7.20 在图的生成森林里有多少棵树？

7.21 试画出 3 个结点和 4 个结点的所有非同构的无向树。

7.22 显示所有的带有 5 个结点的树。

7.23 给定带权无向连通图的边的列表和它们的权，用 Prim 算法求这个图的最小生成树。

7.24 假设在一个很长的位串中，位 0 出现的频率为 0.7，位 1 出现的频率为 0.3，并且位都是独立地出现的。为 4 个两位的块 11、01、10、11 构造 Huffman 编码，用这个编码来编码一个位串，所需要的平均位数是多少？如果 8 个三位呢？

7.25 求图 7-25 的最小生成树，其中在生成树里每个结点的度都不超过 2。

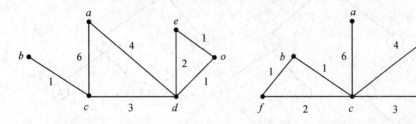

图 7-25

7.26 为了产生生成树，必须从带有 n 个结点和 m 条边的连通图里删除多少条边？

7.27 构造前序遍历为 a、c、g、h、b、f、c、e、d、k、i、l、j 的有序根树，其中 a 有三个子女，h 有四个子女，e 有两个子女，c 和 j 都有一个子女，所有其他结点都是树叶。

7.28 构造一棵带权 2、2、3、3、4、6、8、10 的最优二叉树，并求其权 $W(T)$。

7.29 利用 Huffman 码解码图 7-26 所示的位串。

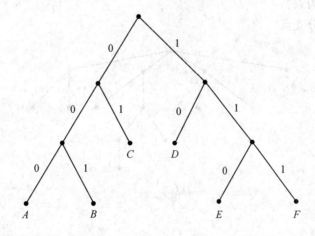

图 7-26

7.30 编写一个程序，实现前缀、后缀、中缀的树的遍历。

7.31 编写一个程序，实现 Prim 算法。

7.32 编写一个程序，实现 Kruskal 算法。

7.33　编写一个程序,接收字符串并将它们放到一棵二叉搜索树中。

7.34　为如下符号和频率构造两个不同的 Huffman 编码:a:0.2,b:0.1,c:0.1,d:0.2,e:0.4。要求画出最优树,找出每个字母对应的编码。

7.35　图 7-27 中的二叉树表示一个算式。

(1)用中序行遍法还原算式;

(2)用前序行遍法还原算式;

(3)用后序行遍法还原算式。

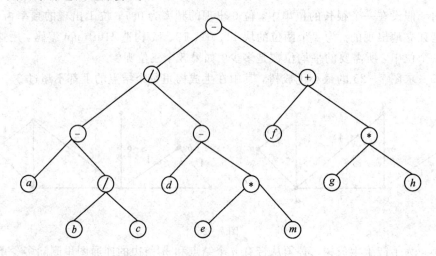

图 7-27

7.36　根树 T 如图 7-28 所示,回答下列问题:

(1)T 是几叉树?

(2)T 的树高为几?

(3)T 有几个内点?

(4)T 有几个分支点?

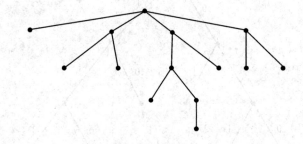

图 7-28

第四篇　代 数 系 统

　　代数系统通常也称为代数结构，是近世代数或抽象代数学研究的中心问题，是数学中最重要的、最基础的分支之一，是在初等代数学的基础上产生和发展起来的。代数系统是一类特殊的数学结构——由对象集合及运算组成的数学结构，它是以研究数字、文字和更一般元素的运算规律和由这些运算适合的公理而定义的各种数学结构的性质为中心问题，它对现代数学如拓扑学、泛函分析等，以及一些其他科学领域，如计算机科学、编码理论等，都有重要影响和广泛地应用。本篇简要介绍代数系统基本概念、重要性质和常用代数系统主要性质。这部分共两章内容：第 8 章代数系统的基本概念；第 9 章典型代数系统简介。

第 8 章　代数系统的基本概念

8.1　二元运算及其性质

8.1.1　二元运算的基本概念

定义 8.1　设 S 为集合，n 是一个正整数，从 S^n 到 S 的一个映射（函数）

$$f: \underbrace{S \times S \times \cdots \times S(S^n)}_{n \uparrow S} \to S$$

则称 f 为 S 上的一个 n 元代数运算，简称为 **n 元运算**，并称该 n 元运算在 S 上是封闭的。其中 n 称为运算的**元数**或**阶**。

例如，在空间直角坐标系中求某一点 (x, y, z) 的坐标在 x 轴上的投影可以看作是实数集 **R** 上的三元运算 $f((x, y, z)) = x$，因为参加运算的是 3 个有序实数，而结果也是实数。注意到，n 元运算是封闭的，因为经运算后产生的结果仍在同一个集合中。封闭性表明了 n 元运算与一般函数的区别之处。

特别地，对于 $n=1$ 时，映射 $f: S \to S$，称为**一元运算**；对于 $n=2$ 时，映射 $f: S \times S \to S$，称为**二元运算**。代数系统中的运算主要是二元运算，因此这里我们主要研究的是二元运算，有时也会遇到一元运算。

例如，普通的加法、减法、乘法都是实数集合 **R** 上的二元运算，但除法不是实数集合上的二元运算，因为当 0 为除数时，运算结果不是实数集中的元素，即 **R** 对除法运算不是封闭的；自然数集合 **N** 上的减法也不是二元运算，因为两个自然数相减可能得负数，而负数不属于 **N**，这时也称集合 **N** 对减法运算不是封闭的。

显然，判断一个运算是否为集合 S 上的二元运算，主要依据以下两个方面：

(1) S 中任何两个元素都可以进行这种运算，且运算结果是唯一的；

(2) S 中任何两个元素的运算结果都属于 S，即 S 对该运算封闭。

例 8.1　(1) 自然数集 **N** 上的乘法是 **N** 上的二元运算，但除法不是。

(2) 整数集合 **Z** 上的加法、减法和乘法是 **Z** 上的二元运算，而除法不是。

(3) 设 $S = \{a_1, a_2, \cdots, a_n\}$，$a_i \circ a_j = a_i$，$\circ$ 为 S 上二元运算。

(4) 设 $M_n(\mathbf{R})$ 为 n 阶实矩阵的集合 $(n \geqslant 2)$，即

$$M_n(\mathbf{R}) = \left\{ \begin{bmatrix} a_{11} & a_{12} & \cdots & a_{1n} \\ a_{21} & a_{22} & \cdots & a_{2n} \\ & & \vdots & \\ a_{n1} & a_{n2} & \cdots & a_{nn} \end{bmatrix} \middle| a_{ij} \in \mathbf{R}, i, j = 1, 2, \cdots, n \right\}$$

则矩阵加法、减法和乘法都是 $M_n(\mathbf{R})$ 上的二元运算。

（5）幂集 $P(S)$ 上的二元运算：$\cup$，$\cap$，$-$，$\oplus$，其中 $\cup$ 和 $\cap$ 是初级并和初级交。

通常用 $\circ$，$*$，$\cdot$，$+$，$\cup$，$\cap$，Δ 等符号表示二元运算，称为运算的**算符**。若 $f:$ $S\times S\rightarrow S$ 是集合 S 上的二元运算，对任意的两个运算对象 $x,y\in S$，如 x 与 y 的运算结果是 z，即 $f(\langle x,y\rangle)=z$，可利用算符 $*$ 简记为 $x*y=z$，这种表示方法叫中缀表示法。

类似二元运算，也可以使用算符来表示 n 元运算，若一个 n 元运算 $f(a_1,a_2,\cdots,a_n)=b$，则使用算符 $*$ 可将 n 元运算表示为 $*(a_1,a_2,\cdots,a_n)=b$，这种表示法叫前缀表示法。类似有：

$n=1$ 时，$*(a_1)=b$ 是一元运算，例如集合 A 的绝对补集 $\sim A$；

$n=2$ 时，$*(a_1,a_2)=b$ 是二元运算，但是对于二元运算用得较多的还是中缀表示法 $a_1*a_2=b$；

$n=3$ 时，$*(a_1,a_2,a_3)=b$ 是三元运算。

若集合 $S=\{x_1,x_2,\cdots,x_n\}$ 为有限集，S 上的一元运算和二元运算还可以用运算表给出。表 8-1 和表 8-2 分别是 S 上一元运算和二元运算的一般形式。

表 8-1　S 上的一元运算

x_i	$*(x_i)$
x_1	$*(x_1)$
x_2	$*(x_2)$
...	...
x_n	$*(x_n)$

表 8-2　S 上的二元运算

$*$	x_1	x_2	...	x_n
x_1	x_1*x_1	x_1*x_2	...	x_1*x_n
x_2	x_2*x_1	x_2*x_2	...	x_2*x_n
...	...	...	...	...
x_n	x_n*x_1	x_n*x_2	...	x_1*x_n

例 8.2　设 $S=\{1,2\}$，给出 S 的幂集 $P(S)$ 上的求补集运算 $\sim$ 和求对称差运算 $\oplus$ 的运算表，其中全集为 S。

解　所求的运算表如表 8-3 和表 8-4 所示。

表 8-3　$P(S)$ 上的补运算表

S_i	$\sim(S_i)$
$\varnothing$	$\{1,2\}$
$\{1\}$	$\{2\}$
$\{2\}$	$\{1\}$
$\{1,2\}$	$\varnothing$

表 8-4　$P(S)$ 上的对称差运算

$\oplus$	$\varnothing$	$\{1\}$	$\{2\}$	$\{1,2\}$
$\varnothing$	$\varnothing$	$\{1\}$	$\{2\}$	$\{1,2\}$
$\{1\}$	$\{1\}$	$\varnothing$	$\{1,2\}$	$\{2\}$
$\{2\}$	$\{2\}$	$\{1,2\}$	$\varnothing$	$\{1\}$
$\{1,2\}$	$\{1,2\}$	$\{2\}$	$\{1\}$	$\varnothing$

定理 8.1　设 $*$ 是集合 S 中的二元运算，且 $S_1\subseteq S$ 和 $S_2\subseteq S$。在 $*$ 运算的作用下，S_1 和 S_2 都是封闭的。于是在 $*$ 运算的作用下 $S_1\cap S_2$ 也是封闭的。

证明　因为 S_1 和 S_2 在运算 $*$ 的作用下都是封闭的，所以对每一个序偶 $\langle x_1,x_2\rangle\in S_1$，有 $x_1*x_2\in S_1$；对于每一个序偶 $\langle x_1,x_2\rangle\in S_2$，有 $x_1*x_2\in S_2$。又因为 $S_1\subseteq S$ 和 $S_2\subseteq S$，因而，有 $x_1*x_2\in S_1\cap S_2$。

8.1.2　二元运算的性质

下面讨论二元运算的主要性质。在命题逻辑和集合运算中，我们已经接触到了一些二元运算，如命题的合取、析取，集合的交集、并集等。这些二元运算通常具有一些特殊的性质，如可交换性、可结合性等。

定义 8.2　设 * 是定义在集合 S 上的二元运算，如果对任意的 $x,y \in S$ 都有 $x * y = y * x$，则称二元运算 * 在 S 上是**可交换**的，或者称运算 * 在 S 上满足**交换律**。

例 8.3　设 Q 是有理数集合，$\triangle$ 是 Q 上的二元运算，对任意的 $a,b \in Q$，$a \triangle b = a + b - a \times b$，问运算 $\triangle$ 是否可交换？

解　因为 $a \triangle b = a + b - a \times b = b + a - b \times a = b \triangle a$，所以 $\triangle$ 在有理数 Q 上是可交换的。

定义 8.3　设 * 是定义在集合 S 上的二元运算，如果对任意的 $x,y,z \in S$ 都有 $(x * y) * z = x * (y * z)$，则称二元运算在 S 上是**可结合的**，或者称在 S 上满足**结合律**。

例如，普通的加法和乘法在 N,Z,Q,R 上都是可结合的；$\cup,\cap,\oplus$ 在幂集 $P(S)$ 上也是可结合的；矩阵加法和乘法在 $M_n(R)$ 上是可结合的，其中矩阵加法还是可交换的，矩阵乘法是不可交换的。

对于满足结合律的二元运算，在一个只有该种运算的表达式中，可以去掉标识运算顺序的括号。例如，实数集上的加法运算是可结合的，所以表达式 $(x+y)+(u+v)$ 可简写为 $x+y+u+v$。

定义 8.4　设 * 是定义在集合 S 上的二元运算，如果对任意的 $x \in S$ 都有 $x * x = x$，则称该二元运算 * 是**等幂**的，或者称运算 * 满足**幂等律**，也可以说 S 中的全体元素都是**幂等元**。

例 8.4　设在自然数集 N 上定义两个二元运算 * 和 $\circ$，对于 $\forall x,y \in N$，满足以下：

(1) $x \circ y = \max(x,y)$；

(2) $x * y = \min(x,y)$。

请说明运算 * 和 $\circ$ 是否满足幂等律。

解　因为对于任何的 $x \in N$，有 $x \circ x = \max(x,x) = x$，$x * x = \min(x,x) = x$，所以运算 * 和 $\circ$ 满足幂等律。

定义 8.5　设 $\circ$ 和 * 是定义在集合 S 上的两个二元运算，如果对任意的 $x,y,z \in S$，都有：

$$x \circ (y * z) = (x \circ y) * (x \circ z) \quad\text{（左分配律）}$$

$$(y * z) \circ x = (y \circ x) * (z \circ x) \quad\text{（右分配律）}$$

则称运算 $\circ$ 对 * 是**可分配的**，也称 $\circ$ 对 * 满足**分配律**。如果以上两式中只有一个成立，则称 $\circ$ 对 * 是可**左分配**的或可**右分配**的。

如实数集上的乘法对加法是可分配的，但加法对乘法不是可分配的；又如集合的交集和并集是相互可分配的。

例 8.5　设集合 $A = \{0,1\}$，在集合 A 上定义两个二元运算 $\circ$ 和 * 如表 8-5 和表 8-6 所示。说明运算 $\circ$ 对 * 是否满足分配律。

表 8-5　$\circ$ 运算

$\circ$	0	1
0	1	0
1	0	1

表 8-6　* 运算

*	0	1
0	1	1
1	1	0

解　运算。对 * 不满足分配律，因为 $0 \circ (1 * 0) = 0 \circ 1 = 0$，而 $(0 \circ 1) * (0 \circ 0) = 0 * 1 = 1$，所以运算。对 * 不满足分配律。

定义 8.6　设。和 * 是集合 S 上的两个可交换的二元运算，如果对任意的 $x, y \in S$ 都有：

$$x \circ (x * y) = x \quad （左吸收律）$$
$$(x * y) \circ x = x \quad （右吸收律）$$

则称。和 * 满足**吸收律**。

例如，在幂集 $P(S)$ 上，集合运算 $\bigcup$ 和 $\bigcap$ 是满足吸收律的。

例 8.6　设集合 **N** 为自然数全体，在 **N** 上定义两个二元运算。和 *，对于任意 $x, y \in \mathbf{N}$，都有：

$$x \circ y = \max(x, y); \quad x * y = \min(x, y)$$

验证。和 * 满足吸收律。

解　对于任意 $a, b \in \mathbf{N}$，$a \circ (a * b) = \max(a, \min(a, b)) = a$（不论 $a > b$，$a = b$ 还是 $a < b$）；同理，$(a * b) \circ a = \min(a, \max(a, b)) = a$。因此，。和 * 满足吸收律。

8.1.3　二元运算的特异元素

通常，在参加运算的集合中有一些与众不同的特殊元素，把这种特殊元素称为**特异元素**，这些特异元素对研究二元运算起到了重要的作用。下面讨论有关二元运算的一些特异元素。

定义 8.7　设。是定义在集合 S 上的二元运算，如果 S 上存在元素 e_l（或 e_r），使得对任何 $a \in S$，都有 $e_l \circ a = a$（或 $a \circ e_r = a$）成立，则称 e_l（或 e_r）是 S 中关于运算。的一个**左幺元**（或**右幺元**），可以符号化为

$$\exists e_l (e_l \in S \land \forall a (a \in S \rightarrow e_l \circ a = a))$$

或

$$\exists e_r (e_r \in S \land \forall a (a \in S \rightarrow a \circ e_r = a))$$

若 $e \in S$ 关于。运算既是左幺元，又是右幺元，则称 e 为 S 上关于运算。的**幺元**。幺元也称为**单位元**。

例如，在整数集 **Z** 中加法的幺元是 0，乘法的幺元是 1；设 A 是集合，在 A 的幂集 $P(A)$ 中，运算 $\bigcup$ 的幺元是 $\varnothing$，运算 $\bigcap$ 的幺元是 A。

定理 8.2　设集合 S 上关于二元运算。，既存在左幺元 e_l 又存在右幺元 e_r，则 $e_l = e_r = e$，且 e 为 S 上关于运算。的唯一幺元。

证明

（1）证明左右幺元相等：由于 e_l 是左幺元，对任何元素 a 有 $e_l \circ a = a$，因此 $e_l \circ e_r = e_r$，同理，e_r 是右幺元，有 $e_l \circ e_r = e_l$，所以 $e_l = e_r$。

（2）证明幺元是唯一的：把 $e_l = e_r$ 记为 e，假设 S 中存在除了幺元 e 以外的另一幺元 e_1，则有 $e \circ e_1 = e$ 且 $e \circ e_1 = e_1$，因此 $e = e_1$，故 e 是 S 上关于运算。的唯一幺元。

对于可交换的二元运算，如果存在左幺元，则必存在右幺元，所以一定存在幺元。如在整数集上，0 是加法的幺元，1 是乘法的幺元。又如，对于全集上的子集的运算，全集是交集的幺元，$\varnothing$ 是并集的幺元；对于从集合 S 到 S 的双射函数的合成运算，恒等函数是幺元。

定义 8.8　设。为定义在集合 S 上的二元运算，若存在元素 $\theta_l\in S$（或 $\theta_r\in S$），使得对任意的 $a\in S$，有 $\theta_l\circ a=\theta_l$（或 $a\circ\theta_r=\theta_r$），则称 θ_l（或 θ_r）是 S 上关于运算。的**左零元**（或**右零元**）。符号化类似定义 8.7，这里不再赘述。

如自然数集 $\mathbf{N}$ 上普通乘法的零元是 0，普通加法无零元；$M_n(R)$ 上矩阵乘法的零元是全为 0 的 n 阶矩阵，矩阵加法无零元。

定理 8.3　设集合 S 上关于二元运算。，既存在左零元 θ_l 又存在右零元 θ_r，则 $\theta_l=\theta_r=\theta$，称 θ 为 S 上关于运算。的**零元**，且零元是唯一的。

此定理证明类似定理 8.2 的证明，留给读者自己练习。

对于可交换的二元运算，若存在左零元，则必存在右零元，所以一定存在零元。如整数集 $\mathbf{Z}$ 上普通乘法的零元是 0，加法没有零元；又如对于全集的子集的运算，$\varnothing$ 是交集的零元，全集是并集的零元。

定理 8.4　给定集合 S，$*$ 是 S 上的一个二元运算，且集合 S 中元素的个数大于 1。如果运算 $*$ 有幺元 e 和零元 θ，则 $e\neq\theta$。

证明　这里用反证法证明这个定理是正确的。

假设 $e=\theta$，那么对于任意的 $a\in S$，必有 $a=e*a=\theta*a=\theta$，即 S 中任意元素都和 θ 相等，即 S 中只有一个元素，这与 S 中元素个数大于 1 相矛盾，所以假设不成立，即 $e\neq\theta$。

定义 8.9　设。为定义在集合 S 上的二元运算，$e\in S$ 为 S 关于运算。的幺元，如果存在一个元素 $a_l\in S$（或 $a_r\in S$），使得对于元素 $a\in S$，有 $a_l\circ a=e$（或 $a\circ a_r=e$）成立，则称 a 是**左可逆**的（或**右可逆**的），并称 a_l（或 a_r）是 a 的**左逆元**（或**右逆元**）。若对于 $a\in S$，既存在左逆元又存在右逆元，则称 a 是**可逆**的。

例如，自然数集 $\mathbf{N}$ 关于加法运算只有 0 有逆元 0，其他数没有逆元；整数集 $\mathbf{Z}$ 关于加法运算的逆元为它的相反数，而乘法的幺元为 1，且只有 -1 和 1 有逆元，分别是 -1 和 1；在幂集 $P(S)$ 上 $\cup$ 运算的逆元，只有 $\varnothing$ 有逆元 $\varnothing$；对于实数集 $\mathbf{R}$ 上的乘法，每个非零实数都是可逆的。

定理 8.5　设。为集合 S 上可结合的二元运算，e 为该运算的幺元。对于 $x\in S$，如果存在左逆元 a_l 和右逆元 a_r，则 $a_l=a_r=a$，即 a 是 x 的**逆元**，且是唯一的。

证明　由 e 是 S 上关于运算。的幺元，得 $a_l\circ x=e$ 和 $x\circ a_r=e$，又因为运算。是可结合的，所以

$$a_l\circ x\circ a_r=(a_l\circ x)\circ a_r=e\circ a_r=a_r$$
$$a_l\circ x\circ a_r=a_l\circ(x\circ a_r)=a_l\circ e=a_l$$

可见，左右逆元相等，令其逆元为 a。

假设 x 有两个不同的逆元 a_1 和 a_2，由逆元的定义知

$$a_1=a_1\circ e=a_1\circ(x\circ a_2)=(a_1\circ x)\circ a_2=e\circ a_2=a_2$$

与假设矛盾，于是 x 的逆元是唯一的。

注意　对于任意的二元运算，如果存在幺元，则幺元一定是可逆的，且逆元是其本身；如果存在零元，零元是不可逆的。由定理 8.5 可知，对于可结合的二元运算来说，可逆的元素 x 的逆元是唯一的，通常记为 x^{-1}。

例 8.7 给定⊙是集合 S 上的二元运算，其中 $S=\{\alpha,\beta,\gamma,\delta,\xi\}$ 且⊙的定义如表 8-7 所示。试指出该代数系统中各元素的左、右逆元情况。

表 8-7 ⊙运算的定义

⊙	α	β	γ	δ	ξ
α	α	β	γ	δ	ξ
β	β	δ	α	γ	δ
γ	γ	α	β	α	β
δ	δ	α	γ	δ	γ
ξ	ξ	δ	α	γ	ξ

解 α 是幺元，β 的左逆元和右逆元都是 γ，即 β 与 γ 互为逆元；

δ 的左逆元是 γ，而右逆元是 β，β 有两个左逆元 γ 和 δ；

ξ 的右逆元是 γ，但 ξ 没有左逆元。

定义 8.10 设。为集合 S 上的二元运算，如果对任意的 $x,y,z\in S$ 满足以下条件：

(1) 若 $x\circ y=x\circ z$ 且 x 不是零元，则 $y=z$；

(2) 若 $y\circ x=z\circ x$ 且 x 不是零元，则 $y=z$。

就称运算。满足**消去律**。其中(1)称作**左消去律**，(2)称作**右消去律**。

思考：整数集合上加法和乘法，幂集 $P(S)$ 上 $\bigcup$ 运算和 $\bigcap$ 运算满足消去律吗？$\oplus$ 运算满足消去律吗？

例 8.8 设。运算为集合 Q 上的二元运算，$\forall x,y\in Q$，$x\circ y=x+y+2xy$：

(1) 判断。运算是否满足交换律和结合律，并说明理由；

(2) 求出。运算的单位元、零元和所有可逆元素的逆元。

解 (1) 任取 $x,y\in Q$，

$$x\circ y=x+y+2xy=y+x+2yx=y\circ x$$

任取 $x,y,z\in Q$，

$$(x\circ y)\circ z=(x+y+2xy)+z+2(x+y+2xy)z$$
$$=x+y+z+2xy+2xz+2yz+4xyz$$
$$x\circ(y\circ z)=x+(y+z+2yz)+2x(y+z+2yz)$$
$$=x+y+z+2xy+2xz+2yz+4xyz$$

所以，。运算可交换、可结合，即满足交换律和结合律。

(2) 设。运算的单位元和零元分别为 e 和 θ，则对于任意 x 有 $x\circ e=x$ 成立，即

$$x+e+2xe=x\Rightarrow e=0$$

由于。运算可交换，所以 0 是幺元。

对于任意 x 有 $x\circ\theta=\theta$ 成立，即

$$x+\theta+2x\theta=\theta\Rightarrow x+2x\theta=0\Rightarrow\theta=-\frac{1}{2}$$

由于。运算可交换，所以 $-\frac{1}{2}$ 是零元。

给定 x，设 x 的逆元为 y，则有 $x\circ y=0$ 成立，即

$$x+y+2xy=0 \Rightarrow y=-\frac{x}{1+2x} \left(x \neq -\frac{1}{2}\right)$$

因此当 $x \neq -\frac{1}{2}$ 时，$-\frac{x}{1+2x}$ 是 x 的逆元。

8.2　代 数 系 统

8.2.1　代数系统的概念

"代数"总是与运算联系在一起的，如代数式、代数和、代数方程等，下面先给出代数的定义。

1. 代数系统

定义 8.11　设 S 是非空集合，f_1，f_2，…，$f_k(i=1,2,…,k)$ 是 S 上的 k 个一元或二元运算，则集合 S 连同其上的代数运算组成的系统称为一个**代数系统**，简称**代数**，记作 $\langle S, f_1, f_2, …, f_k \rangle$。

对于代数系统 $\langle S, f_1, f_2, …, f_k \rangle$ 的理解，需注意以下几点：

(1) $S \neq \varnothing$；

(2) f_1，f_2，…，$f_k(k>1)$ 是 S 上的封闭运算；

(3) 如果 S 是有限集合，则称代数系统是有限代数系统，否则为无限代数系统；

(4) 代数运算 f_i 不仅限于一元或二元运算，还有其他 n 元 $(n>2)$ 代数运算类，但较复杂，故代数系统通常研究一元或二元运算。

例如 $\langle N, + \rangle$，$\langle Z, +, \cdot \rangle$，$\langle R, +, \cdot \rangle$ 都是代数系统，其中，+ 为普通加法，· 为普通乘法；$\langle M_n(R), +, \cdot \rangle$ 是代数系统，其中 + 和 · 分别表示矩阵加法和矩阵乘法；$\langle P(S), \cup, \cap, \sim \rangle$ 也是代数系统，它包含两个二元运算和一个一元运算。注意前面这些运算都是封闭的。

在某些代数系统中存在一些特定的元素，它对该系统的一元或二元运算起着重要的作用，比如二元运算的幺元和零元。研究代数系统时，通常把运算具有的特异元素作为系统的性质之一。例如二元运算的幺元或零元，对系统性质起着重要的作用，称之为系统的**特异元素**，或称为**代数常数**。

为了强调代数常数，通常将它们写在代数系统表达式中，如 $\langle Z, +, 0 \rangle$，$\langle P(S), \cup, \cap, \sim, S \rangle$。

2. 子代数系统

定义 8.12　如果两个代数系统中运算的个数相同，对应运算的元数相同，且代数常数的个数也相同，则称它们是**同类型**的代数系统。如果两个同类型的代数系统规定的运算性质也相同，则称为**同种**的代数系统。

例 8.9　$V_1=\langle R, +, \cdot, 0, 1 \rangle$，$V_2=\langle M_n(R), +, \cdot, \theta, E \rangle$，其中，$\theta$ 为 n 阶 0 矩阵，E 为 n 阶单位矩阵，$V_3=\langle P(S), \cup, \cap, \varnothing, S \rangle$。代数系统 V_1、V_2、V_3 的运算性质如表 8-8 所示，分析三个代数系统是否是同类型或同种代数系统。

表 8 - 8　三个代数系统的性质

V_1	V_2	V_3
＋ 可交换、可结合	＋ 可交换、可结合	∪ 可交换、可结合
・ 可交换、可结合	・ 可交换、可结合	∩ 可交换、可结合
＋ 满足消去律	＋ 满足消去律	∪ 不满足消去律
・ 满足消去律	・ 满足消去律	∩ 不满足消去律
・ 对 ＋ 可分配	・ 对 ＋ 可分配	∩ 对 ∪ 可分配
＋ 对 ・ 不可分配	＋ 对 ・ 不可分配	∪ 对 ∩ 可分配
＋ 与 ・ 没有吸收律	＋ 与 ・ 没有吸收律	∪ 与 ∩ 满足吸收律

解　(1) V_1，V_2，V_3 是同类型的代数系统，它们都含有 2 个二元运算，2 个代数常数；

(2) V_1，V_2 是同种的代数系统，V_1，V_2 与 V_3 不是同种的代数系统。

定义 8.13　设 $V=\langle S,f_1,f_2,\cdots,f_k\rangle$ 是一个代数系统，$B\subseteq S$ 且 $B\neq\varnothing$，如果 B 在运算 $f_1,f_2,\cdots,f_k$ 作用下都是封闭的，且 B 和 S 含有相同的代数常数，则称 $\langle B,f_1,f_2,\cdots,f_k\rangle$ 是 V 的**子代数系统**，简称**子代数**。

例如 $\langle N,+,0\rangle$ 是 $\langle Z,+,0\rangle$ 的子代数，因为 N 对加法封闭，且它们都有相同的代数常数 0。

根据定义有以下几点结论：

(1) 对任何代数系统 $V=\langle S,f_1,f_2,\cdots,f_k\rangle$，其子代数一定存在；

(2) 最大的子代数就是 V 本身；

(3) 如果令 V 中所有的代数常数构成的集合是 B，且 B 对 V 中所有的运算都是封闭的，那么，B 就构成了 V 的最小的子代数；

(4) 这种最大与最小的子代数称为 V 的**平凡的子代数**；

(5) 如果 V 的子代数 $V'=\langle B,f_1,f_2,\cdots,f_k\rangle$ 满足 $B\subset S$，则称 V' 是 V 的**真子代数**。

8.2.2　代数系统的同态与同构

研究代数系统的目的是对许多客观事物进行研究，使不同的物理现象抽象成相同的数学模型。如果两个代数系统有相同的性质，我们可以把它们看成同一个代数系统，或者两个代数系统有某种相关性。在代数系统的研究和应用中，常用代数系统的同态和同构来研究两个代数系统之间的关系。

定义 8.14　设 $V_1=\langle S_1,\circ\rangle$ 与 $V_2=\langle S_2,*\rangle$ 是同类型的代数系统，$\circ$ 和 $*$ 是二元运算，如果存在映射 $\varphi:S_1\rightarrow S_2$，满足对任意 $x,y\in S_1$ 有 $\varphi(x\circ y)=\varphi(x)*\varphi(y)$，则称 φ 是 V_1 到 V_2 的**同态映射**，简称**同态**。

例如，$V_1=\langle Z,+\rangle$，$V_2=\langle Z_n,\oplus\rangle$，其中＋为普通加法，$\oplus$ 为模 n 加法，即 $\forall x,y\in Z_n$，有 $x\oplus y=(x+y)\bmod n$，这里 $Z_n=\{0,1,\cdots,n-1\}$。令 $\varphi:Z\rightarrow Z_n$，$\varphi(x)=(x)\bmod n$，因为对 $\forall x,y\in Z$ 有

$$\varphi(x+y)=(x+y)\bmod n=(x)\bmod n\oplus(y)\bmod n=\varphi(x)\oplus\varphi(y)$$

所以 φ 是 V_1 到 V_2 的同态。

定义 8.15　设 φ 是 $V_1=\langle S_1,\circ\rangle$ 到 $V_2=\langle S_2,*\rangle$ 的同态映射，则 V_1 是 V_2 的子代数，

称$\langle \varphi(S_2), * \rangle$是$V_1$在同态映射$\varphi$下的**同态像**。

定义 8.16　设φ是$V_1 = \langle S_1, \circ \rangle$到$V_2 = \langle S_2, * \rangle$的同态，同态映射有以下常见类型：

如果φ是满射的，则称φ为V_1到V_2的**满同态**，记作$V_1 \sim V_2$；

如果φ是单射的，则称φ为V_1到V_2的**单同态**；

如果φ是双射的，则称φ为V_1到V_2的**同构**，记作$V_1 \cong V_2$；

如果$V_1 = V_2$，则称作**自同态**。

例 8.10　分析下列代数系统之间映射是否是同态及其类型。

(1) 设$V_1 = \langle Z, + \rangle$，$V_2 = \langle Z_n, \oplus \rangle$，其中$Z$为整数集，$+$为普通加法；$Z_n = \{0, 1, \cdots, n-1\}$，$\oplus$为模$n$加。令$f: Z \to Z_n$，$f(x) = (x) \bmod n$。

(2) 设$V_1 = \langle R, + \rangle$，$V_2 = \langle R^*, \cdot \rangle$，其中$R$和$R^*$分别为实数集与非零实数集，$+$和$\cdot$分别表示普通加法与乘法。令$f: R \to R^*$，$f(x) = e^x$。

(3) 设$V = \langle Z, + \rangle$，其中Z为整数集，$+$为普通加法，$\forall a \in Z$，令$f_a: Z \to Z$，$f_a(x) = ax$。

解　(1) 显然f是满射的，且$\forall x, y \in Z$有
$$f(x+y) = (x+y) \bmod n = (x) \bmod n \oplus (y) \bmod n = f(x) \oplus f(y)$$
所以f是V_1到V_2的满同态。

(2) 显然f是单射的，且$\forall x, y \in R$有
$$f(x+y) = e^{x+y} = e^x \cdot e^y = f(x) \cdot f(y)$$
所以f是V_1到V_2的单同态。

(3) 显然f_a是V到V的自同态。因为$\forall x, y \in Z$，有
$$f_a(x) = a(x+y) = ax + ay = f_a(x) + f_a(y)$$
当$a = 0$时称f_0为零同态；当$a = \pm 1$时，称f_a为自同构；除此之外，其他的f_a都是单自同态。

例 8.11　在代数$V = \langle Z, + \rangle$中，给定$a \in Z$，令$\varphi_a: Z \to Z$，$\varphi_a = ax$，试分析φ_a的性质及其同态像。

解　对$\forall x, y \in Z$，$\varphi_a(x+y) = a(x+y) = ax + ay = \varphi_a(x) + \varphi_a(y)$，所以$\varphi_a$是为$V$到$V$的自同态。

当$a = 0$时，有$\forall x \in Z$，$\varphi_0(x) = 0$，称φ_0为**零同态**，其同态像为$\langle \{0\}, + \rangle$。

当$a = 1$时，有$\forall x \in Z$，$\varphi_1(x) = x$，即恒等映射，显然它是双射的，其同态像就是$\langle Z, + \rangle$。这时φ_1是V的自同构，同理可知φ_{-1}也是V的自同构。

当$a \neq \pm 1$且$a \neq 0$时，$\forall x \in Z$有$\varphi_a(x) = ax$，易证φ_a是单射的，这时φ_a为V的单自同态，其同态像是$\langle aZ, + \rangle$是$\langle Z, + \rangle$的真子集。

习　题　8

8.1　举出生活中的例子，说明什么是幺元、逆元和零元。

8.2　设$A = \{a, b, c\}$，$a, b, c \in R$，能否确定a, b, c的值使得：

(1) A对普通加法封闭；

(2) A 对普通乘法封闭。

8.3　数的加、减、乘、除运算是否为下列集合上的二元运算：

(1) 实数集 $\mathbf{R}$；　　　　(2) 非零实数集 $\mathbf{R}^* = R-\{0\}$；

(3) 正整数集 $\mathbf{Z}^+$；　　　(4) $\{2n+1 \mid n \in \mathbf{Z}\}$，$\mathbf{Z}$ 是整数集；

(5) $\{2^k \mid k \in \mathbf{Z}\}$。

8.4　假设 A 是 n 元集合，问在 A 上能定义多少个二元运算？其中又有多少个具有可交换性？

8.5　设 $V = \langle Z, +, 0 \rangle$，令 $nZ = \{nz \mid z \in Z\}$，n 为自然数，证明 nZ 是 V 的子代数。

8.6　设 $S = Q \times Q$，Q 为有理数集合，$*$ 为 S 上的二元运算：对任意 $\langle a, b \rangle$，$\langle c, d \rangle \in S$，有

$$\langle a, b \rangle * \langle c, d \rangle = \langle ac, ad+b \rangle$$

求出 S 关于二元运算 $*$ 的幺元，以及当 $a \neq 0$ 时，$\langle a, b \rangle$ 关于 $*$ 的逆元。

8.7　设 $\langle A, * \rangle$ 是一个代数系统，其中 $*$ 是一个二元运算，使得对任意 $a, b \in A$，有 $a * b = a$。

(1) 证明运算 $*$ 是可结合的。

(2) 运算 $*$ 是可交换的吗？

8.8　下面是三个运算表：

(1) 说明哪些运算是可交换的、可结合的、等幂的；

(2) 求出每个运算的幺元、零元、所有可逆元素的逆元。

∘	a	b	c
a	a	a	a
b	b	b	b
c	c	c	c

$*$	a	b	c
a	c	a	b
b	a	b	c
c	b	c	a

$\cdot$	a	b	c
a	a	b	c
b	b	c	c
c	c	c	c

8.9　设 $*$ 是集合 Z 中的可结合的二元运算，并且对任意的 $x, y \in Z$，若 $x * y = y * x$，则 $x = y$。试证明 Z 中的每个元素都是等幂的。

8.10　下表的各运算都是定义在实数集上的，问各种性质是否成立，填上"是"或"否"。

性质 ＼ 运算	＋	－	×	÷	max	min	$x-y$
结合律							
交换律							
单位元							
逆元素							

8.11　设 G 为非 0 实数集 R^* 关于普通乘法构成的代数系统，判断下述函数是否为 G 的自同态？如果不是，说明理由。如果是，判别它们是否为单同态、满同态、同构。

(1) $f(x) = |x| + 1$

(2) $f(x) = |x|$

(3) $f(x)=0$

(4) $f(x)=2$

8.12　给定代数系统 $U=\langle X,\circ\rangle$，$V=\langle Y,*\rangle$ 和 $W=\langle Z,\otimes\rangle$，设 $f:X\rightarrow Y$ 是从 U 到 V 的同态，$g:Y\rightarrow Z$ 是从 V 到 W 上的同态，证明 $g\circ f:X\rightarrow Z$ 必是从 U 到 W 的同态。

8.13　设 f,g 是 $\langle S,+\rangle$ 到 $\langle V,*\rangle$ 的同态，$*$ 满足结合和交换律，试证明 $H(x)=f(x)*g(x)$ 也是 $\langle S,+\rangle$ 到 $\langle V,*\rangle$ 的同态。

8.14　下面各集合都是自然数集 $\mathbf{N}$ 的子集，它们能否构成代数系统 $V=\langle\mathbf{N},+\rangle$ 的子代数：

(1) $\{x\mid x\in\mathbf{N}\wedge x$ 可以被 16 整除$\}$

(2) $\{x\mid x\in\mathbf{N}\wedge x$ 与 8 互质$\}$

(3) $\{x\mid x\in\mathbf{N}\wedge x$ 是 40 的因子$\}$

(4) $\{x\mid x\in\mathbf{N}\wedge x$ 是 30 的倍数$\}$

8.15　设 $V=\langle Z,+,\cdot\rangle$，其中 $+$ 和 $\cdot$ 分别代表普通加法和乘法，对下面给定的每个集合确定它是否构成 V 的子代数，为什么？

(1) $S_1=\{2n\mid n\in Z\}$

(2) $S_2=\{2n+1\mid n\in Z\}$

(3) $S_3=\{-1,0,1\}$

第 9 章　典型代数系统简介

9.1　半 群 与 群

9.1.1　半群与独异点

半群与独异点都是具有一个二元运算的代数系统。

定义 9.1　设 $V=\langle S,\circ\rangle$ 是代数系统，$\circ$ 为二元运算，如果 $\circ$ 是可结合的，则称 V 为**半群**。半群 V 中的二元运算 $\circ$ 可交换，则 V 是可**交换半群**。

要判断一个代数系统是不是半群，只要判断其运算是不是可结合的。

例 9.1　(1) $\langle Z^+,+\rangle$，$\langle N,+\rangle$，$\langle Z,+\rangle$，$\langle Q,+\rangle$，$\langle R,+\rangle$ 都是半群，其中 $+$ 表示普通加法。

(2) $\langle M_n(R),\times\rangle$ 是半群，其中 $\times$ 表示矩阵乘法。

(3) $\langle Z^+,+\rangle$，$\langle N,+\rangle$，$\langle Z,+\rangle$，$\langle Q,+\rangle$，$\langle R,+\rangle$ 都是可交换半群。

(4) $\langle M_n(R),\times\rangle$ 不是可交换半群，因为矩阵乘法不满足交换律。

定义 9.2　设 $V=\langle S,\circ\rangle$ 是半群，若 $e\in S$ 是关于 $\circ$ 运算的幺元(单位元)，则称 V 是**幺半群**，也称作**独异点**或**单位半群**。有时也将独异点 V 记作 $V=\langle S,\circ,e\rangle$。若 $\circ$ 是可交换的，则称为可**交换幺半群**或**可交换独异点**。

当一个代数系统是独异点时，其单位元是可逆的，其他元素不一定可逆。如正整数集合 Z^+ 及其上的乘法构成的代数系统 $\langle Z^+,\times\rangle$，显然乘法具有封闭性，也具有可结合性，所以是一个半群；而且具有单位元 1，所以是独异点；可交换性也是显然的，所以还是可交换独异点。但其中只有单位元 1 是可逆的，其他任何元素都不可逆。

例 9.2　(1) $\langle Z^+,+\rangle$，$\langle N,+\rangle$，$\langle Z,+\rangle$，$\langle Q,+\rangle$，$\langle R,+\rangle$ 中除了 $\langle Z^+,+\rangle$ 外都是独异点，其中加法的幺元是 0。

(2) $\langle M_n(R),\times\rangle$ 是独异点，矩阵乘法的幺元是 n 阶单位矩阵 E。

例 9.3　Z 是整数集，对于下列二元运算 $*$，哪些代数系统 $\langle Z,*\rangle$ 是独异点？

(1) $a*b=ab+1$；

(2) $a*b=b$。

解　(1) 由于 $(a*b)*c=(ab+1)*c$

$$=(ab+1)c+1$$

$$=abc+c+1$$

$$a*(b*c)=a*(bc+1)$$

$$=a(bc+1)+1$$

$$= abc + a + 1$$

所以 $(a*b)*c \neq a*(b*c)$，二元运算 $*$ 不是可结合运算，$\langle Z, * \rangle$ 不是独异点。

(2) 由于 $a*b = b$，所以二元运算 $*$ 对于 Z 是封闭的。又由于 $(a*b)*c = b*c = c$，$a*(b*c) = a*c = c$，所以 $*$ 是可结合运算。而在 $\langle Z, * \rangle$ 中不存在幺元，由此可见 $\langle Z, * \rangle$ 是半群但不是独异点。

9.1.2　群和子群

1. 群的定义与性质

群是具有一个二元运算的代数系统。

定义 9.3　设 $V = \langle S, \circ \rangle$ 是独异点，$e \in S$ 是关于 $\circ$ 运算的幺元，如果 $\forall a \in S, a^{-1} \in S$，即 S 中每一个元素都有逆元，则称 V 是**群**，通常记作 G。

例 9.4　已知：N_k 是由自然数前 k 个数组成的集合，即 $N_k = \{0, 1, 2, \cdots, k-1\}$；$\otimes_k$ 是模 k 的乘法运算，如 $2 \otimes_6 2 = (2 \times 2) \bmod 6 = 4$，$3 \otimes_6 5 = (3 \times 5) \bmod 6 = 3$；试证 $\langle N_7 - \{0\}, \otimes_7 \rangle$ 是群。

证明　(1) 证明运算 $\otimes_7$ 的封闭性。

设 a, b 是 N_7 中的任意元素，由于 $a \otimes_7 b \in N_7$，所以只需证明 $a \otimes_7 b \neq 0$，则 $a \otimes_7 b \in N_7 - \{0\}$。因为 7 是素数，$a$ 和 b 都是小于 7 的正整数，所以 $a \times b$ 不可能是 7 的整数倍，于是 $a \otimes_7 b \neq 0$，由此可见，运算 $\otimes_7$ 对于 $N_7 - \{0\}$ 是封闭的。

(2) 证明 $\otimes_7$ 运算满足结合律。

由已知题设，模 k 的乘法运算可改写单一表示形式为

$$a \otimes_k b = ab - k \left[\frac{ab}{k} \right]$$

同样可得

$$(a \otimes_k b) \otimes_k c = a \otimes_k (b \otimes_k c)$$

$$= abc - k \left[\frac{abc}{k} \right]$$

所以模 7 的乘法 $\otimes_7$ 是可结合运算。

(3) 证明任何元素都有逆元。

显然，$\langle N_7 - \{0\}, \otimes_7 \rangle$ 中含有幺元 1。

容易验证：

$$1 \otimes_7 1 = 1 \qquad 2 \otimes_7 4 = 1 \qquad 3 \otimes_7 5 = 1 \qquad 6 \otimes_7 6 = 1$$

所以 1 的逆元为 1，2 和 4 互为逆元，3 和 5 互为逆元，6 的逆元为 6，由此证得 $\langle N_7 - \{0\}, \otimes_7 \rangle$ 是群。

综上所述，$\langle N_7 - \{0\}, \otimes_7 \rangle$ 是群。

在半群、独异点和群中，由于只是一个二元运算，在不发生混淆的情况下，经常将算符略去，例如将 $x \circ y$ 写作 xy。下面的讨论中将采用这种简略表示。

定义 9.4　(1) 若群 G 是有穷集，则称 G 是**有限群**，否则称为**无限群**。群 G 的基数称为群 G 的阶，有限群 G 的阶记作 $|G|$。

(2) 只含单位元的群称为**平凡群**。

(3) 若群 G 中的二元运算是可交换的，则称 G 为**交换群**或阿贝尔(Abel)**群**。

例 9.5　$\langle Z, + \rangle$ 和 $\langle R, + \rangle$ 是无限群，$\langle Z_n, + \rangle$ 是有限群，也是 n 阶群。Klein 四元群是 4 阶群。$\langle \{0\}, + \rangle$ 是平凡群。它们都是交换群，n 阶($n \geqslant 2$)实可逆矩阵集合关于矩阵乘法构成的群是非交换群。

定理 9.1　代数系统 $\langle G, \circ \rangle$ 是群的充要条件为：

(1) 对 G 中任意元素 a，b，c，有 $(a \circ b) \circ c = a \circ (b \circ c)$；

(2) 对 G 中任意元素 a，b，方程 $a \circ x = b$ 和 $y \circ a = b$ 都有解。

证明留给读者来完成。

定理 9.2　若代数系统 $\langle G, \circ \rangle$ 是群，则对 $\circ$ 满足消去律。

证明　设 $a \circ b = a \circ c$ 或 $b \circ a = c \circ a$，则在等式两边左"乘"或右"乘" a 的逆元 a^{-1}，即得 $b = c$。

例 9.6　设群 $G = \langle P(\{a, b\}), \oplus \rangle$，其中 $\oplus$ 为对称差，解下列群方程。

(1) $\{a\} \oplus X = \varnothing$

(2) $Y \oplus \{a, b\} = \{b\}$

解　因为这个群么元为 $\varnothing$，任何元素的逆元都是其自身，所以：

$$X = \{a\}^{-1} \oplus \varnothing = \{a\} \oplus \varnothing = \{a\}$$
$$Y = \{b\} \oplus \{a, b\}^{-1} = \{b\} \oplus \{a, b\} = \{a\}$$

例 9.7　设 $G = \{a_1, a_2, \cdots, a_n\}$ 是 n 阶群，令 $a_i G = \{a_i a_j \mid j = 1, 2, \cdots, n\}$，证明 $a_i G = G$。

证明　由群中运算的封闭性有 $a_i G \subseteq G$。假设 $a_i G \subset G$，即 $|a_i G| < n$，必存在 a_j，$a_k \in G$ 使得 $a_i a_j = a_j a_k (j \neq k)$，由消去律得 $a_j = a_k$，与 $|G| = n$ 矛盾，所以假设不成立。

定理 9.3　有限半群 $\langle G, \circ \rangle$ 是群的充要条件为对 $\circ$ 满足消去律。

证明　必要性由定理 9.2 可得。

充分性：由于有限半群 $\langle G, \circ \rangle$ 满足消去律，可见其运算表中的每行(列)都是 G 中元素的不同排列，故对 G 中任意元素 a 和 b，方程 $a \circ x = b$ 和 $y \circ a = b$ 都有解。由定理 9.1 即知 $\langle G, \circ \rangle$ 是群。

定义 9.5　设 G 是群，$a \in G$，$n \in Z$，则 a 的 n 次幂

$$a^n = \begin{cases} e & n = 0 \\ a^{n-1} a & n > 0 \\ (a^{-1})^m & n < 0, n = -m \end{cases}$$

例如，群中元素可以定义负整数次幂，在 $\langle Z_3, \oplus \rangle$ 中有 $2^{-3} = (2^{-1})^3 = 1^3 = 1 \oplus 1 \oplus 1 = 0$，在 $\langle Z, + \rangle$ 中有 $(-2)^{-3} = (-2^{-1})^3 = 2^3 = 2 + 2 + 2 = 6$。

定义 9.6　设 G 是群，$a \in G$，使得等式 $a^k = e$ 成立的最小正整数 k 称为 a 的**阶**，记作 $|a| = k$，称 a 为 k **阶元**。若不存在这样的正整数 k，则称 a 为**无限阶元**。

例 9.8　(1) 在 $\langle Z_6, \oplus \rangle$ 中，2 和 4 是 3 阶元，3 是 2 阶元，1 和 5 是 6 阶元，0 是 1 阶元。

(2) 在 $\langle Z, + \rangle$ 中，0 是 1 阶元，其他整数的阶都不存在。

定理 9.4　若$\langle G,\circ\rangle$是群,其幺元为e,a是其中阶为n的元素,则对整数k,$a^k=e$的充要条件为$n\mid k$,这里$\mid$表示整除。

证明　充分性:由于$n\mid k$,必存在整数m使得$k=mn$,且已知$\mid a\mid=n$,所以有

$$a^k=a^{mn}=(a^n)^m=e^m=e$$

必要性:根据除法,存在整数m和i,使得

$$k=mn+i,\ 0\leqslant i\leqslant n-1$$

从而有$e=a^k=a^{mn+i}=(a^n)^m a^i=ea^i=a^i$。因为$\mid a\mid=n$,必有$i=0$,这就证明了$n\mid k$。

推论　设a是群$\langle G,\circ\rangle$中的任意元素,若$a^n=e$,其中n为正整数,e为群中的幺元且没有n的因数$d(0<d<n)$能使$a^d=e$,则$\mid a\mid=n$。

定理 9.5　设a是群$\langle G,\circ\rangle$中的任意元素,则$\mid a^{-1}\mid=\mid a\mid$。

证明　可根据定理9.4的方法证明,留给读者来完成。

2. 子群的定义与判定

定义 9.7　设G是群,H是G的非空子集:

(1) 如果H关于G中的运算构成群,则称H是G的**子群**,记作$H\leqslant G$。

(2) 若H是G的子群,且$H\subset G$,则称H是G的**真子群**,记作$H<G$。

定理 9.6　假设G为群,H是G的非空子集,则H是G的子群当且仅当下面的条件成立:

(1) $\forall a,b\in H$必有$ab\in H$;

(2) $\forall a\in H$有$a^{-1}\in H$。

证明　必要性是显然的。为证明充分性,只需证明$e\in H$。因为H非空,必存在$a\in H$。由条件(2)知$a^{-1}\in H$,再根据条件(1)有$aa^{-1}\in H$,即$e\in H$。

定理 9.7　假设G为群,H是G的非空子集,H是G的子群当且仅当$\forall a,b\in H$有$ab^{-1}\in H$。

证明　根据定理9.6必要性显然可得出,这里只证充分性。

因为H非空,必存在$a\in H$。根据已知条件得$aa^{-1}\in H$,即$e\in H$。任取$a\in H$,由$e,a\in H$得$ea^{-1}\in H$,即$a^{-1}\in H$。任取$a,b\in H$,知$b^{-1}\in H$. 再利用给定条件得$a(b^{-1})^{-1}\in H$,即$ab\in H$。

综合上述,可知H是G的子群。

定理 9.8　假设G为群,H是G的非空有穷子集,则H是G的子群当且仅当$\forall a,b\in H$必有$ab\in H$。

证明　必要性显然,为证充分性,只需证明$a\in H$有$a^{-1}\in H$。任取$a\in H$,若$a=e$,则$a^{-1}=e\in H$;若$a\neq e$,令$S=\{a,a^2,\cdots\}$,则$S\subseteq H$。由于H是有穷集,必有$a^i=a^j(i<j)$。根据G中的消去律得$a^{j-i}=e$,由$a\neq e$可知$j-i>1$,由此得$a^{j-i-1}a=e$和$aa^{j-i-1}=e$,从而证明了$a^{-1}=a^{j-i-1}\in H$。

定义 9.8　设G为群,$a\in G$,令$H=\{a^k\mid k\in Z\}$,则H是G的子群,称为由a生成的子群,记作$\langle a\rangle$。

首先由$a\in\langle a\rangle$知道$\langle a\rangle\neq\varnothing$。任取$a^m,a^l\in\langle a\rangle$,则$a^m(a^l)^{-1}=a^m a^{-l}=a^{m-l}\in\langle a\rangle$根据判定定理9.7可知$\langle a\rangle\leqslant G$。

例如整数加群，由 2 生成的子群是 $\langle 2\rangle=\{2^k\,|\,k\in Z\}=2Z$。在群 $\langle N_6$，$\oplus\rangle$ 中，由 2 生成的子群 $\langle 2\rangle=\{0,2,4\}$；对于 Klein 四元群 $G=\{e,a,b,c\}$ 的各个元素生成子群是：$\langle e\rangle=\{e\}$，$\langle a\rangle=\{e,a\}$，$\langle b\rangle=\{e,b\}$，$\langle c\rangle=\{e,c\}$。

9.2 环 与 域

9.2.1 环的概念

定义 9.9 设 $\langle R$，$+$，$\cdot\rangle$ 是代数系统，R 为集合，$+$ 和 $\cdot$ 为二元运算，如果：

(1) $\langle R$，$+\rangle$ 为交换群；

(2) $\langle R$，$\cdot\rangle$ 为半群；

(3) 运算 $\cdot$ 对于运算 $+$ 是可分配的，

则称 $\langle R$，$+$，$\cdot\rangle$ 是**环**。

为了区分环中的两个运算，通常将 $+$ 称为环中的加法，$\cdot$ 称为环中的乘法。需要注意的是，环中的加法和乘法不一定是数学上的加法和乘法，可以是任何满足环的基本运算性质的二元运算。

例如 $\langle Z$，$+$，$\cdot\rangle$，$\langle Q$，$+$，$\cdot\rangle$，$\langle R$，$+$，$\cdot\rangle$，$\langle C$，$+$，$\cdot\rangle$ 都是环，$+$ 和 $\cdot$ 表示普通加法和乘法，分别叫**整数环 Z、有理数环 Q、实数环 R** 和**复数环 C**。$n(n\geqslant2)$ 阶实矩阵的集合 $M_n(R)$ 关于矩阵的加法和乘法构成环，称为 n **阶实矩阵环**。设 $Z_n=\{0,1,\cdots,n-1\}$，$\oplus$ 和 $\otimes$ 分别表示模 n 加法和模 n 乘法，则 $\langle Z_n$，$\oplus$，$\otimes\rangle$ 构成环，称为**模 n 的整数环**，即 $\forall\,x$，$y\in Z_n$，有 $x\oplus y=(x+y)\bmod n$，$x\otimes y=(x\times y)\bmod n$。

定义 9.10 令 $\langle R$，$+$，$\cdot\rangle$ 是环，若环中乘法 $\cdot$ 适合交换律，则称 R 是**交换环**。若环中乘法 $\cdot$ 存在单位元，则称 R 是**含幺环**。

注意

(1) 在环中通常省略乘法运算 $\cdot$；

(2) 为了区别含幺环中加法幺元和乘法幺元，通常把加法幺元记作 0，乘法幺元记作 1。可以证明加法幺元 0 恰好是乘法的零元。

(3) 环中关于加法的逆元称为**负元**，记为 $-x$；关于乘法的逆元称为**逆元**，记为 x^{-1}。

定义 9.11 在环 $\langle R$，$+$，$\cdot\rangle$ 中，如果存在 a，$b\in R$，$a\neq0$，$b\neq0$，但 $ab=0$，则称 a 为 R 中的**左零因子**，b 为 R 中的**右零因子**。如果环中的一个元素 x 既是左零因子又是右零因子，则称 x 为环中的一个**零因子**。如果环 R 中既不含左零因子，也不含右零因子，即 $\forall\,a$，$b\in R$，$ab=0\Rightarrow a=0$ 或 $b=0$，则称 R 为**无零因子环**。若环 $\langle R,+,\cdot\rangle$ 是交换、含幺和无零因子的，称 R 为**整环**。

例如：$\langle Z$，$+$，$\cdot\rangle$，$\langle Q$，$+$，$\cdot\rangle$，$\langle R$，$+$，$\cdot\rangle$ 都是交换环。$\langle M_n(R)$，$+$，$\cdot\rangle$ 不是交换环，因为矩阵乘法运算不可交换。$\langle Z$，$+$，$\cdot\rangle$，$\langle Q$，$+$，$\cdot\rangle$，$\langle R$，$+$，$\cdot\rangle$ 都是无零因子环。

$\langle Z_8$，$\oplus$，$\otimes\rangle$ 是一个环，其中，$Z_8=\{0,1,2,3,4,5,6,7\}$，$\oplus$ 是模 8 加，$\otimes$ 是模 8 乘。由于 $(2\times4)\bmod8=0$，2 是一个左零因子，模 8 乘满足交换律，2 也是一个右零因子，所

以是零因子；同理 4 也是零因子；同样由于 $(6\times 4)\bmod 8=0$，类似可知 6 也是零因子

例 9.9 设 $\langle Z, \oplus, \otimes\rangle$ 是代数系统，其中 Z 是整数集合，$a\oplus b=a+b-1$，$a\otimes b=a+b-ab$，证明 $\langle Z, \oplus, \otimes\rangle$ 是环。

证明

(1) 先证明 $\langle Z, \oplus\rangle$ 是可交换群。

当 a 和 b 为整数时，$a\oplus b=a+b-1$ 也是整数，所以运算 $\oplus$ 对于 Z 是封闭的。

由于 $(a\oplus b)\oplus c=(a+b-1)\oplus c=a+b+c-2$，$a\oplus(b\oplus c)=a\oplus(b+c-1)=a+b+c-2$。所以 $(a\oplus b)\oplus c=a\oplus(b\oplus c)$，由此可知 $\oplus$ 是可结合运算。易知 $\langle Z, \oplus\rangle$ 中的幺元为 1，每一个整数 a 的逆元为 $2-a$。由此得证 $\langle Z, \oplus\rangle$ 是可交换群。

(2) 再证 $\langle Z, \otimes\rangle$ 是半群。

当 a 和 b 为整数时，$a\otimes b=a+b-ab$ 也是整数，所以运算 $\otimes$ 对于 Z 是封闭的。容易验证 $\otimes$ 是可结合运算，由此可知 $\langle Z, \otimes\rangle$ 半群。

现证 $\otimes$ 对 $\oplus$ 是可分配的，由于 $a\otimes(b\oplus c)=a\otimes(b+c-1)$

$$=a+b+c-1-a(b+c-1)$$
$$=2a+b+c-ab-ac-1$$
$$(a\otimes b)\oplus(a\otimes c)=(a+b-ab)+(a+c-ac)$$
$$=2a+b+c-ab-ac-1$$

即 $a\otimes(b\oplus c)=(a\otimes b)\oplus(a\otimes c)$，而 $\otimes$ 是可交换运算，由此得证 $\otimes$ 对 $\oplus$ 满足分配律，所以 $\langle Z, \oplus, \otimes\rangle$ 是环。

例 9.10 $F_n(x)=\{a_0+a_1x+a_2x^2+\cdots+a_{n-1}x^{n-1}\,|\,a_0, a_1, a_2, \cdots, a_{n-1}\in B=\{0, 1\}\}$ 及其上的加法运算 $+$ 构成一个交换群，现在定义一个乘法，对于任意的 $f(x), g(x)\in F_n(x)$，$f(x)\cdot g(x)=(f(x)\cdot g(x))\bmod(x^n-1)$，判断 $\langle F_n(x), +, \cdot\rangle$ 是一个环，并找出其零因子。

解 该乘法显然是 $F_n(x)$ 上的封闭运算，具有可结合性、可交换性，且对相应的加法运算具有可分配性，所以 $\langle F_n(x), +, \cdot\rangle$ 是一个环。由于 $(1+x+x^2+\cdots+x^{n-1})\cdot(x+1)\bmod(x^n-1)=0$，所以 $(1+x+x^2+\cdots+x^{n-1})$，$(x+1)$ 分别是左零因子和右零因子。实际上，它们都是零因子。

定理 9.9 设 $\langle R, +, \cdot\rangle$ 是环，0 是加法的幺元，对任意的 $a, b, c\in R$ 都有：

(1) $a0=0a=0$；

(2) $a(-b)=(-a)b=-ab$；

(3) $(-a)(-b)=ab$；

(4) $a(b-c)=ab-ac$；

(5) $(b-c)a=ba-ca$。

证明 这里仅证明 (1)、(3)、(5)，其他留给读者练习。

(1) $\forall a\in R$，因为 0 是加法的幺元，所以有

$$a0=a(0+0)=a0+a0。$$

由环中的加法消去律得 $a0=0$，同理可证 $0a=0$。

(3) $\forall a, b \in R$ 有

$$a(-b)+(-a)(-b)=(a+(-a))(-b)=0 \cdot (-b)=0$$
$$a(-b)+ab=a((-b)+b)=a \cdot 0=0$$

即 $(-a)(-b)=ab$。

(5) $\forall a, b, c \in R$ 有

$$(b-c)a+(ca-ba)=(b-c)a+ca-ba=(b-c+c-b)a=0 \cdot a=0$$

所以 $(b-c)a=-(ca-ba)=ba-ca$。

9.2.2 域的概念

定义 9.12 设环 $\langle R, +, \cdot \rangle$ 整环，且 R 至少含有 2 个元素，若 $\forall a \in R(a \neq 0)$ 有 $a^{-1} \in R$，则称 R 是**域**。

由定义可见，一个代数系统 $\langle R, +, \cdot \rangle$ 是一个域，需要满足以下条件：

(1) R 对于运算 $+$ 构成交换群；

(2) R 中全体非零元素组成的集合 $R^*=R-\{0\}$ 对运算 $\cdot$ 也构成交换群；

(3) 运算 $\cdot$ 对运算 $+$ 是可分配的。

例如，有理数集 Q、实数集 R 和复数集 C 关于普通的加法和乘法都构成了域，整数集 Z 只能构成整数环，而不是域，因为并不是任意非零整数的倒数都属于 Z。

例 9.11 设 S 为下列集合，$+$ 和 $\cdot$ 为普通加法和乘法。

(1) $S=Z$；

(2) $S=\{x \mid x=2n \wedge n \in Z\}$；

(3) $S=\{x \mid x=2n+1 \wedge n \in Z\}$；

(4) $S=\{x \mid x \in Z \wedge x \geqslant 0\}=N$；

(5) $S=\{x \mid x=a+b\sqrt{3}, a, b \in Q\}$。

问 S 和 $+$，$\cdot$ 能否构成整环？能否构成域？为什么？

解

(1) 因为乘法可交换，1 是幺元，且不含零因子，所以是整环。但除了 ± 1 之外，任何整数都没有乘法的逆元，所以不是域。

(2) 不是整环，也不是域。因为乘法幺元是 1，而 $1 \notin S$。

(3) 不是整环，也不是域。因为 $\langle S, + \rangle$ 不是群，S 当然就不是环，$+$ 的幺元是 0，而 $0 \notin S$。

(4) $\langle S, + \rangle$ 不是群，因为除 0 以外任何正整数 x 的加法逆元是 $-x$，而 $-x \notin S$，S 当然就不是环，更不是整环和域。

(5) S 是域。因为 $\forall x_1, x_2 \in S$，有：

$$x_1=a_1+b_1\sqrt{3}, x_2=a_2+b_2\sqrt{3}$$
$$x_1+x_2=(a_1+a_2)+(b_1+b_2)\sqrt{3} \in S$$
$$x_1 \cdot x_2=(a_1a_2+3b_1b_2)+(a_1b_2+a_2b_1)\sqrt{3} \in S$$

所以 S 对 $+$ 和 $\cdot$ 是封闭的。

又因为乘法幺元 $1 \in S$，易证 $\langle S, +, \cdot \rangle$ 是整环。

$\forall x \in S$，$x \neq 0$，$x = a + b\sqrt{3}$，有：

$$\frac{1}{x} = \frac{1}{a + b\sqrt{3}} = \frac{a - b\sqrt{3}}{a^2 - 3b^2} = \frac{a}{a^2 - 3b^2} - \frac{b}{a^2 - 3b^2}\sqrt{3} \in S$$

所以 $\langle S, +, \cdot \rangle$ 是域。

9.3 格与布尔代数

9.3.1 格的概念与性质

1. 格的定义

类似于环和域，格是另外一种具有两个二元运算的特殊代数系统。关于它的定义有两种形式，一种是从代数系统角度的定义，另一种是从偏序集的角度进行定义。下面给出两种格的定义。

定义 9.13 设 L 是非空集合，$*$ 和 $\cdot$ 是 L 上的两个二元运算，如果 $*$ 和 $\cdot$ 满足交换律、结合律和吸收律，则称 $\langle L, *, \cdot \rangle$ 构成**格**，也称为**代数格**。

例 9.12 设在自然数集 N 上定义两个运算 $*$ 和 $\cdot$，其中 $x * y = \max(x, y)$，$x \cdot y = \min(x, y)$，试证明 $\langle N, *, \cdot \rangle$ 构成了一个代数格。

证明 (1) 证明 $*$ 和 $\cdot$ 满足交换律。

$\forall x, y \in N$

$$x * y = \max(x, y) = \max(y, x) = y * x$$
$$x \cdot y = \min(x, y) = \min(y, x) = y \cdot x$$

所以，$*$ 和 $\cdot$ 满足交换律。

(2) 证明 $*$ 和 $\cdot$ 满足结合律。

$\forall x, y, z \in N$

$$(x * y) * z = \max(\max(x, y), z) = \max(x, \max(y, z)) = x * (y * z)$$
$$(x \cdot y) \cdot z = \min(\min(x, y), z) = \min(x, \min(y, z)) = x \cdot (y \cdot z)$$

所以，$*$ 和 $\cdot$ 满足交换律。

(3) 证明 $*$ 和 $\cdot$ 满足吸收律。

$\forall x, y \in N$

$$x * (x \cdot y) = \max(x, \min(x, y)) = x$$
$$x \cdot (x * y) = \min(x, \max(x, y)) = x$$

所以，$*$ 和 $\cdot$ 满足吸收律。

综上所述，$\langle N, *, \cdot \rangle$ 是一个代数格。

定义 9.14 设 $\langle A, \leqslant \rangle$ 是偏序集，如果 $\forall a, b \in A$，$\{a, b\}$ 都有最小上界和最大下界，则称 $\langle A, \leqslant \rangle$ 构成**格**，也称为**偏序格**。

由于最小上界和最大下界的唯一性，可以把求 $\{a, b\}$ 的最小上界和最大下界看成 a 与 b

的二元运算 $\vee$ 和 $\wedge$，即 a 与 b 的最小上界和最大下界分别用 $a \vee b$，$a \wedge b$ 表示。

例 9.13　判断下列哪些偏序集是格，并说明理由。

(1) $\langle P(A), \subseteq \rangle$，其中 $P(A)$ 是集合 A 的幂集，$\subseteq$ 为包含关系。

(2) $\langle N, \geqslant \rangle$，其中 N 是自然数集，$\geqslant$ 为大于等于关系。

(3) $\langle S, D \rangle$，其中 $S=\{2, 3, 6, 8, 12\}$，D 为整除关系。

解　(1) 是格。因为 $\forall a, b \in P(B)$，都有 $a \vee b = a \bigcup b$，$a \wedge b = a \bigcap b$，又 $\bigcup$ 和 $\bigcap$ 运算在 $P(B)$ 上是封闭的，即 $a \bigcup b$，$a \bigcap b \in P(B)$。

(2) 是格。因为 $\forall x, y \in N$，$x \vee y = \max(x, y)$，$x \wedge y = \min(x, y)$，其运算结果都为自然数。

(3) 不是格。因为在集合 S 中，不存在一个数既能被 6 整除，又能被 8 整除，即 $\{6, 8\}$ 没有最小上界；同理，在集合 S 中没有一个数既能整除 2，又能整除 3，即 $\{2, 3\}$ 没有最大下界。

2. 格的性质

定理 9.10　设 $\langle L, \leqslant \rangle$ 是格，则运算 $\vee$ 和 $\wedge$ 满足交换律、结合律、幂等律和吸收律，即：

(1) 交换律：$\forall a, b \in L$ 有 $a \vee b = b \vee a$，$a \wedge b = b \wedge a$；

(2) 结合律：$\forall a, b, c \in L$ 有 $(a \vee b) \vee c = a \vee (b \vee c)$，$(a \wedge b) \wedge c = a \wedge (b \wedge c)$；

(3) 幂等律：$\forall a \in L$ 有 $a \vee a = a$，$a \wedge a = a$；

(4) 吸收律：$\forall a, b \in L$ 有 $a \vee (a \wedge b) = a$，$a \wedge (a \vee b) = a$。

证明

(1) $a \vee b$ 是 $\{a, b\}$ 的最小上界，$b \vee a$ 是 $\{b, a\}$ 的最小上界。由于 $\{a, b\} = \{b, a\}$，所以 $a \vee b = b \vee a$，同理可得，$a \wedge b = b \wedge a$。

(2) 由最小上界的定义有：

$$(a \vee b) \vee c \geqslant a \vee b \geqslant a \qquad ①$$
$$(a \vee b) \vee c \geqslant a \vee b \geqslant b \qquad ②$$
$$(a \vee b) \vee c \geqslant c \qquad ③$$

由式②和③得　　　　　$(a \vee b) \vee c \geqslant b \vee c \qquad ④$

由式①和④有　　　　　$(a \vee b) \vee c \geqslant a \vee (b \vee c) \qquad ⑤$

同理可证　　　　　　　$(a \vee b) \vee c \leqslant a \vee (b \vee c) \qquad ⑥$

由⑤和⑥得　　　　　　$(a \vee b) \vee c = a \vee (b \vee c) \qquad ⑦$

同理可证　　　　　　　$(a \wedge b) \wedge c = a \wedge (b \wedge c)$

(3) 显然 $a \leqslant a \vee a$，又由 $a \leqslant a$ 可得 $a \vee a \leqslant a$；根据反对称性有 $a \vee a = a$。

同理可证，$a \wedge a = a$ 得证。

(4) 显然　　　　　　　$a \vee (a \wedge b) \geqslant a \qquad ⑦$

由 $a \leqslant a$，$a \wedge b \leqslant a$ 可得　$a \vee (a \wedge b) \leqslant a \qquad ⑧$

由式⑦和⑧可得　　　　$a \vee (a \wedge b) = a$

同理可证　　　　　　　$a \wedge (a \vee b) = a$

这个定理说明，定义 9.13 和定义 9.14 本质上是相同的。

3. 特殊格

定义 9.15　设 $\langle L, \vee, \wedge\rangle$ 是格，如果 $\forall a, b, c \in L$，都有

$$a \wedge (b \vee c) = (a \wedge b) \vee (a \wedge c)$$
$$a \vee (b \wedge c) = (a \vee b) \wedge (a \vee c)$$

则称 $\langle L, \vee, \wedge\rangle$ 为**分配格**。

例如，$\langle P(A), \bigcup, \bigcap\rangle$ 是分配格，$\langle Z, \max, \min\rangle$ 也是分配格。

定义 9.16　设 $\langle L, \vee, \wedge\rangle$ 是格，若存在 $a \in L$，使得 $\forall x \in L$ 都有 $a \leqslant x$，则称 a 为 L 的**全下界**；若存在 $b \in L$，使得 $\forall x \in L$ 都有 $x \leqslant b$，则称 b 为 L 的**全上界**。

注意　若格 $\langle L, \vee, \wedge\rangle$ 存在全下界或全上界，一定是唯一的；一般将格 L 的全下界记为 0，全上界记为 1。

定义 9.17　设 $\langle L, \vee, \wedge\rangle$ 是格，若 L 存在全下界和全上界，则称 L 为**有界格**，一般将有界格 L 记为 $\langle L, \vee, \wedge, 0, 1\rangle$。

定义 9.18　设 $\langle L, \vee, \wedge, 0, 1\rangle$ 是有界格，$a \in L$ 若存在 $b \in L$ 使得 $a \vee b = 1$ 且 $a \wedge b = 0$，则称 b 是 a 的**补元**。

注意　若 b 是 a 的补元，那么 a 也是 b 的补元，即 a 和 b 互为补元。任何有界格中全上界和全下界总是互补的。

定理 9.11　设 $\langle L, \vee, \wedge, 0, 1\rangle$ 是有界分配格。若 L 中某个元素 a 存在补元，则存在唯一的补元。

证明　假设 a 有两个补元 b 和 c，则有

$$a \vee b = 1, \ a \wedge b = 0, \ a \vee c = 1, \ a \wedge c = 0$$

故

$$a \vee b = a \vee c, \ a \wedge b = a \wedge c$$

由于 L 是分配格，$b = b \vee (b \wedge a)$

$$= b \vee (a \wedge c)$$
$$= (a \vee b) \wedge (b \vee c)$$
$$= (a \vee c) \wedge (b \vee c)$$
$$= (a \wedge b) \vee c$$
$$= (a \wedge c) \vee c = c$$

由此可见，假设不成立。

定义 9.19　设 $\langle L, \vee, \wedge, 0, 1\rangle$ 是有界格，若 L 中所有元素都有补元存在，则称 L 为**有补格**。

例 9.14　求图 9-1 所示的有界格中元素的补元，并判断哪些是有补格。

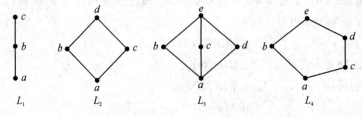

图 9-1　偏序集的哈斯图

解　(1) L_1 中 a 为全下界，c 为全上界，a 与 c 互为补元，b 没有补元，所以 L_1 不是有补格。

(2) L_2 中 a 为全下界，d 为全上界，a 与 d 互为补元，b 与 c 也互为补元。所以 L_2 是有补格。

(3) L_3 中 a 为全下界，e 为全上界，a 与 e 互为补元，b 的补元是 c 和 d；c 的补元是 b 和 d，d 的补元是 b 和 c。L_3 是有补格。

(4) L_4 中 a 为全下界，e 为全上界，a 与 e 互为补元，b 的补元是 c 和 d；c 的补元是 b；d 的补元是 b。L_4 是有补格。

9.3.2　布尔代数的概念与性质

定义 9.20　如果一个格是有补分配格，则称它为**布尔格**或**布尔代数**。布尔代数通常记为 $\langle B, \vee, \wedge, ', 0, 1\rangle$，其中"'"为求补运算。

由前面的讨论可知，布尔代数 $\langle B, \vee, \wedge, ', 0, 1\rangle$ 具有如下性质：

(1) 交换律：$\forall a, b \in B, a \vee b = b \vee a, a \wedge b = b \wedge a$

(2) 结合律：$\forall a, b, c \in B, (a \vee b) \vee c = a \vee (b \vee c), (a \wedge b) \wedge c = a \wedge (b \wedge c)$

(3) 幂等律：$\forall a \in B, a \vee a = a, a \wedge a = a$

(4) 吸收律：$\forall a, b \in B, a \vee (a \wedge b) = a, a \wedge (a \vee b) = a$

(5) 分配律：$\forall a, b, c \in B, a \vee (b \wedge c) = (a \vee b) \wedge (a \vee c), a \wedge (b \vee c) = (a \wedge b) \vee (a \wedge c)$

(6) 零一律：$\forall a \in B, a \vee 1 = 1, a \wedge 0 = 0$

(7) 同一律：$\forall a \in B, a \vee 0 = a, a \wedge 1 = a$

(8) 互补律：$\forall a \in B, a \vee a' = 1, a \wedge a' = 0$

(9) 否定律：$\forall a \in B, (a')' = a$

(10) 德·摩根律：$\forall a, b \in B, (a \vee b)' = a' \wedge b', (a \wedge b)' = b' \vee a'$

布尔代数这十个运算律并不是独立的，可以由交换律、分配律、同一律和互补律推出其他运算律。由此也可以从代数系统的角度给出布尔代数的定义。

定义 9.21　设 $\langle B, *, \cdot\rangle$ 是一个格代数系统，$*$ 和 $\cdot$ 是 B 上的两个二元运算，如果 $*$ 和 $\cdot$ 满足交换律、分配律、同一律和互补律，则称 $\langle B, *, \cdot\rangle$ 为**布尔代数**。

例 9.15　设 B 为任意集合，证明 $\langle P(B), \cup, \cap, \sim, \varnothing, B\rangle$ 构成布尔代数，称为集合代数。

证明　(1) $P(B)$ 关于 $\cup$ 和 $\cap$ 构成格，因为 $\cup$ 和 $\cap$ 运算满足交换律、结合律和吸收律。

(2) 由于 $\cup$ 和 $\cap$ 互相可分配，因此 $P(B)$ 是分配格。

(3) 全下界是空集 $\varnothing$，全上界是 B。

(4) 根据绝对补的定义，取全集为 B，$\forall a \in P(B)$，a 和 $\sim a$ 是互为补元的。

因此，$\langle P(B), \cup, \cap, \sim, \varnothing, B\rangle$ 是布尔代数。

布尔代数是数字电路的基础，广泛应用于逻辑电路的设计。下面以两个独立开关组成的开关电路为例，介绍布尔代数在逻辑电路设计中的应用。一个开关电路有两种状态：接通和断开，分别用 1 和 0 表示。并联用逻辑加表示，串联用逻辑乘表示，反相用逻辑补表示。这样构成了如下代数系统：$\langle\{0, 1\}, +, \cdot, \neg\rangle$，其运算如表 9-1 所示。容易验证，这个代数系统满足有补分配格的要求，所以是布尔代数，称为开关代数。

表 9 - 1　　开关代数运算表

+	0	1		·	0	1		¬	
0	0	1		0	0	0		0	1
1	1	1		1	0	1		1	0

9.4　代数系统应用简介

代数系统顾名思义就是用代数的方法来构造数学模型，是数学中最重要的基础理论之一。它是描述机器可计算的函数、研究算法计算的复杂性、刻画抽象数据结构、构建程序设计语言的语义学基础、实现逻辑电路设计和编码理论等的重要工具，对程序理论、编译程序理论、数据安全、形式语言、文本编辑理论、自动机理论、逻辑电路理论、语义学研究及数据结构等计算机分支学科都有重大的理论和现实意义。

9.4.1　加密算法中的代数系统

在计算机网络通信中，为了避免信息的泄露，通常要对传输的信息进行加密。根据加密密钥和解密密钥是否相同，把数据加密技术分为对称加密和非对称加密。

凯撒密码作为一种最古老的对称加密体制，其基本思想是：通过把字母移动一定的位数来实现加密和解密。明文中的所有字母都在字母表上向后（向前）按照一个固定数目进行偏移后被替换成密文。凯撒密码很容易被破解，在实际应用中无法保证通信安全。为了使密码具有更高的安全性，出现了单字母替换密码。其基本思想是：明文中的每个字母可以替换成字母表中的任意字母，用密码表记录字母的替换结果。这样，密码表是字母表的任意重排，密钥就会增加到 26! 种。这种密码破解非常困难。很显然，每个密码表就是字母表的一个置换，这样，在 26 个英文字母上的置换和置换的复合构成了置换群。

RSA 是目前最著名的非对称加密算法。其基本思想是：任取两个大素数 p、q，使得 $n = p \times q$，任取一个数 e，$1 \leqslant e \leqslant (p-1) \times (q-1)$，使得 $\gcd(e, (p-1) \times (q-1)) = 1 (\gcd(x, y)$ 为 x，y 的最大公约数)。计算出私有密钥 d，使得 $ed = 1 \bmod (p-1) \times (q-1)$。对于任意消息 m，密文 $c = m^e \bmod n$，恢复明文 $m = c^d \bmod n$。RSA 算法中，运算都是在集合 $Z_n = \{0, 1, 2, \cdots, n-1 | n = p \times q, \gcd(e, (p-1) \times (q-1)) = 1\}$ 中进行的，容易验证，Z_n 在普通乘法和模运算下构成了群。

9.4.2　群论在信息编码中的应用

在计算机和数据通信系统中，所有信息包括数字、文字、图形、图像、音频等都以二进制信号进行传输，由于信道中各种噪声的干扰，使得传输过程中 0 可能变成 1 或 1 可能变成 0。为了保证信息传输的正确性，必须设法判断所接收到的信息是否有错误。这就是说，需要设计一种便于接收者检验错误的信息编码，即检错码或纠错码。用群论方法得到的编码称为群码。不同的编码具有不同的纠错能力。群论还可以用来研究编码的检错、纠错能力。

1. 纠错码概述

我们知道,在计算机和数据通信中,经常需要将二进制数字信号进行传递,这种传递的距离近则数米、数毫米,远则超过数千公里。在传递过程中,由于存在着各种干扰,可能会使二进制信号产生失真现象,即在传递过程中二进制信号 0 可能会变成 1,1 可能会变成 0。

图 9-2 是一个二进制信号传递的简单模型,它有一个发送端和一个接收端,二进制信号串 $X=x_1x_2\cdots x_n$ 从发送端发出经传输介质而至接收端。由于存在着干扰对传输介质的影响,因而接收端收到的二进制信号串 $X'=x_1'x_2'\cdots x_n'$ 中的 x_i' 可能不一定就与 x_i 相等,从而产生了二进制信号的传递错误。

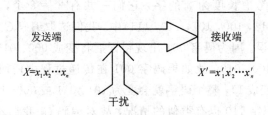

图 9-2 数据通信中信号干扰图示

由于在计算机和数据通信系统中的信号传递非常频繁与广泛,因此,如何防止传输错误就变得相当重要了,当然,要解决这个问题可以有不同的途径。人们所想到的第一个途径是提高设备的抗干扰能力和信号的抗干扰能力。但是,大家都知道,从物理的角度去提高抗干扰能力并不能完全消除错误的出现。

第二个途径就是采用纠错码(Error Correcting Code)的方法提高抗干扰能力。这种纠错码的方法是采用一定的编码,使得二进制数码在传递过程中一旦出错,在接收端的纠错码装置就能立刻发现错误,并将其纠正。由于这种方法简单易行,因而目前在计算机和数据通信系统中被广泛采用。采用这种方法后,二进制信号传递模型就可以变为图 9-3 所示的模型了。该模型按功能分为信源、编码器、信道、译码器、信宿等部分。

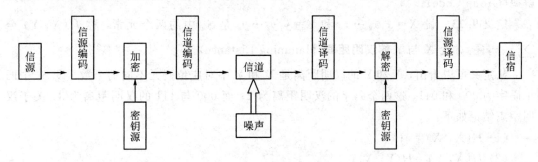

图 9-3 通信系统模型

2. 纠错码实例

但是,为什么纠错码具有发现错误、纠正错误的能力呢? 纠错码又是按什么样的原理去编码的呢? 为了说明这些问题,我们首先介绍一些基本概念。

由 0 和 1 组成的串称为**字**（Word），一些字的集合称为**码**（Code）。码中的字称为**码字**（Code Word）。不在码中的字称为**废码**（Invalid Code）。码中的每个二进制信号 0 或 1 称为**码元**（Code Letter）。

设有长度为 2 的字，它们共有 $2^2 = 4$ 个，由它们构成码 $S_2 = \{00, 01, 10, 11\}$，这种编码不具有抗干扰能力。因为当 S_2 中的一个字如 10 在传递过程中第 1 个码元 1 变成 0 时，整个码字变成 00，由于 00 亦为 S_2 中的字，故我们并不能发现传递中是否出错。但是，如果我们选择 S_2 的一个子集 $C_2 = \{00, 11\}$ 作为编码时，就会发生另一种完全不同的情况。因为此时 01 与 10 均为废码，而当 11 在传递过程中第一个码元由 1 变成 0，即整个字成为 01 时，由于 01 是废码，因此我们发现传递过程中出现了错误。对于 00 也有相同的情况。但是，这种编码有一个缺点，即它只能发现错误，不能纠正错误。因此，我们还需要选择另一种能纠错的编码。现在我们考虑长度为 3 的字，它们一共有 $2^3 = 8$ 个，在它们所组成的字集 $S_3 = \{000, 001, 010, 011, 100, 101, 110, 111\}$ 中，我们选取编码 $C_3 = \{001, 110\}$。利用此种编码，我们能纠正错误。因为码字 001 出现错误后将变成 000、011、101，而码字 110 出现错误后将变成 111、100、010。故如果码字 001 在传递过程中任何一个码元出现了错误（例如某一个码元由 0 变成 1），整个码字就会变为 101、011 或 000，因此可知其原正确码为 001。对于原来正确的码字 110 也有类似的情况，故对编码 C_3 我们不但能发现错误，还能纠正错误。当然，上述编码还有一个缺点，它只能发现并纠正单个错误。当错误超过两个码元时，它就不能发现错误，更无法纠正了。

3. 编码检错、纠错能力的分析

设 S_n 是长度为 n 的字集，即 $S_n = \{x_1, x_2, \cdots, x_n \mid x_i = 0 \text{ or } 1, i = 1, 2, \cdots, n\}$，在 S_n 上定义二元运算 $\circ$：$X, Y \in S_n$，$X = x_1 x_2 \cdots x_n$，$Y = y_1 y_2 \cdots y_n$，$Z = X \circ Y = z_1 z_2 \cdots z_n$，其中 $z_i = x_i \oplus_2 y_i (i = 1, 2, \cdots, n)$，而运算符 $\oplus_2$ 为模 2 加运算，称 $\circ$ 运算为按位加。显然，$\langle S_n, \circ \rangle$ 是一个代数系统，且运算 $\circ$ 满足结合律，其幺元是 $00\cdots0$，每个元素的逆元都是它自身。因此，$\langle S_n, \circ \rangle$ 是一个群。

定义 9.22　S_n 的任一非空子集 C，如果是 $\langle C, \circ \rangle$ 群，即 C 是 S_n 的子群，则称码 C 是**群码**（Group Code）。

定义 9.23　设 $X = x_1 x_2 \cdots x_n$ 和 $Y = y_1 y_2 \cdots y_n$ 是 S_n 中的两个元素，称 $H(X, Y) = \sum_{i=1}^{n} x_i \oplus_2 y_i$ 为 X 与 Y 的**汉明距离**（Hamming Distance）。

从定义可以看出，X 和 Y 的汉明距离是 X 和 Y 中对应位码元不同的个数。设 S_3 中两个码字为 000 和 011，这两个码字的汉明距离为 2；而 000 与 111 的汉明距离为 3。关于汉明距离结论如下：

（1）$H(X, X) = 0$；

（2）$H(X, Y) = H(Y, X)$；

（3）$H(X, Y) + H(Y, Z) \geqslant H(X, Z)$。

定义 9.24　一个码 C 中所有不同码字的汉明距离的极小值称为码 C 的**最小距离**（Minimum Distance），记为 $d_{\min}(C)$。

例如，$d_{\min}(S_2) = d_{\min}(S_3) = 1$。利用编码 C 的最小距离，可以刻画编码方式与纠错能力的关系：

(1) 一个码 C 能检查出不超过 k 个错误的充分必要条件是 $d_{\min}(C) \geqslant k+1$；

(2) 一个码 C 能纠正 k 个错误的充分必要条件是 $d_{\min}(C) \geqslant 2k+1$。

例如，对 $C_2 = \{00, 11\}$，因 $d_{\min}(C_2) = 2 = 1+1$，故 C_2 可以检查出单个错误；对 $C_3 = \{000, 111\}$，因 $d_{\min}(C_3) = 3 = 2 \times 1 + 1$，故 C_3 可以纠正单个错误；而 S_2 和 S_3 分别包含了长度为 2 和 3 的所有码，因而 $d_{\min}(S_2) = d_{\min}(S_3) = 1$，从而 S_2 和 S_3 既不能检查错误也不能纠正错误。从这里也可以看出，一个编码如果包含了某长度的所有码，则此编码一定无抗干扰能力。

9.4.3 布尔代数在逻辑线路中的应用

布尔代数是人们利用数学方法研究人类思维规律所得到的一个重要成果，其实质仍然是数理逻辑，其基本运算是"非"运算、"或"运算、"与"运算。20 世纪 30 年代，香农(Shannon)把它发展成适合设计、分析开关电路的形式，在技术领域，特别是自动控制、电子计算机的逻辑设计方面开创了新的前景，目前它在自动化技术与电子计算机的逻辑设计中都得到了广泛的应用。

9.4.4 代数系统在计算机中的表示

一个代数系统是由一个集合和集合上定义的若干个运算组成的，因此，一个代数系统可以用 C 语言定义如下。

```
#define MaxVerNum              //MaxEelNum 为根据实际需要设定的最大元素数
typedef struct{
  elementType element[MaxEelNum];      //集合中的元素
  elementType monadicl(elementType x); //集合上的一元运算
  elementType monadicl(elementType x, elementType y);   //集合上的二元运算
  ……                        //集合上的 X 元运算
} AlgebraSystem;
```

特别地，由一个有限集合和该集合上定义的二元运算组成的代数系统定义如下：

```
#define MaxVerNum              //MaxEelNum 为根据实际需要设定的最大元素数
typedef struct{
  elementType element[MaxEelNum];      //集合中的元素
  Opresults[MaxEelNum][MaxEelNum]; //任意两个元素的运算结果
} AlgebraSystem;
```

习 题 9

9.1 **Z** 是整数集合，对于下列运算。，哪些代数系统 $\langle Z, \circ \rangle$ 是半群？

(1) $a \circ b = a^b$

(2) $a \circ b = (a-1)(b-1)+1$

(3) $a \circ b = a + ab$

(4) $a \circ b = 2(a + b)$

9.2 $\mathbf{N}_+$ 是正整数集合，对于下列运算 $\circ$，哪些代数系统 $\langle \mathbf{N}_+, \circ \rangle$ 是独异点？

(1) $a \circ b = a + b - 1$

(2) $a \circ b = \max (a, b)$

(3) $a \circ b = \min (a, b)$

(4) $a \circ b = 2ab$

9.3 $\mathbf{Z}$ 是整数集合，Z 上的二元运算 $\circ$ 为 $a \circ b = 3(a + b + 2) + ab$，证明 $\langle Z, \circ \rangle$ 是独异点。

9.4 设 $\langle S, * \rangle$ 是一个半群，$a \in S$，在 S 的定义上：$x \circ y = x * a * y$，$\forall x, y \in S$，证明 $\langle S, \circ \rangle$ 是一个半群。

9.5 设 $\langle G, \cdot \rangle$ 是群，$a \in G$。令 $H = \{x \in G | a \cdot x = x \cdot a\}$。试证：$H$ 是 G 的子群。

9.6 试求 $\langle Z_6, \oplus_6 \rangle$ 中每个元素的阶。

9.7 证明：设群 $\langle G, * \rangle$ 除单位元外每个元素的阶均为 2，则 $\langle G, * \rangle$ 是交换群。

9.8 举例证明 Z_m 对其上的模 m 加和模 m 乘不一定构成域。

9.9 试证 $\langle \triangle, \triangle, \triangle \rangle$ 是有单位元的交换环，其中两个运算分别定义为：对任意的 $a, b \in A$，$a \triangle b = a + b - 1$，$a \triangle b = a + b - ab$。

9.10 证明有限整数环必定是域。

9.11 证明：集合 $A = \{0, 1, a, b\}$ 上的加法和乘法运算构成域，加法和乘法表如下：

+	0	1	a	b
0	0	1	a	b
1	1	0	b	a
a	a	b	0	1
b	b	a	1	0

$\cdot$	0	1	a	b
0	0	0	0	0
1	0	1	a	b
a	0	a	b	1
b	0	b	1	a

9.12 L 是 30 的正整数因子集，偏序关系为整除 $|$，问 $\langle L, | \rangle$ 是否是格？画出其哈斯图。

9.13 找出所有 5 个元素的格。

9.14 设 $\langle L, \leqslant \rangle$ 为一个格，其哈斯图如图 9-4 所示，取 $S_1 = \{a, b, c, d\}$，$S_2 = \{a, b, e, f\}$，$S_3 = \{b, c, d, f\}$，问：$\langle S_1, \leqslant \rangle$，$\langle S_2, \leqslant \rangle$，$\langle S_3, \leqslant \rangle$ 中哪些是 $\langle L, \leqslant \rangle$ 的子格。

9.15 试给出两个含有 6 个元素的格，一个是分配格，一个不是分配格。

9.16 证明：具有两个或更多元素的格中不存在以自身为补元的元素。

9.17 给出 8 个元素的布尔代数的所有的子代数。

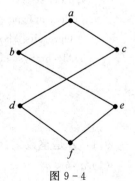

图 9-4

参 考 文 献

[1]　史忠植. 高级人工智能[M]. 2版. 北京：科学出版社，2006.

[2]　屈婉玲，耿素云，张立昂. 离散数学[M]. 2版. 北京：高等教育出版社，2017.

[3]　罗森. 离散数学及其应用[M]. 7版. 袁崇义，译. 北京：机械工业出版社，2011.

[4]　刘爱民. 离散数学[M]. 2版. 北京：北京邮电大学出版社，2018.

[5]　陈志奎. 离散数学[M]. 北京：人民邮电出版社，2013.

[6]　邓辉文. 离散数学[M]. 3版. 北京：清华大学出版社，2015.

[7]　陈莉，刘晓霞. 离散数学[M]. 2版. 北京：高等教育出版社，2010.

[8]　邵学才，叶秀明. 离散数学[M]. 2版. 北京：电子工业出版社，2009.

[9]　魏雪丽. 离散数学及其应用[M]. 北京：机械工业出版社，2008.

[10]　徐凤生. 离散数学及其应用[M]. 2版. 北京：机械工业出版社，2007.

[11]　刘任任，王婷，周经野. 离散数学[M]. 2版. 北京：中国铁道出版社，2015.

[12]　吴修国. 离散数学基础及实用算法[M]. 北京：清华大学出版社，2007.

[13]　曹晓东，原旭. 离散数学及算法[M]. 北京：机械工业出版社，2007.

[14]　JOHNSONBAUGH R. 离散数学[M]. 7版. 黄林鹏，陈俊清，王德俊，等译. 北京：电子工业出版社，2007.

[15]　张清华，蒲兴成，尹邦勇，等. 离散数学及其应用[M]. 北京：清华大学出版社，2016.

[16]　左孝凌，等. 离散数学[M]. 上海：上海科学技术文献出版社，1999.

[17]　钟声，等. 离散数学[M]. 北京：中国铁道出版社，2008.

[18]　屈婉玲，等. 离散数学学习指导与习题解析[M]. 北京：高等教育出版社，2008.

[19]　王珊，萨师煊. 数据库系统概论[M]. 5版. 北京：高等教育出版社，2014.

[20]　王双，等. 离散数学[M]. 北京：北京航空航天大学出版社，2011.

[21]　傅彦，顾小丰，王庆先，等. 离散数学及其应用[M]. 北京：高等教育出版社，2009.

[22]　郝晓燕. 离散数学[M]. 北京：人民邮电出版社，2013.

[23]　徐洁磐. 离散数学简明教程[M]. 北京：中国铁道出版社，2015.

[24]　金一庆，张三元，吴江琴，等. 离散数学及其应用[M]. 北京：机械工业出版社，2016.

[25]　徐洁磐，朱怀宏，宋方敏. 离散数学及其在计算机中的应用[M]. 北京：人民邮电出版社，2008.

[26]　王春露，高荔，孙丹丹. 数字逻辑[M]. 北京：清华大学出版社，2014.

[27]　殷剑宏，金菊良. 现代图论[M]. 北京：北京航空航天大学出版社，2015.

[28]　王树禾. 图论[M]. 北京：科学出版社，2004.

[29]　CORMEN T H，等. 算法导论[M]. 北京：机械工业出版社，2012.

[30]　付彦，王丽杰，尚明生，等. 离散数学实验与习题解析[M]. 北京：高等教育出版社，

2011.

[31] 郑人杰，马素霞，殷人昆. 软件工程概论[M]. 2 版. 北京：机械工业出版社，2014.

[32] 李军国，等. 软件工程案例教程[M]. 2 版. 北京：清华大学出版社，2018.

[33] 朱少民. 软件测试方法和技术[M]. 3 版. 北京：清华大学出版社，2014.

[34] 张京山. 集合论在数据结构中的应用[J]. 南京邮电学院学报，1988，8(2)：81 - 92.

[35] 刘浩，施庆生，钱小燕，等. 偏序关系图在课程设置中的应用[J]. 上海第二工业大学学报，2006，1(23)：57 - 61.

[36] 朱产萍. 图的连通性的矩阵判别法及计算机实现[J]. 江苏技术师范学院学报（自然科学版），2009，15(3)：69 - 72

[37] 薛向阳. 基于哈夫曼编码的文本文件压缩分析与研究[J]. 科学技术与工程，2010，10(23)：5780 - 5781.

[38] 司光东，杨加喜，谭示崇，等. RSA 算法中的代数结构[J]. 电子学报，2011，39(1)：242 - 246.

[39] 秦艳琳，吴晓平. "信息安全数学基础"案例教学[J]. 计算机教育，2010，(1)：141 - 144.